普通高等教育"十五"国家级规划教材

高等院校园林专业通用教材

园林植物育种学

戴思兰 主编

中国林业出版社

内容简介

本书是“教育部普通高等教育‘十五’国家级规划教材”，是应园林和园艺专业本科教学需要而编写的。全书分为15章，主要内容包括：园林植物育种的基本策略，园林植物的种质资源，引种驯化，选择育种，有性杂交育种，远缘杂交育种，杂种优势的利用，诱变育种，倍性育种，植物离体培育育种，分子育种，品种登录、审定与品种保护，园林植物良种繁育，园林植物育种的试验设计。每章附有本章提要、复习思考题和参考阅读书目。

本教材适用于高等农林院校园林与园艺专业本科生，也可供其他高等院校有关专业师生及科技人员学习和参考。

图书在版编目（CIP）数据

园林植物育种学/戴思兰主编．—北京：中国林业出版社，2006．12（2019.7重印）
高等院校园林专业通用教材
ISBN 978-7-5038-4005-0

Ⅰ．园…　Ⅱ．戴…　Ⅲ．园林植物—植物育种—高等学校—教材　Ⅳ．S680.3

中国版本图书馆CIP数据核字（2006）第155322号

中国林业出版社·教材建设与出版管理中心
责任编辑：康红梅
电　　话：83143551　　　　**传　　真**：83143516

出版发行　中国林业出版社（100009　北京市西城区德内大街刘海胡同7号）
　　　　　E-mail：cfphz@public.bta.net.cn　电话：（010）83143500
　　　　　http：//www.forestry.com.cn/lycb.html
经　　销　新华书店
印　　刷　中农印务有限公司
版　　次　2007年1月第1版
印　　次　2019年7月第8次
开　　本　850mm×1168mm　1/16
印　　张　19.5
字　　数　426千字
定　　价　42.00元

高等院校园林专业通用教材

编写指导委员会

《园林植物育种学》编写人员

主　　编　戴思兰

编写人员　（以姓氏笔画排序）

吕英民（北京林业大学）
刘青林（中国农业大学）
陈龙清（华中农业大学）
季孔庶（南京林业大学）
柳参奎（东北林业大学）
唐前瑞（湖南农业大学）
戴思兰（北京林业大学）

前 言

园林植物的生产从根本上讲是要给消费者提供品质优良的新品种。对于花卉企业来说，谁掌握了符合消费者需求的新品种谁就掌握了市场的主动权。园林植物新品种一方面可以给消费者提供赏心悦目的植物，另一方面可以给园林建设提供绿化材料，此外还可以给育种者和生物学研究者提供研究材料。社会经济文化的发展使人们对园林植物新品种的需求不断变化，育种工作者责无旁贷。中国的园林植物曾经为世界园林事业的发展做出过重大贡献，在新的世纪里，我们应该给世界更多的惊喜。

园林植物育种学是园林与园艺专业（观赏园艺方向）学生的重要专业课程，是建立在遗传学理论基础上的一门实践性学科。园林植物育种是通过引种、选种和杂交育种乃至分子育种等手段培育园林植物优新品种的实践过程。我们这些在园林植物育种学教学一线工作多年的教师坐到一起，拿出各自在教学实践中积累的讲稿，经过反复讨论形成了这本教材。在教材编写过程中，我们做出了如下努力：

1. 尽可能将育种学发展的历史和育种知识的全貌展现给学生；
2. 努力将育种学构筑成为一个完整的知识体系介绍给学生；
3. 尽可能反映现代育种学的最新进展。

本教材详尽介绍了园林植物品种的概念，在讨论园林植物育种策略的基础上介绍了如下 6 个方面的育种技术：引种驯化；选择育种；有性杂交育种；诱变育种；倍性育种；分子育种。最后，介绍了园林植物品种审定、登录和新品种保护以及园林植物良种繁育的技术措施。为了便于学生们今后能更好地开展育种实践，本教材还简要介绍了园林植物育种的田间试验设计的相关知识。

本教材是教育部“普通高等教育‘十五’国家级规划教材”。教材编写过程中得到了北京林业大学教务处、北京林业大学园林学院和中国林业出版社等各位领导和朋友的积极协助和大力支持，仅此致以衷心的感谢！感谢北京林业大学园林学院花卉育种课题组全体研究生。他们作为本教材的第一批读者为文稿的整理、资料的核对和文字校对做出了积极的努力。

这本教材的写作过程也是一次园林植物育种学的讨论过程。参加编写工作的全体教师奉献给各位的不仅是他们各自多年来积累的资料，也是各自在园林植物育种实践和探索中的心得体会。随着现代生物技术的飞速发展，育种技术日新月异，育种家们对育种学本身的理解也在日益深化。本教材虽然参阅了国内外大量资料，也曾得到多方建议，但错误和疏漏之处在所难免。敬希各位同仁予以指正。

戴思兰

2006 年 10 月

PREFACE

The basic principle of ornamental production is to provide new cultivars in high quality. The market is dominant by those florists who own the unique cultivars. New cultivars can not only satisfiy the consumers' needs but also provide new plants for landscape architecture, and bring about new research materials for both breeders and biologists as well. The needs for new cultivars are changing all the time and the effort of ornamental breeders is infinite. China, as the mother of garden, used to contribute great to ornamental horticulture. We should astonish the world much more in the new century.

Breeding of ornamental plants is an essential course for the students in landscape architecture and ornamental horticulture. Plant breeding is based on the genetic theory and aims at bringing, about new cultivars by means of introduction, selection, cross breeding and molecular breeding. As a group of teachers working on genetics and breeding, taking all our manuscripts, we came together to discuss how to tell our students to join in breeding practice. In this textbook, the following efforts had been made:

1. Describing out the developing history and the panorama of breeding;
2. Taking breeding of ornamentals as a knowledge system;
3. Providing new knowledge of modern breeding.

In this textbook, the concept of cultivars is introduced. The breeding strategy is discussed in detailed. There are six breeding approaches being described in this textbook: introduction and acclimation, selection, cross breeding, inducing breeding, polyploid breeding, and molecular breeding. The registration and protection of new cultivars are included. And the propagation of elite cultivars is also taken into consideration. For the breeding practice, we give a brief introduction of breeding experimental design. Exercises and recommended references are given at the end of each chapter.

We are indebted to the staffs of the Education Department of Beijing Forestry University for their support, and the leaders of College of Landscape Architecture for their helps, as well as to the editors in China Forestry Publishing House for their efforts. Appreciation is expressed to those graduate students, who study in the Flower Breeding

Group of College of Landscape Architecture, as the first readers of this textbook, for their sharing the paper work of checking and proof reading.

The process of writing this textbook is also the discussion on ornamental breeding. We provide not only our knowledge but also what we have learnt in practice. With the development of modern biological technique, new breeding approaches are brought out. Though lots of advanced materials are taken into consideration, we can hardly make the textbook as perfect as our colleagues expected. Any comment and criticise is accepted.

DAI Silan

Oct. , 2006

目　录

CONTENTS

第1章 绪 论

[**本章提要**] 本章分别就如下问题进行了较为详细的介绍：园林植物育种学的概念、基本任务和内容及其与其他相关学科的关系；园林植物的品种及其重要作用；我国在世界园林植物育种中的地位和发展前景；目前园林植物育种的研究动态。

丰富多彩的园林植物是城市建设中一道靓丽的风景线，它们的存在离不开园林植物育种者的辛勤劳动。园林植物育种学就是一门专门研究如何培育出人们所期望的园林植物品种的学科。园林植物育种学在园林建设中意义重大，其学科内容丰富而且与很多相关学科存在着千丝万缕的联系。我国幅员辽阔，园林植物资源极为丰富，又是传统的农业大国，古代园艺家们已经积累了丰富的育种经验，曾经为世界园艺事业的发展做出过重大贡献，也为后来人留下了一笔宝贵的育种财富；由于历史的原因，目前我国园林植物育种工作相对落后，资源优势并没有转化成品种优势。所以需要新一代园林植物育种工作者认清自己的优势与弱势，理解目前我们面对的机遇与挑战，不断发展并完善我们自己的育种系统，让中国的园林植物在世界园艺舞台上重放异彩。

1.1 概论

园林植物（landscape plants）是指具有一定观赏价值，适用于室内外布置以美化环境并丰富人们生活的植物。它是观赏植物（ornamental plants）的泛称，并简称或统称为花卉（flowers）。其包括各类园林绿地中应用的露地栽培的乔木、灌木，一、二年生和宿根草本植物以及草坪和地被植物，温室内盆栽观赏植物，各类鲜切花等。

园林植物育种学（breeding of landscape plants）是利用各种技术手段对各类园林植物进行改良并培育出符合园林建设需求的植物品种的一门综合性学科，是园林植物与观赏园艺学科的一门重要的专业基础课，同时也是一门实践性很强的应用学科。

1.1.1 园林植物育种学的意义和概念

城市绿化、美化、香化是现代化城市建设的一个重要环节，园林植物作为绿化、美化、香化的主体材料，是园林事业的主要组成元素和重要内容。随着国民经济和科学技术的不断发展，人们的物质、文化生活水平也越来越高，对生活中园林植物的要求也发生了变化，人们希望各类绿地中种植着丰富多彩、欣欣向荣的植物，期待着园林中所用的植物既能体现出物种的多样性，又能展示出品种的丰富性。尤其是近些年来，随着人们环保意识的增强，人们希望园林植物不仅能美化人们的家园，装饰生活环境，丰富生活情趣，还能保护环境，维持生态平衡，具有防尘、杀菌、吸收有害气体等功能。为了丰富和改良现有园林植物，满足人们对植物欣赏越来越高的要求，需要利用育种技术对植物材料不断进行改良。因此，园林植物育种工作在现代园林建设中日益显示出其重要作用。

中国曾经被世界园艺界盛赞为“园林之母”。其意是指中国野生植物资源的丰富和栽培植物品种（cultivar）的多姿多彩。很多珍贵花卉都是由中国传到世界各地的，如：茶花类（*Camellia* spp.）、菊花（*Chrysanthemum morifolium*）、百合类（*Lilium* spp.）、荷花（*Nelumbo nucifera*）、芍药（*Paeonia lactiflora*）、牡丹（*P. suffruticosa*）、杜鹃花类（*Rhododendron* spp.）、月季（*Rosa chinensis*）等。近现代，欧美各国在大量引进世界各国植物的基础上不断进行品种培育和改良工作。茶花在国际山茶协会（International Camellia Society，ICS）登录的品种多达22 000个，菊花登录的品种也已近30 000个，各国栽培的蔷薇类（*Rosa* spp.，即通常所说的月季）品种约20 000个。而目前我国在园林植物种和品种数量上均远远落后于西方国家的一般水平。一般城市园林绿化使用的树种仅为数百个，花卉品种数量更少。目前我国的茶花品种不足500个，菊花品种只有3 000～4 000个。尤其让中华园艺界感到遗憾的是我们的花卉企业进行规模化生产中使用的竟是清一色的国外引进品种。我国园林植物育种工作任重而道远。

园林植物育种学是研究培育园林植物优新品种的原理和技术的科学。育种是通过引种（introduction）、选种（selection）、杂交育种（cross breeding）以及生物技术（bio-tech）育种或者良种繁育等途径改良园林植物固有性状而创造新品种的技术与过程。其基本任务是以遗传学理论为指导，根据不同地区种质资源（germplasm resources）的特点和特性，制定切实可行的育种目标，调查、收集、保存、评价、创新、利用各种种质资源，在研究和掌握植物性状遗传变异的基本规律的基础上，采用适当的育种途径、方法和程序，从天然存在的或人工创造的变异类型中选育出性状基本一致、遗传性状相对稳定、符合育种目标与要求的新品种并繁育良种种苗。由此可见，园林植物育种学是丰富园林植物种类的重要而有力的技术手段，是一门应用科学，是专门研究选择、培育和繁殖园林植物新品种的理论与方法的学科。

1.1.2 园林植物育种学的内容

园林植物育种学研究的对象是各类园林植物的观赏特性、生物学特性和生态习性。其研究内容包括：改良各类观赏植物的性状，保持其优良的品种特性，繁殖大量的优良品种。其最终目标是获得具有若干优良性状的品种，为满足园林建设和人民生活的需求提供优良的植物材料。

园林植物育种学的具体内容主要有：育种对象的选择，育种目标的制定以及实现目标的相应策略；种质资源的调查、收集、保存、评价、创新和利用的方法；目标性状的遗传分析、鉴定、标记和选育的原理与方法；人工创造变异的途径和方法；杂种优势的利用途径和方法；育种不同阶段的试验技术；新品种审定、登录的程序和方法，品种保护的措施；品种推广和繁育的程序和方法。

园林植物育种学还是一门艺术。培育什么样的品种才能符合园林事业的需要，各种不同的品种在什么样的栽培条件下才能表现其优良特性，如何使优良品种达到园林设计所需要的艺术效果，这些都是园林植物育种者应该考虑的问题。

1.1.3 育种学与相关学科的关系

育种学是以遗传学理论为基础指导的人工改造植物的一门科学。遗传学是育种工作者认识植物观赏性状表达规律的基础，也是育种工作的基础。同时随着育种工作的开展，新的变异类型不断出现，也为遗传学的研究和遗传现象的解析提供了材料和研究线索。因此，遗传学和育种学是相互依存、相互促进的。

由于不同类型的植物具有不同的生物学特性，在育种上具有许多不同的特点，这就要求园林植物育种工作者不仅要掌握遗传学知识，还应掌握植物生理学、植物分类学、植物栽培学、植物病理学、细胞生物学、分子生物学等诸多方面的学科知识。现代育种技术随着生物技术的进展而飞速发展，各类育种技术层出不穷。因此，育种工作者不仅要掌握有关的基础理论，还要关心有关学科的新进展，综合运用多种学科的成就和现代技术手段，以提高育种工作的技术水平，加速新品种的选育。

特别值得一提的是育种学与栽培学的关系：一个品种的生物学性状和经济性状的表现，是品种本身遗传特点和外界环境相互作用的结果，优良品种必须在良好的栽培条件下，才能更好地发挥其优良作用。提高园林植物的经济效益，在技术上有两个基本途径：一是改进植物的遗传特性，使选育出的植物具有更强的适应性、更优良的品质和更好的观赏性；二是改善栽培环境使品种的遗传潜力得到充分的发挥。前者解决植物的内因，属于狭义的育种学范畴，后者对于植物来说属于外因，包括土壤、肥料、病虫害防治等在内的广义的栽培学研究领域。如果缺少品种，即使有好的栽培技术也难以获得良好的经济效益；反之，如果只有优良品种不能栽培在适宜的地区，采取好的栽培技术也无法发挥良种的作用。目前人们把育种定义为：人工改进植物对周围环境中物理、生物、技术、经济和社会因素的适应的遗传调节。这是对育种工作的一种全面而赋有哲理的理解。

1.2 品种的概念与作用

1.2.1 品种的概念

园林植物育种学的任务是培育新的、优良的园林植物品种。因此，品种的概念极为重要。植物品种是经人类选择和培育创造的，经济性状和生物学特性符合人类生产和生活需求的，性状相对整齐一致的栽培植物群体。

品种不是一个分类学的概念，也不是植物分类学的最小单位，它是一个经济学和栽培学上的概念，是栽培植物的特定类别。植物品种是人类对野生植物进行长期的培育和选择，使其遗传性状向着人类要求的方向变异，形成区别于原始野生类群的特征特性，适应一定的自然和栽培条件的植物类群，是野生植物在人工栽培条件下不断进化的产物。因此野生植物中不存在品种。

品种是一个群体的概念。这一群体具有一定的个体数量。育种过程中最初获得的往往是一个单株，而园林上应用的却往往是一个群体。在园林植物中，凡是由一个个体的枝、芽、鳞茎等营养器官经无性繁殖而形成的所有植株叫作无性系或营养系。用于繁殖成无性系的原始植株叫作无性系原株。在同一个无性系内，每一个植株都具有相同的基因型，即具有相同的遗传物质基础。进行有性生殖的植物品种经过仔细设计的人工杂交，不同单株的遗传基础相对一致，其表现出的差异程度不影响实际应用。因此，品种是这样一些遗传基础相同、性状表现相对整齐一致的个体组成的栽培植物群体。

1.2.2 园林植物品种的基本特性

园林植物品种是园林事业的重要组成部分，它必须在绿化、美化、香化或其他方面满足园林生产的需要。一个在生产上使用的品种具有如下3个必要的基本特性：

① 特异性（distinctness） 一个品种具有明显的区别于其他任何品种的经济学性状。

② 一致性（uniformity） 一个品种的不同单株具有相对整齐一致的性状，其一致性水平能达到不妨碍使用这个群体所需要的整齐程度。

③ 稳定性（stability） 一个品种在遗传上相对稳定，也就是说在相应的繁殖条件下能保持其原有优良品质。许多园林植物是无性繁育的，不存在性状分离现象，而对一些有性生殖的园林植物，如果在正常繁殖过程中仍然产生性状分离，则这些植物只能是育种材料而不能称为品种。

另外，品种有着明显的地区性和时间性。

品种的地区性是指一个品种具有在某种特定的栽培条件、自然环境条件下表现其品种特性的能力。任何植物都具有适应风土的能力。随着环境条件的变迁，植物性状的表达出现差异，在原育种地表现出优良性状的品种迁到异地栽培时可能会发生变化，甚至不再是优良品种；有些品种也会在迁地栽培时表现出在原育种地栽培时没有的新的优良性状而成为新品种。因此，在描述一个品种的优良性状时一定要结合育种地的自然和栽培条件。在进行品种调拨、品种引进和引出的过程中尤其要注意育种地和栽培地的自然和栽培条件的差异，在自然条件无法满足特定品种生长发育要求的时候，人工栽培条件的控制则是品种优良特性得以表现的重要因素。在育种学中特别强调良种结合良法的思想，也就是说优良品种必须种植在适宜的环境条件下才能表现出其优良特性。

品种的时间性是指优良品种只能在一定的时间范围内称为良种。随着时间的推移，植物自身会发生变异，随着环境条件的变化和人为栽培条件的改变，原有品种的优良种性会逐渐消失，当一个品种性状表现不良或受到病虫害侵袭而无法正常生长时只能被淘汰。随着时代的变迁，社会经济、文化的发展和人类精神需求的改变，原有的优良品种不再适合社会消费需求也只能退出品种市场。

观赏植物的品种还具有民族性。由于观赏植物是一种精神产品，其产出是为了满足社会文化需求，不同的民族文化会孕育出不同的特色品种。中国花文化孕育出来的梅（*Prunus mume*）、兰（*Cymbidium* spp.）、竹（Bambusoideae）、菊等植物，其特点和特性明显表现出了典型的中华文化的内涵。如菊花，尤其是独本菊在中国被培育成姿态万千各具特色的品种群，而在欧美各国则被培育成单一的花型即，圆整饱满的球型。因此，园林植物育种工作者还要考虑社会文化需求的差异，在进行品种培育时一方面吸收世界各民族文化的内容，另一方面还要注意弘扬中国传统花文化，培育出具有自己民族特色的品种，如此才能使中国的花卉品种走出国门，走向国际市场。

1.2.3 优良品种在园林事业中的作用

在园林植物育种中，能够在园林建设和生产上发挥作用的品种是那些具有若干优良性状的品种，生产上称为良种。

1.2.3.1 绿化美化作用

种植在园林中的植物首先应该能够在当地的立地条件下很好生长，能够正常地完成其生长发育周期。在此同时完成其保护环境，涵养水源，美化人民生活的作用。因此，一个园林植物优良品种首先能够很好地适应当地的自然条件，同时具有若干优良性状，为多数观赏者所喜爱。此外，园林植物还是园林中的造园材料。所以，选择、确定园林植物优良品种时，在尽量满足多数人要求的同时，还应把抗性和适应性作为鉴定优良品种的重要条件。一个新推出的优良品种，应该在具备一些基本的优良特性的同时，在某个方面具有优于已有品种或类型的独特之处。不同品种在不同地域、不同的立地条件和不同的人为控制条件下会有不同的表现。选择适宜本地自然和人工条件的品种进行适当的栽培，充分发挥园林植物的绿化、美化和香化作用也是园林植物育种者的任务。

1.2.3.2 经济价值

园林植物作为一个栽培植物的类别，历来受到各国政府农林部门的高度重视，将其视为一类重要的战略资源。

花卉作为一种大规模生产的商品是在第二次世界大战之后，但真正发展是在20世纪80年代。50年代初，世界花卉贸易额不足30亿美元，1985年增加到150亿美元，1995年达到680亿美元。目前花卉产业已经发展成为独立的产业。

据联合国统计资料表明：过去20年间，各类花卉产值一直呈上升趋势。2000年，世界花卉贸易额达到2 000亿美元，花卉种植面积达到22.3万hm^2。种植面积较大的国家有：中国、印度、日本、美国和荷兰。花卉出口额占世界花卉贸易总额位居前5名的国家依次是：荷兰59%，哥伦比亚11%，以色列6%，丹麦和泰国。欧共体、美国和日本是3个花卉消费中心。其进口量占世界花卉贸易额的96%。最大的花卉进口国是德国，其次是法国、英国、荷兰、日本。日本年进口额达10亿美元，占国内消费量的20%。

中国花卉业在近15年内也有了较大的发展，并且始终呈现上升发展趋势。据中国种植业信息网报道，截至到2004年底，中国花卉市场共计2 354个，企业总数53 452个，从业人员327万，其中专业技术人员12万余人。市场销售总额达到430亿元人民币，出口额达到14亿美元。从这种经济发展态势看，中国花卉种植业尚需大量的专业技术人员，各层次劳动力需求还在增长。由于中国在劳动力资源、地区自然经济环境和种质资源等方面的优势，中国花卉业发展的空间仍然很大。各类园林植物优良品种带来的经济效益将是巨大的。

1.2.3.3 文化价值

园林植物的选择是人们对自然审美认识的集中体现。人们需求、喜爱什么样的自然环境？人们对植物有着什么样的认识和期许？什么是美？这都可以在园林植物中找到答案。大体来讲，园林植物的文化价值从横向上说具有民族地区性，从纵向上说具有历史阶段性。

（1）民族地区性

不同民族和地区的人民，由于其生活的地理环境、信仰和文化传统的不同，对某些植物产生了特殊的情感，赋予了特定的意义。以菊花育种为例，在我国，由于受传统文化的影响，菊花以黄为正色，以潇洒飘逸为菊格。金秋赏菊是以盆栽独本菊为主，常选细瓣、飞舞型者为良种。而日本和欧美一些国家，在菊花育种时，则以梗长而硬的莲座型、圆球型等切花用品种和花朵繁茂的多头小菊为佳品。

（2）历史阶段性

随着时间的推移，历史的变迁，同一个民族的文化理念也会相应的发生变化，这种审美思潮变化，是整个社会政治、经济、文化发展的具体反映。以现代月季育种为例，开始人们以花大、色艳为贵，现在人们评价现代月季则以花朵中等、花瓣紧凑、色泽柔和为佳。这是审美思潮变化的具体体现。

所以，在制定园林植物育种目标时，除一定的栽培条件和植物品种的生物学特性之外，还应充分考虑所培育的性状要反映当时、当地人们的文化传统和审美情趣。

目前，我国花卉市场上流行的花卉品种主要是从欧美国家引进的品种。细查这些品种不难发现：这些花卉大多带有强烈的欧美文化色彩。如情人节走红的现代月季，圣诞节畅销的一品红（*Euphorbia pulcherrima*），母亲节的香石竹，还有鸢尾类（*Iris* spp.）、百合类、郁金香类等；而与此同时中国文化中傲霜斗雪的梅花、富贵吉祥的牡丹、映日的荷花、金秋送爽的菊花由于没有很好地开发利用，在今日花卉市场上备受冷落。因此，如何对我国传统花卉进行品种改良使之适应新时期的要求，充分弘扬中国传统名花的文化价值是摆在当今花卉育种者面前的一个紧迫任务和值得深思的问题。

1.2.3.4 科学价值

园林植物品种的育成是在遗传学基础上多学科和多种技术综合运用的结果，同时育种实践过程也是对这些理论的验证。而且在育种过程中往往会产生一些意想不到的变异类型，为遗传育种学的研究提供了新的材料。园林植物仅用于观赏，其性状变异易于观察和进行遗传追踪，是遗传学研究的好材料；由于很多园林植物是保护地栽培，可以周年生产，一年多次开花，可以在相对短的时间内进行遗传学分析；很多观赏植物只开花不结果，有些没有进入有性过程即被采摘，不必担心转基因产品的逸生对环境造成污染，因此也是进行转基因操作开展分子育种的理想材料。

1.3 我国园林植物育种的历史和现状

1.3.1 古代园林植物育种的经验和成果

我国园林植物栽培历史悠久，种质资源极其丰富。古代劳动人民从挑选最满意的或奇特的类型着手，开始了原始育种工作。几千年来，积累了丰富的经验，也创造了大量的优良园林植物品种。由于我国的历史文化特点，育种并不单独作为一项技术，而通常是包含在栽培繁殖方法中的一部分，通过对历代园艺作物谱录专著的总结可以看出，我国古代花卉育种的主要方式有：

（1）引种

汉武帝（公元前140～前88）时已开始了大规模的园林植物引种工作，“武帝建元三年，开上林苑”，“上林苑，方三百里，苑中养百兽……群臣远方，各献名果异卉，三千余种植其中……”。另据汉代《西京杂记》所载，当时搜集的果树、花卉达2 000余种，其中梅花即有侯梅、株梅、紫花梅、同心梅、胭脂梅等很多品种。

（2）实生苗育种

月季、蜡梅在北宋时已经开展播种天然授粉种子并由实生苗中选育新品种的活动；叶天培《艺菊秘要》（1776）中“蓄子”、“布子”等节详细的记载了用菊花种子繁殖以获得新品种的方法，并且掌握了扦插繁殖以保持新品种优良特性等技术。

（3）土肥水管理

古人在很早就意识到提高土壤肥力可以增加重瓣性，如刘蒙在其《菊谱》

(1104) 中写到“菊花类牡丹芍药，野生时皆为单叶小花，至园圃肥沃之地……皆为千叶。”

(4) *嫁接*

《花镜》(清) 中“课花十八法”中“接换神奇法”(即嫁接) 一条总结到“凡木之必须接换，实有至理存焉。花小者可大，瓣单者可重，色红者可紫，实小者可巨，酸苦者可甜，臭恶者可馥，是人力可以回天，惟在接换之得其传耳。”明朝时，可以通过“过接”(即靠接) 使菊科植物种间嫁接成功，可培育出高大且一个单株上拥有四五种颜色花的植株。

(5) *压条*

《治菊月令·九月》(明) 载所得芽变“可将本枝横地上，用肥土压之”，这种方法可以使枝条各节都生根，然后分开繁殖就可以将芽变保留下来。

总之，我国古代园艺家们积极收集种质资源，逐渐掌握精细的栽培管理技术，不断使用有性繁殖结合选择以育成新品种，用无性繁殖方法保存特殊变异类型等园艺思想和方法为我国传统育种积累了宝贵的经验，也为我国近代花卉品种群的形成和发展奠定了基础。

在近现代的花卉育种上，由于历史的原因，我国的花卉育种工作同世界先进水平相比较，相对滞后，花卉资源大国并没有成为花卉品种大国和花卉生产大国。在花卉品种产业化生产的浪潮中，我们还有很多需要努力的地方。目前，我国各类绿地使用的园林植物品种还很匮乏，花卉生产企业使用的绝大多数品种还不是具有我国自主知识产权的品种。园林绿化用材奇缺，影响了园林建设的质量；规模化鲜切花和盆花生产品种的匮乏使中国花卉企业发展缺乏可持续发展的动力。

1.3.2 现代园林植物育种学的进展

20世纪50年代以来，我国园林植物育种工作得到了较快发展，我国许多花卉育种工作者为繁荣花卉品种做出了不懈的努力。首先，在园林植物种质资源方面做了大量的调查、整理、研究工作。资源调查与引种驯化 (acclimatization) 是开发利用野生花卉资源的首要任务。我国植物学和花卉学工作者，曾先后对云南、吉林、陕西、新疆、河南、辽宁、湖北、甘肃、北京等地区的野生花卉种质资源进行了综合考察，摸清了这些地区野生花卉的种类、分布及资源概况，并发现了一批有应用前景的优良野生花卉，有的已在城市绿化中发挥了作用。此外，还对一些重要花卉如山茶、菊花、中国兰、中国水仙 (*Narcissus tazetta* var. *chinensis*)、荷花、桂花 (*Osmanthus fragrans*)、牡丹、梅花、杜鹃花类等的品种起源和演进等问题进行了系统研究。

我国花卉育种工作的进展还表现在运用了多种育种方法，取得了许多成就。

(1) *在选择育种方面*

我国园林育种工作者曾对荷兰菊 (*Aster novi-belgii*)、美人蕉类 (*Canna* spp.)、君子兰类 (*Clivia* spp.)、小苍兰类 (*Freesia* spp.)、中国水仙、荷花、

华北紫丁香（*Syringa oblata*），以及抗寒花卉等进行了良种选育。

（2）在杂交育种方面

我国曾对金花茶（*Camellia nitidissima*）、美人蕉类、菊花、君子兰类、小苍兰类、百合类、石蒜类（*Lycoris* spp.）、荷花、梅花、杜鹃花类、蔷薇类、鹤望兰类（*Strelitzia* spp.）、郁金香类等进行了杂交育种研究，育成了许多优良品种。其中广泛应用的是杂种苗的实生选育，将离体培养技术应用于克服远缘杂交不亲和性上。

（3）在辐射育种方面

曾对翠菊（*Callistephus chinensis*）、山茶、兰州百合（*Lilium davidii* var. *unicolor*）、豆瓣绿类（*Peperomia* spp.）、福禄考（*Phlox drummondii*）、石岩杜鹃（*Rhododendron obtusum*）、现代月季等进行了辐射育种试验，也选育出了一些优良品种。

（4）在多倍体育种方面

曾对金鱼草（*Antirrhinum majus*）、君子兰类、百合类、荷花等进行了多倍体诱导的试验，取得了明显的效果。尤其是在试管内诱导多倍体，为获得大量的多倍体创造了条件。

（5）生物技术应用方面

包括植物组织培养在内的生物技术的应用，使花卉育种工作由田间部分地转移到了实验室，为育种工作提供了更加优良的条件。从离体选择、试管授精、体细胞杂交，到转基因育种，从种质资源的离体保存，到优良品种的快速繁育，生物技术尤其是植物离体培养技术，贯穿了园林植物育种工作的整个过程。我国育种工作者曾在菊花、百合类等花卉的育种工作中，成功地应用了生物技术，并将植物组织培养技术应用于一、二年生草花的种质改良工作中。

（6）引种驯化方面

我国园林工作者进行了许多珍稀植物的引种驯化，如银杉（*Cathaya argyrophylla*）、珙桐（*Davidia involucrata*）、杜仲（*Eucommia ulmoides*）、银杏（*Ginkgo biloba*）、水杉（*Metasequoia glyptostroboides*）等，并从世界各地引种了大量园林植物，极大地丰富了我国园林植物种类。

上述这些努力，都为更好开展园林植物育种工作奠定了基础。

1.4 国内外园林植物育种的发展动态

随着人们环境意识的增强和世界花卉产业的迅速发展，园林植物育种工作在世界范围内取得了长足进展。目前世界范围内园林植物育种发展动态可概括为如下几个方面：

1.4.1 重视种质资源的收集和研究

种质资源是育种工作的物质基础。只有占有比较全面的专属种质资源，并对其进行深入的生物学特性方面的系统研究，才能在较大的群体中根据育种目标选择最佳组合进行杂交，培育新品种。目前世界上许多国家都十分重视花卉种质资源的研究工作，尤其是商品花卉育种工作中的重点花卉种类。种质资源相对匮乏的花卉大国以色列特别重视从国外引进新的花卉种类，以迎合不同消费者的品味，散枝型香石竹、满天星（*Gypsophila paniculata*，即锥花丝石竹）等昔日为欧洲市场上用量很小的花卉，经过以色列花卉工作者的培育已成为重要的大宗花卉产品。

对于珍稀濒危的园林植物种质资源，各国都在努力加以保护，探讨致濒机制及解除濒危的措施。许多国家着手建立种质资源基因库，并初步形成了种质资源基地网络。近些年来，多种新技术、新方法被引入园林植物种质资源研究领域，特别是分子生物学方法的引入将种质资源的研究推进了一个新的发展时期。转基因技术的使用使遗传物质可以跨越种间隔离，并使育种工作日益向着定向育种的方向迈进；分子标记技术能快速检验出植物 DNA 多态性，可以构建物种基因组指纹图谱，为品种分类和鉴定提供 DNA 水平的证据。例如我国花卉科研人员曾用 RAPD（Random Amplified Polymorphism DNA，随机扩增多态性 DNA）技术对蜡梅属（*Chimonanthus*）、菊属（*Chrysanthemum*）、百合属（*Lilium*）、绿绒蒿属（*Meconopsis*）、莲属（*Nelumbo*）、蔷薇属（*Rosa*）、悬钩子属（*Rubus*）等进行了系统分类。还有人用 RFLP（Restriction Fragment Length Polymorphism，限制性片段长度多态性）技术与 RAPD 技术相结合，分析了牡丹种间、种与品种群间的亲缘关系。

在品种分类与资源管理方面，我国 20 世纪 60 年代由陈俊愉、周家琪首创的花卉品种二元分类法已在山茶、菊花、荷花、牡丹、梅花等中国名花中推广应用。目前很多花卉育种者应用计算机多媒体技术开发了荷花、梅花等名花的品种管理系统。荷兰农业科学院植物育种繁育研究中心，还开发了新型花卉数据库管理软件——VISOR，即花卉图像信息系统，其中包括花卉品种图谱数据库，可方便地用于花卉品种现代化系统研究。

1.4.2 突出抗性育种和适应商品生产的育种目标

在育种目标上除一般的观赏性状之外，另外两方面也是比较突出的：一是抗性育种，一是适应花卉商品生产的育种。近些年来，由于农药、化肥的应用，造成生态环境的严重污染。因此，抗病虫害、抗污染以及为使优良种类的园林植物适应范围更广而进行的抗逆性（抗寒、抗旱、耐盐碱等）育种，已日益成为园林育种工作的重要内容。

由于观赏植物产值的日益增长，一些主要花卉生产国家，如荷兰、德国等开始培育节约能源、耐贮藏和运输、节省生产成本的品种。西欧、北欧及北美等地，由于地处温带或北温带，温室的能源费用占温室全部生产费用的 30% 以上，为此，要求培育出生长期短且耗能少的品种。目前菊花中已选育出夜间温度在 10℃就能开花的品种（原有品种要求白天 18℃，晚上 15℃才能启动花芽分化过程)；一品红已选出14℃/12℃就能开花的品种（原有品种则为28℃/25℃才开花)。盆栽花卉向“矮、小、轻”的方向发展，要求植株低矮、株型紧凑、花朵繁密。如美国利用日本、荷兰、德国以及美国矮生、半矮生的种质资源，选育适合盆栽生产的香石竹，已选育出多分枝、植株矮、花茎粗壮并且花期一致、花朵芳香的类型。

1.4.3 广泛利用杂种优势

花卉杂种优势现象在花卉育种中得到广泛的应用。目前培育的花卉新品种中，杂种一代（或杂种二代）约占70%～80%。利用杂种一代的花卉主要有金鱼草、紫罗兰（*Matthiola incana*)、矮牵牛（*Petunia hybrida*)、三色堇（*Viola tricolor*）等一、二年生草本花卉。全美花卉评选会（All American Selection，AAS）是世界性的最有权威的花卉新品种评选会。每年从世界各国送来的种子分送到全美30个种植点栽培。从获得AAS奖的品种来看，近些年杂种一代占花卉新品种总量的71.8%。

1.4.4 促进育种和良种繁育的种苗业规模化、产业化

随着世界花卉产品消费量的增长，花卉市场的不断扩大，育种和良种繁育的种苗业规模化、产业化已成为花卉产业发展的趋势。如荷兰的梵·斯达芬公司，香石竹育种每年要选用1 000个亲本，配制5 000多个组合，7～10年可育成一个新品种。日本专营菊花种苗生产的国华园公司，杂交育种每年要生产杂种实生苗10万株，从中选出20～30个品种。荷兰扎顿尼公司是一个规模较大的种苗公司，有逾100hm^2土地用于花卉和蔬菜杂种一代的种子繁殖。日本精兴园、荷兰的CBA公司和英国的Cleangro公司是全球三大菊花育种和种苗生产公司，基本上垄断了国际菊花种苗生产市场。

1.4.5 加强对野生花卉资源的利用

现代栽培花卉都是从野生花卉经引种驯化、选择培育而来的。为了克服现有绿地中物种多样性严重不足的缺点并降低栽培管理费用，选拔合适的野生花卉直接进入绿地，已成为当务之急。选拔野生花卉时应注意以下几点：

① 观赏价值高的种类，应列为首选目标，如缠枝牡丹（*Calystegia dahurica* f. *anestia*)、紫花地丁（*Viola yedoensis*）等。

② 选拔有特殊优点的种类，如蒲公英（*Taraxacum mongolicum*）可在早春开花，并具有四季开花特性；沙参（*Adenophora tetraphylla*）秋季能开蓝色花等。

③ 应选抗逆性很强的类型，如具有抗旱、抗寒、耐践踏等特性。

④ 选择适于作地被植物的种类，如二月兰（*Orychophragmus violaceus*）等。

⑤ 选种与引种驯化相结合。

1.4.6 探索育种新途径、新技术

尽管当前园林植物育种的主流仍然是杂交、选育等常规育种手段，但是随着科学技术的发展，诱变技术、细胞和组织培养技术等新技术不断地被应用到园林植物育种之中，生物技术的发展已开辟了分子育种途径，并成为花卉育种的热点。分子育种可克服传统育种的局限性，打破物种之间遗传物质交流的界限。新兴的分子设计育种结合常规育种为花卉的定向育种提供了技术保证。目前世界园艺界已经获得一些转基因观赏植物，如菊花、仙客来（*Cyclamen persicum*）、香石竹、矮牵牛、现代月季、郁金香类等，有些已经投放到市场上。

随着航空航天技术的发展，诱变育种已不再局限于过去的物理、化学因素诱变，出现了空间诱变育种技术。单倍体育种、单细胞营养突变体的选择、体细胞杂交等技术也日益成熟，这些都为园林植物育种事业的发展提供了有力的技术手段。目前育种工作的预见性越来越强，工作效率越来越高。

综合各项育种技术，对一些重点花卉进行改良也是当今育种工作发展的一种趋势。在实现某一种花卉的育种过程中往往是多种技术同时并用。具体到某种花卉，育种家们则采用更为审慎的态度具体情况具体分析，针对不同的花卉使用更为适用的技术。

1.4.7 拓展传统名花的育种方向

所谓名花是指知名度高，品质优良的园林植物。改革名花走出新路，也是当前国内外花卉育种方向之一。如落叶杜鹃花类（*Rhododendron*）中的所谓比利时杜鹃花类，是欧洲人用原产我国的杜鹃花（*Rhododendron simsii*）与同属其他植物反复杂交改良而成。因落叶杜鹃花类育种中心在比利时而得名。现在该类杜鹃花大量“回娘家”，即被我国许多地区引种，以其花瓣增多，花色翻新，株矮花多，花期特长而受到普遍欢迎。江苏宜兴等地大量生产比利时杜鹃花类，1996年达40万盆。在比利时的根特研究所，目前除原品种在圣诞节前开花外，又进而育出“夏花”（8月15日前）、“冬花”（12月1日至翌年1月5日）、“早春花”（2月15日至3月15日）等新品种，可谓改革名花，走出了新路。我国传统名花牡丹、梅花盆栽品种的培育，菊花盆栽和切花类型的培育等工作的开展都是我国花卉育种工作者进行的改革我国传统名花的大胆尝试。

另外，纵观世界育种强国的育种经验还可以看到：完备的育种体系、新品种的审定和保护体系等育种体制机构的健全也是高效育种的重要因素，这些将在以后的章节中详细介绍。

园林植物生产是极富生命力的产业，在世界各国园艺生产中占有极大的比重，甚至是一些国家重要的经济支柱产业。今后中国花卉走向国际市场的道路还很长。要使中国花卉产业持续健康发展，赶上世界先进水平，进而在世界花卉市场上占有一席之地，需要中华园艺界的共同努力。我们有丰富的种质资源，悠久的栽培历史，曾经在世界花卉园艺界做出过重要贡献。今日如果我国观赏园艺界

的所有仁人志士能共同努力，不断培育出具有我国自主知识产权的优新品种，积极开展国际交流，参与世界花卉园艺发展，定将使我国花卉业进入国际市场的步伐走得更快。

（戴思兰）

复习思考题

1. 简述园林植物育种学的概念、内容和主要任务。
2. 简述园林植物育种学与园林植物遗传学、园林植物栽培学之间的关系。
3. 谈谈对广义植物育种学的认识。
4. 植物品种有何特性，它与植物分类学上的种有什么区别？
5. 你对我国的园林植物育种有什么建议？

本章推荐阅读书目

花卉育种中的几个关键环节．陈俊愉，王四清，王香春．园艺学报，1995，22（4）：372－376.

中华民族传统赏花趣味初探．陈秀中．中国园林，1999，（4）：12－15.

中国花卉科技二十年．高俊平，姜伟贤．科学出版社，2000.

第二届全国花卉科技信息交流会论文集．高俊平，姜伟贤．中国花卉科技进展1998～2001：中国农业出版社，2001.

中国花卉企业产业化发展前景．戴思兰．国际学术论坛，2004，（3）：4－6.

第 2 章　园林植物育种的基本策略

[**本章提要**] 本章介绍了如何确定园林植物育种的对象和目标；如何综合利用各项育种技术开展育种工作以及育种工作的基本途径和完整程序；育种系统的概念和建立育种系统的方法。

一个新品种的产生是一件令人兴奋的事，一个新奇品种往往会给企业和育种人带来巨大的经济效益，也会带来良好的社会效益。但是园林植物育种是一项风险高、见效慢、周期长和投资大的工作。一个新奇品种的育成需要很多年持续的努力。一个目标性状的出现需要育种人付出很多年的心血，企业也要付出一定的代价。“一朵花有人看是宝，没人看是草”说明了花卉育种的风险性。因此，增强育种工作的预见性，从长远着眼进行花卉育种工作无疑是取胜的关键。

2.1　育种对象

园林植物育种学研究的植物类群包括：各类园林绿地中应用的露地栽培的多年生乔木、灌木，一、二年生，球根、宿根草本植物以及草坪和地被植物；温室内盆栽观赏植物；各类鲜切花等。育种对象就是这些园林植物。园林植物种类繁多，对于任何育种单位和个人来说只能选择其中少数几种作为研究对象。

2.1.1　相对集中和相对稳定地确定育种对象

在开始育种工作之前，确定育种对象是极为重要的。相对集中和相对稳定地选择育种对象有利于种质资源、育种的中间材料和育种经验的积累。国际上成功的花卉育种公司无不谨遵此道。荷兰的 CBA、英国的 Cleangro、日本的精兴园主要以菊花为育种对象，几代育种者数十年矢志不移进行菊花育种研究，目前成为世界上 3 大菊花育种公司，其生产的菊花种苗垄断了国际菊花种植业，同时也拥有了巨大的、便于开展育种工作的种质资源库。我国园林植物育种单位和个人应该借鉴这些成功的经验。

2.1.2　把握育种对象的优势

我国园林植物育种对象的选择应该考虑起源于中国、种植资源丰富、市场需求迫切并且具有较高经济价值的重要园林植物。如菊花、牡丹、百合等。这些都是我们的祖先把它们从野生状态驯化成今日丰富多彩的栽培品种。它们不仅栽培面积、市场份额较大，而且在种质资源的贮藏量、栽培技术的成熟程度、文化内涵的丰富等方面都具有其他国家无法比拟的优势。选择这些植物作为育种对象，只要理顺育种体系，增加扶持力度，充分发挥种质资源的优势，就能争取在短时间内达到国际领先地位。有些植物种类虽然并非我国原产，但引入时间较长，国内有一定的种质资源基础和种植经验，在生产和消费上占有较大比重，在国际市场上有一定份额，也可以作为育种对象进行改良。如唐菖蒲、凤仙花、热带兰花类等，这些花卉经过一定的改良既可以解决国内市场的需求，又可以在国际市场上占有一席之地。

2.1.3 合理布局

不同地区选择育种对象时要考虑育种基地的合理布局，发挥地区资源、地域自然条件和人力资源的优势。育种基地接近主产区或者发展潜力较大的地区，可以在露地以简单的栽培方法保存各类种质资源和育种的中间材料，安排各种中间试验，有利于育种结合生产，便于及时获得育种市场信息。我国农业上推行的南繁北育的成功经验值得花卉育种者借鉴。

总之，我国的花卉育种单位和育种者个人在选择育种对象时必须掌握国内外花卉育种的市场信息和动态，充分考虑和比较各自在种质资源、中间材料、技术人才、场地设施、经费来源等方面的有利和不利因素，知己知彼，以便在激烈的花卉育种市场竞争中处于有利地位。在可能的情况下可以发展横向协作和多种形式的合作，取长补短，共同发展。我国花卉园艺界的同行们必须携起手来，争取在尽可能短的时间内使国内生产的大宗花卉品种摆脱主要依靠国外进口种苗的不正常状态。

2.2 育种目标

2.2.1 制定育种目标的一般原则

园林植物育种目标就是育成的花卉新品种所具有的目标性状。在一定的自然、栽培和经济条件下，要求培育的品种所具有的特征特性决定着育种的方向。在育种材料选定之后，确定育种目标是园林植物育种工作的前提，也是育种工作成败的关键。

在制定育种目标时，应因时、因地而异，避免以下三方面弊端的出现。第一，要求过宽而又齐头并进，希望一次解决全部问题，结果事与愿违，导致部分或全部失败；第二，主次不分或主次颠倒，最后可能次要目标达到了，而主要目标未达到；第三，虽已突出主攻方向，却因过分忽视次要目标，或未对之明确最低要求，以致主要目标虽已达到，却因其他经济性状上出现严重缺点而新品种难以育成。园林植物育种目标的制定应该遵循如下原则：

(1) 长远目标与近期目标相结合

制定育种目标既要考虑当前国民经济发展的需要，又要顾及花卉生产的发展远景。花卉育种是一项周期性很长的工作，一个新品种的育成，一般少则需要三五年，多则七八年。一个理想的目标性状的出现也不是一朝一夕的事。育种目标定得过大，长期无法实现，无法给育种者带来效益，社会生活中也无法看到适宜的花卉品种。随着生产的发展，自然条件和栽培条件的改善，社会文化生活的变迁，人们对品种的要求必然会改变。育种时如果只顾及眼前利益，育种者也很难获得持续发展的动力，无法顺应瞬息万变的市场。所以，制定育种目标既要从现实情况出发，又要预见到生产技术、社会形势等将会发生的变化，以及这种变化对品种的具体要求，从而选育出适宜的优良品种。对于一些近期可以实现的目标应加快步伐，使其迅速为企业发展带来效益，对于一些新奇特的目标性状需要长期坚持不懈地进行，为企业储备后续品种以适应市场的变化。

(2) 因地制宜，切实可行

不同地区的自然条件和栽培条件不同，因此，各地对花卉品种的要求也不相同。为了制定切合实际的育种目标，首先，要调查本地区的气候、地形、土壤等自然条件；其次，要了解病虫害和其他灾害发生的情况，园林植物的栽培习性、品种的分布状况；此外，花卉生产、经营条件和社会经济条件以及育种技术的限制等多方面的因素，经认真分析研究后，以制定切实可行的育种目标。

这种可行性表现在：首先，要根据花卉市场的需求制定育种目标，避免盲目性，增加预见性。其次，要根据育种人的实际能力来制定。育种工作的开展需要依据现有种质资源的状况来制定，还要有一定的人力财力的支持，一定的仪器设备，适宜的育种技术，育种人的知识储备等。如果一个育种目标制定好后没有相应的技术措施实行之，也就等于没有目标。第三，育种者要针对生产者的栽培能力和当地的自然条件制定育种目标，培育出的品种在进行规模化种植时能使种植者完成育种人提出的栽培要求。如：在北京地区培育抗寒、抗旱和耐低温的品种是适宜的；而在上海、广州以及南京等地培育耐高温品种则是生产上急需的。

(3) 突出重点，兼顾一般

在育种目标众多的情况下，育种者应分清主次，在不同时期解决不同的问题，逐步地达到目的，重点突出、兼顾一般，才能制定出正确的育种目标。例如，我国的地被菊育种，经历了长达35年的育种过程。在1961～1965年期间，育种目标以培育花繁叶茂、抗性强的新品种、新类型为重点，结果通过早菊与野菊间的远缘杂交，育成了‘红岩’、‘战地黄’等13个新品种，并于1964～1965年在北京公园中推广。其主要优点是：第一，着花极繁密，一株开花几百朵至几千朵；第二，抗性强。但其也存在极大的缺点：即植株过高（一般70～90cm），易倒伏。1985年进一步明确了地被菊育种的任务和方向：植株低矮或具匍匐性；花团锦簇，着花繁密；适应范围广，抗逆性强；花期长，能以国庆节为盛花期。在众多的育种目标中，以抗逆性强作为重点目标。1988年，育成地被菊品种‘铺地雪’、‘早粉’等。随后在不削弱原有品种的适应性和抗逆性的基础上，以进一步提高观赏品质作为育种目标，通过种间及品种间杂交，实生苗选种等育种手段，先后又培育出‘淡矮粉’、‘玫瑰红’等第二批品种，‘金不换’、‘晚粉’

等第三批品种，然后按既定目标继续努力，到1994年便开始推广更为新奇的良种‘旗红’、‘伏地玉龙’等。由此可见，育种目标的确定与及时调整对花卉品种改良的成败起着关键性指导作用。

(4) 明确选育的具体性状及其指标

制定育种目标除提出育种任务和方向外，还必须明确选育品种的具体性状，以便更有针对性地进行育种工作。例如，国外曾在香石竹花色育种中，针对当时花色缺乏蓝色和绿色的情况，明确选育的具体花色性状是鲜明的蓝色或绿色。从而避免了盲目选择花色造成的浪费。又如，针对月季黑斑病是目前世界范围内月季切花生产中最严重的病害，在制定月季抗病育种方案时，明确选育的具体目标性状是获得能抗黑斑病的月季品种。经过育种工作者的努力，已发现四倍体月季杂种品系91/100－5对各类黑斑病原菌有广谱抗性。又如，在北京地区培育低温条件下花芽分化的切花菊品种，如果能实现在14℃条件下花芽分化，在冬季生产中就可以比常规品种（16℃）极大地节省能源。因此，在一段时期内，选育切花菊品种的育种目标曾经定在培育在14℃条件下能完成花芽分化的品种。这种明确具体的目标就使得育种者可以针对性很强地开展工作。

(5) 制定育种目标要注意不同类型品种的合理搭配

在花卉生产中，一个品种很难满足人们生产、生活中的各种要求。因此，制定育种目标时，应根据各地自然条件和生产条件的差异，选育一批不同类型的品种，以满足花卉生产上的多种要求。例如，在园林绿化时，需要多种多样的花色、花型和不同开花期的品种，这样，才能使园林景点在每个季节都有丰富多彩的花卉供游人观赏。目前，国际上在盆花和切花育种上有一种倾向值得注意：即一个花型的品种培育出不同的色系，这种花卉在花坛用花布置和室内装饰上应用极为方便。

总之，制定育种目标是园林植物育种中的首要工作，必须认真对待。只有经过深入调查研究，对现有品种性状认真分析，才能明确哪些优良性状应继续保持和提高，哪些缺点必须克服，从而制定出切实可行的育种目标，指导育种工作顺利进行。

2.2.2 园林植物育种的主要目标性状

2.2.2.1 观赏品质优良

园林花卉主要是以其优良的观赏品质被人们所喜爱。观赏品质的优劣又表现在花型、花色、叶形、叶色、株型、芳香等各个方面。

(1) 花型

是指花朵的形状与大小。我国传统的赏花观点的取向为花朵大小上具有多样性。有些观点认为重瓣性强、花朵硕大的花卉具有较高观赏价值。像我国的牡丹、芍药、菊花、荷花等名贵花卉的上乘品种主要是重瓣大花类型。西欧各国也以花大色艳为美。因此选育重瓣大花品种常常是花卉育种的重要目标之一。球根类花卉，如郁金香、风信子、水仙、百合、唐菖蒲等也都有深受人们喜爱的重瓣优良品种。另有一些赏花观点认为：花小而奇特为美，特别是一些具有奇特芳香气味的花卉，如梅花和兰花。近年来，人们对花型的要求也趋向于小花类型。如菊花类中的早小菊就以其花小而繁茂深受人们的喜爱。各类微型花卉目前也成为花卉市场上的宠儿。

（2）花色

狭义的花色是指花瓣的颜色；广义的是指花器官，如花萼、雄蕊甚至苞片发育成的花瓣的颜色。花卉中的优良品种，一般都有丰富的花色。如唐菖蒲就以花色丰富而闻名于世界。其次如大丽菊、香石竹等。各种花卉中，较多的是红、粉、橙、黄、白、紫等色彩鲜艳而明快的颜色。消费者对中间色或暗色需求较少。但不同种类的花卉因其各自的特点，在花色育种上对其颜色的要求也各不相同。如菊花以稀少的绿色为优良品种，而牡丹则因缺少金黄色而以其为珍贵。法国曾以培育出优良的金黄色牡丹品种为目标，荷兰以黑郁金香的选育为最高目标。不同国家和地区的人们在不同时期对花色的要求也不相同，如菊花，我国唐宋时期以“纯黄不杂”为上品，民间多喜爱红、粉、黄等颜色，而日本人偏爱白色品种；在月季花方面，日本先前以培育红色花品种为主，后来随着人们喜爱的转变，又转向培育粉红色品种。对于变色花（花从花蕾开放到凋谢，花色发生变化）的培育，也一直是人们花卉育种中的重要目标之一。如十样锦，花蕾时为黄色，开放后变成红色，花色又随开放程度变化，一株植物上花有黄色、粉红色、红色，令人赞叹；又如水芙蓉上午为奶油色，下午变成红色。近些年，蓝色花又成为花卉市场上的宠儿。

（3）叶形、叶色

优美的叶形、丰富的叶色也是人们喜爱的一种观赏品质。如花叶羽衣甘蓝原是作为蔬菜培育的，但由于叶片深裂，着色美丽，冬季栽植于花坛中尤其漂亮。日本在对其引种培育后，已选育出了叶色、叶形各具特色的品种，深受人们喜爱。随着人们生活水平的提高，居住条件的改善，人们对室内观叶植物的需求越来越高。大规模园林绿化中也已不满足于绿色，而向黄色、紫色、红色等彩色叶方向发展。如最近培育出的‘金叶’女贞、‘金叶’槐、‘紫叶’黄栌、‘紫叶’桃等。因此对叶色表现为黄色、紫色、红色等品种的选育工作也是园林植物育种的方向之一。

（4）株型

其直接影响着园林绿化的整体效果。优美、整齐的株型是提高园林植物观赏价值的基础。所以增加株型变化的选育也是扩大应用的一个方面。株型包括株高、枝条指向和枝叶着生状况等。园林上由于用途不同对株型的要求也不同。如花坛布置常需要矮生型花卉，而切花生产则需要植株高大、茎秆粗壮的株型。近些年，人们采用各种育种手段培育出适合各种用途的不同株型的品种，其中有适宜花坛布置的整齐一致的矮生型早小菊、鸡冠花、金鱼草、矮牵牛、百日草、万寿菊等品种，也有适宜作切花用的植株高、茎粗壮的金鱼草、菊花、百日草、翠菊等品种。

对于植物的株型，可以从生长习性、株高、枝姿三方面分析：

生长习性{乔、灌、藤}　株高{乔化、矮化}　枝姿{直枝、垂枝、曲枝}

如果将上述生长习性、株高、枝姿等因素组合起来，就可以形成很多种株型。如‘寿星’桃是乔木、矮化、直枝型的，‘龙游’梅是乔木、矮化、曲枝型的，‘龙爪’槐是乔木、乔化、垂枝型的。由于不同株型形成不同的观赏效果，因此，在株型育种时应根据不同的绿化用途制定优良株型的选育目标。

(5) 芳香气味

芳香性也是提高花卉品质的一个方面。芳香的花卉不仅使人陶醉，还可提炼香精用于生产。在园林植物中，具有芳香气味的花卉有茉莉、代代花、蔷薇、水仙、晚香玉、小苍兰、百合类、梅花、桂花、蜡梅、栀子等。但是，从总的来看，无芳香性的花卉还是为数居多。为培育出更多芳香馥郁的花卉，育种工作者在很多花卉上进行了芳香性育种尝试，虽然难度较大，但仍然培育出了一些具有香味的新品种，如日本培育的芳香仙客来品种‘甜蜜的心’，美国培育出具有麝香香味的山茶新品种，有芳香味的金鱼草新品种等。随着基因工程技术的发展，人们将会培育出更多的芳香性花卉品种。

(6) 彩斑

植物的花、叶、果实、枝干等部位有异色斑点或条纹称为彩斑。彩斑能够大大提高植物的观赏价值。因此培育彩斑品种也常常是花卉育种的重要目标之一。现代观赏植物栽培群体中，观赏价值较大的彩斑主要分布在叶片、花瓣、果实和枝干上。据不完全统计，具有花部彩斑的植物有324属，常见的有三色堇、大花萱草、石竹、矮牵牛、美女樱、金鱼草等；具有叶部彩斑的植物有184属，如金边吊兰、银边吊兰、花叶芋、花叶万年青、‘金边’常春藤等；具有果实彩斑的植物有代代、观赏南瓜等；茎干彩斑或者异色的植物有白皮松、红瑞木、棣棠、桉、竹类等。所有的彩斑植物都可以不同程度地被应用于室内外绿化和美化。因此在育种上有着重要的利用价值。

2.2.2.2 抗逆性强

抗逆性主要是指植物对不良环境条件的适应能力。它包括：抗病、抗虫、抗寒、抗旱、耐热、耐涝、耐盐碱、耐贫瘠、抗污染等能力。随着花卉生产的发展，抗性育种已成为花卉育种的一个重要目标。

(1) 抗病虫育种

病虫害严重威胁花卉的观赏价值及生产。过去对病虫害的防治只注重应用化学药剂，结果在消灭病虫害的同时，不仅使植物受到伤害，也使一些有益生物遭受危害。同时，大量使用化学药剂可使病菌、害虫产生抗药性，也严重污染了环境。随着人们环保意识的提高，发现培育抗病虫害品种是建立综合防治体系的重要基础，这样既能降低病虫害对植物的危害，又可提高防治效果，减少对环境的污染，保持生态平衡。近些年，人们进行了许多栽培植物抗病虫品种的选育工作，并取得了较好的成绩，获得了许多抗病虫害的新品种。如可抵抗镰刀菌凋萎病的郁金香、百合、小苍兰、香石竹品种等，抗各类黑斑病的四倍体月季杂种品系。随着抗病抗虫基因分离、遗传转化技术的发展，将会有更多具有抗病虫能力的花卉新品种产生。

(2) 抗寒性育种

温度是限制植物分布的一个重要因素。抗寒性是植物在对低温寒冷环境的长期适应中，通过自身的遗传变异和自然选择获得的一种能力。低温寒害是一种重要的自然灾害，许多珍贵的观赏植物，如山茶、梅花、蜡梅、玉兰等由南向北引种常因为低温因素限制了其向北扩展。另外，低温也是影响切花生产的主要因素之一，为达到周年生产的目的，除了采用一些局部控温措施外，从植物本身入手，培育耐低温品种是提高生产效率的根本途径。目前，抗寒性育种已成为园林植物育种的一个重要方向，经过人们的长期努力，已培育出不少抗寒性新品种，如近些年培育出的地被菊，其中一些品种可耐－35℃的低温；梅花中的抗寒品种‘北京小梅’、‘北京玉蝶’可在北京地区和三北南部地区栽培推广；低温开花的非洲紫罗兰适宜开花温度比原亲本平均降低10～15℃，大大节省了能源。

(3) 抗旱、耐盐碱性育种

植物所受的干旱有大气干旱、土壤干旱、混合干旱3种类型。植物对干旱的广义抗性包括避旱、免旱和耐旱3种类型。植物的避旱性是指通过早熟和发育可塑性，在时间上避开干旱的危害，实质上其不属于抗旱性。免旱性和耐旱性则属于真正的抗旱性。免旱性是指在生长环境中水分不足时植物体内仍保持一部分水分而免受伤害，仍能正常生长的性能。耐旱性则指植物忍受组织水势低的能力，其内部结构可与水分胁迫达到热力学平衡，从而不受伤害或减轻伤害。

在一些干旱和半干旱地区，由于蒸发强烈，盐分随着地下水蒸发上升到土壤表层，又由于降水量少，使得土壤表层的盐分含量较高，形成盐碱化土壤。另外在海滨地区，海水倒灌也可使土壤表层的盐分升高。干旱和盐害不仅在发生上有联系，而且两者都导致土壤溶液水势下降而使植物细胞失水，甚至死亡。对于干旱、半干旱地区或土壤中含盐量较高的地区，培育具有抗旱、抗盐性的花卉品种也是园林植物育种的一个重要方向。

(4) 耐热性育种

每种植物都有其适应的特定温度范围，温度过低、过高都会对植物产生伤害。一般情况下，植物受低温的影响要比高温涉及面广，影响深远，后果严重，而高温对植物的影响范围较小，因此在过去，有关植物的耐热性研究进行得较少。近些年来，对植物热害及其防御对策的研究日益受到重视。热害是指植物体所处环境温度过高所引起的生理性伤害，它往往与生理干旱并存，共同伤害植物体。植物能够忍耐高温逆境的适应能力统称为抗热性。不同植物的抗热性各异，热带、亚热带植物，如台湾相思、代代花、山茶花等耐热性较强，而温带、寒温带植物，如丁香、紫荆等耐热性较差，在35～40℃时便开始遭受热害。温带、寒温带花卉从北向南引种由于易遭受热害，限制了其引种扩展范围，对于这类植物，进行耐热性育种也是很有必要的。

（5）抗污染育种

随着科学与工业的发展，环境污染问题越来越严重。环境污染不仅直接威胁人民的生命安全，也使人们赖以生存的植物生长发育受到了威胁。因此，培育抗污染的园林植物品种也显得非常重要，经过近些年研究，已发现能够抗臭氧危害的园林植物有百日草、一品红、天竺葵、冬青、凤仙花属、金鱼草、中国杜鹃花、金盏菊、云杉等。抗 SO_2 的园林植物有水蜡树、丁香、木槿、紫藤、枫树等。

2.2.2.3 延长花期

延长花期包括使花卉品种能提早或延迟开花日期及延长一朵单花的开放时间两个方面的含义。如，菊花因切花生产与露地观赏的需要，国际园艺界提出培育对日照长短不敏感，即在自然日照下，四季均能开花的菊花品种的要求。经过科研人员的努力，已培育出许多菊花新品种，且可春夏开花，花期长达6个月。又如，月季、百合等花卉是插花的主要花材之一，但单朵月季或百合花的开放时间约2～3d，虽采用一些切花保鲜剂可适当延长开花时间，但这种方法不够经济。因此选育单朵花期长的月季、百合等花卉品种，有着深远的育种意义。

2.2.2.4 适宜生产、耐运输的切花

切花生产具有如下优点：单位面积产量高、收益大，可进行大规模工厂化生产；生产周期短，易于周年供应；贮藏、运输、包装简便；销售量大、价格低廉和易被消费者接受；所以鲜切花已成为世界花卉市场的主要产品。发展切花栽培，培育适宜切花生产的品种，是花卉育种的重要任务之一。为适宜切花生产，便于切花运输，要求切花品种应具有单花花期长、花瓣厚、耐久养等特性。

2.2.2.5 低能耗

近些年来，人们在以观赏性状为育种目标的同时，也开始兼顾培育一些能在低光照、低温度下开花的低能耗品种。培育低能耗花卉品种是花卉广泛栽培和商业化生产的必然趋势，它可以降低生产者的经营成本，为生产者带来更大的利益。对于温室花卉，培育低能耗品种已成为其育种的主要目标之一。

2.3 育种的基本途径

实现育种目标的基本途径可以概括为三个字："引、选、育"。广义的育种工作包括这三个方面的内容。"引"是指引种。一方面是指把本地没有的种或品种从外地引入进行栽培的过程，另一方面是指把本地的野生植物引入人工条件下

进行栽培的过程。这是丰富本地园林植物种类最快和最为经济的方法。“选”是指选种。在充分研究和把握本地所具有的种质资源特性的基础上，如果发现有符合育种目标的变异单株出现，则可进行选择培育。选择是基本的育种方法，也是贯穿育种过程始终的技术措施，选择的性状是育种的最终目标，选择的过程是逐步达到育种目标的具体步骤。因此，选择是育种工作的中心环节。“育”是指引起植物性状改变的技术措施。也是狭义的育种内容。现代观赏植物育种的技术措施不仅包括了传统的杂交技术，还包括诱变技术、细胞和组织培养技术以及分子育种技术和航天育种技术。随着现代生物技术的迅猛发展，现代育种技术正在以日新月异的速度发展着，使植物获得变异的方法也不断多样化。

在现代园林植物育种工作中，引、选、育三个方面是一个统一的整体。

2.4 育种技术

育种技术可以理解为广义育种和狭义育种两个内容。对于广义的育种技术来说可以理解为引、选、育三个基本途径。狭义的育种技术仅指引起植物发生可遗传变异的技术措施。现代花卉育种技术包括：引种、选种、杂交育种、诱变育种和分子育种。依照技术发展的历史进程又可以划分为常规育种技术和非常规育种技术两大类。

2.4.1 常规育种技术

常规育种技术或者称为传统技术（classical breeding），指在育种工作中主要使用引种、选种和杂交育种技术进行品种改良。其创造可遗传变异的品种改良方式是有性杂交技术。有性杂交技术在实际应用中又分为：品种间和类型间杂交、远缘杂交和杂种优势的利用。在品种鉴定技术中主要使用形态分析的方法对品种进行分析和鉴定。

常规技术在实际应用中具有如下特点：

简单易行；价格低廉；育种周期长；创造的变异有限。有性杂交产生的变异依赖于亲本性状。

2.4.2 非常规育种技术

非常规育种技术也称为现代育种技术（smart breeding）。主要包括如下内容：

(1) 诱变育种技术

根据诱变因素的不同可以分为：物理诱变和化学诱变。这是利用人工方法对植物材料的遗传物质进行诱导，使其发生改变，导致植物体的性状发生可遗传变异，进而在产生变异的群体中进行选择和培育获得新品种的技术方法。现代诱变育种技术还包括利用航天技术对植物材料进行太空辐射育种。

(2) 分子生物学技术或称分子育种（molecular breeding）

主要是利用分子生物学技术进行品种培育和品种鉴定。包括分子标记辅助的选择育种和转基因育种技术。

(3) 离体培养技术

离体培养技术是指利用植物细胞的全能性、植物组织的再生能力以及脱分化和再分化能力进行遗传操作的技术。通过这项技术可对植物单细胞进行遗传改良(如：单细胞诱变或者转基因操作，原生质体融合等)，进而利用植物细胞的全能性使改良的细胞发育成全新的个体，再利用植物体的再生能力繁殖出园林植物的优良品系。也可以利用植物体的任何器官和组织进行优良品种的快速繁殖。利用植物离体培养技术进行人工种子的生产已经成为花卉育种技术中的重要内容。随着建立在细胞和组织培养技术基础之上的现代育种技术的发展，不少育种家的梦想正在变为现实。

非常规育种技术在实际应用中具有如下特点：技术精度要求高，需要一定的仪器设备；育种周期相对较短，可以极大地缩短育种年限，加快育种进程；可以创造更丰富的变异，遗传物质的交流可以跨越物种之间的天然隔离；需要注意生物安全问题。

2.4.3 育种技术的合理使用

2.4.3.1 因地制宜

育种工作是一个艰苦而漫长的过程，需要育种者的耐心和恒心。育种者可依据现有资源和技术条件，开展育种工作。在世界花卉园艺百花园中，广大的花卉爱好者是花卉育种工作的主力军。他们往往通过一只毛笔和一把镊子，加上一双善于发现的慧眼，因地制宜地不断创造变异和发现变异，培育出了丰富多彩的园林植物新品种。只要有热爱，人人都可以成为新品种的拥有者。

2.4.3.2 因材使用

花卉育种技术日新月异，也给人们带来了无限的机遇。但新技术并非是花卉育种的灵丹妙药。育种者最需要做的基础工作是把握现有种质资源的特性。掌握每一种花卉在其现有技术基础之上取得的育种进展是我们采用新技术的基础。并非所有的技术都适用于所有的花卉种类。脚踏实地、实事求是地对待育种工作才能有的放矢，不断取得进展。

2.4.3.3 综合利用

一个优良品种的诞生是一系列育种技术综合利用的结果。常规育种技术和非常规育种技术也不是那样界限分明，两者也不仅限于在诱导植物体发生可遗传变异时采用。如在进行种质资源研究时，可以采用一般意义的物种调查，物种多样性分析，还可以利用分子生物学手段进行遗传多样性分析，进行种质资源中一些特殊基因资源分析，遗传性状表达调控规律研究等；在植物引种中，可以引进完整植株，也可以引进种子、营养体、试管苗、任何器官或者组织，甚至是一段

DNA 序列。育种技术的灵活使用完全在于植物材料以及育种者要达到的目的。

2.5　育种程序

园林植物的育种程序是指实施育种工作的方法和步骤。园林植物的育种工作繁杂而漫长，是一项艰苦而细致的工作。常用 8 个字来概括育种工作的基本程序：订、查、引、选、育、试、登、繁。

(1)“订”

“订”是指制订育种目标。也就是在育种工作开始之前确定新品种所具有的目标性状。这是育种工作的基础和前提。合理的育种目标既能符合实际市场需求，又能符合种质资源的现有状况，更能符合育种者的实际操作能力。制定育种目标的一般原则是：近期目标和远期目标结合；突出重点性状并兼顾一般性状；因地制宜，切实可行；具体明确，符合需求；合理搭配，适宜生产。

(2)“查”

“查”是指调查种质资源。种质资源是一切育种工作的物质基础。有什么样的种质资源，才能制定什么样的育种目标；育种技术的使用，育种措施的实施完全依赖于种质资源的数量和质量。没有种质资源，育种工作就成了无米之炊，一切育种工作都将无法进行。因此，在开始进行育种工作之前，大规模的种质资源调查，细致的种质资源特性的研究，植物自身的特点和特性的分析是极为必要的工作。只有在充分了解种质资源的基础上，才能制定合理的育种目标，采取切实可行的育种策略，尽快达到育种目标。

(3)“引”

“引”是指引种。把外地的品种或者本地的野生植物引入本地栽培的过程称为引种。引种是最快丰富园林植物材料的手段，也是最为经济的手段。现代引种技术中不仅包括植物材料的引进，还包括基因资源的引进。

(4)“选”

“选”是指选种。利用植物群体的天然变异，根据园林植物育种目标采取一定的技术措施，将符合园林应用的植物材料从原始群体中选择出来，进而培育成优良品种的过程。选择要在有可遗传变异的群体中进行，供选择的群体应该足够大，选择要在相对一致的环境条件下进行。选择的手段依据具体的育种目标而定，可以使用常规的形态学分析，也可以借助生理生化仪器，甚至分子生物学手段。

(5)“育”

“育”是狭义的育种。是指育种过程中采取的任何引起植物发生可遗传变异的人工技术。现代花卉育种技术包括常规育种技术和非常规育种技术两大类，现代育种者倾向于综合利用各种育种技术措施实现育种目标。这部分工作是育种学研究的主要内容。

(6)“试”

“试”即指育种试验。育种工作本身就是一项充满风险和不定因素的工作。没有一定的试验研究基础，新品种是无法产生的。试验工作包括种质资源的试验分析，每一具体育种步骤的试验分析，新品种推广前的生产试验。一个品种只有在品种试验中表现出相对一致和相对稳定的特殊性状才能成为品种。试验是一切育种工作的基础。不仅育种过程需要试验，在品种生产和推广过程中还需要进行生产试验。育种试验中产生的数据还是进行品种登录和实施品种保护的依据。遵从一定的科学方法严格进行育种试验是育种程序中不可缺少的环节。

(7)“登”

“登”指的是品种登录。新品种的产生是一项漫长而艰苦的工作，而品种的生产则相对容易。花卉消费者在进行花卉消费时接触的往往只是花卉生产者和销售者，对育种者往往无人知晓。如果长此以往，育种者的利益得不到保护，花园中也就必将没有更多绚烂多彩的花卉。鉴于此，在长期的育种实践中育种界形成了这样一种默契——用品种登录的方式保护育种者的利益。经过品种审定程序进行登录的品种是受到法律保护的。任何生产单位在使用已经登录审定的品种时均应该按照规定向育种者缴纳一定的费用；否则将被视为违法，会受到法律的制裁。如此才能保证育种工作的健康发展，园林植物也才能日益丰富多彩。

(8)“繁”

“繁”是指园林植物优良品种的繁育技术。园林植物优良品种在最初育成的时候往往是一个单株，或者是很小的一个群体。而在园林植物应用时却往往需要一个很大的群体。如何使这些很少的单株繁殖出大量群体以供园林之需则是良种繁育技术要解决的问题。优良品种在繁殖过程中往往会出现品种退化现象。在繁育优良品种时保持优良种性，防止品种退化现象的出现，对已经出现退化现象的品种采取一定措施进行复壮，这就是园林植物良种繁育学的内容。

上述 8 个方面的内容是一个统一的整体，任何环节不可缺少。如果从花卉育种的整体来考虑，花卉育种程序可以概括为如下图示：

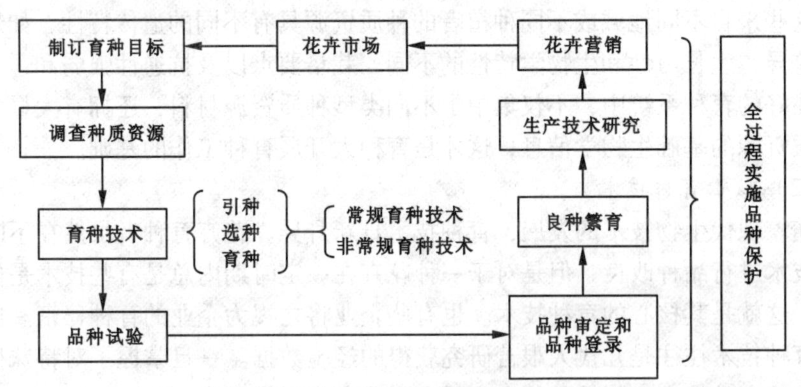

分析上述图示可以看出：市场是园林植物育种工作中起决定作用的因素。市场瞬息万变，一朵花有人看是宝，没人看是草。花卉消费市场的需求决定了育种

目标；在育种目标确定之后，种质资源就是育种工作的物质基础；育种技术本身则是育种工作的核心内容；良种繁育技术是连接园林植物育种和园林植物应用的桥梁；品种保护制度则是育种工作健康发展的保障。

2.6 育种系统

一种花卉的育种工作开展得好坏在于这种花卉是否可以被不断地开发出新品种。国际上大宗花卉如郁金香、百合、菊花和月季之所以能在花卉市场上长盛不衰就是由于不断有新品种问世。消费者在花卉消费上有两种倾向值得育种者注意：他们一方面有持续使用某一种花卉的倾向；另一方面又喜欢在花色、花型和芳香气味等新奇性状上猎奇。一个花卉品种如果能够在满足人们的怀旧情绪的同时又注入新的元素则会获得成功。这就需要育种者的耐心和恒心，在一种花卉上持续不断地研究开发。因此，就重点花卉建立花卉育种系统是中国花卉企业摆脱落后局面的唯一出路。

2.6.1 育种系统的概念和内容

花卉育种系统就是一个花卉育种集团建立的某一种花卉完善的育种资源、信息和技术体系。包括：种质资源材料库；种质资源信息资料库；引种驯化的技术措施和各种材料的引种表现；杂交育种的配组方式及杂交后代的性状表现；各种育种技术在该种花卉上应用的技术参数；品种试验的方法和步骤；品种审定和品种登录以及品种保护的方法步骤和法律法规；良种繁育的技术体系；规模化周年生产的栽培技术；为适应市场变化而储备足够的后备品种。只有当一个花卉企业拥有了一种花卉生产中开发新品种的核心材料、信息和技术时，这个花卉企业才真正拥有了该种花卉的育种系统，也就获得了可持续发展的能力。

(1) 种质资源是基础

一种植物可能分布在全世界的不同地域，也可能已经被前人进行了某些改良。这些来自不同地域或不同种植者的种质资源具有不同的遗传特性，如形态特征的差异，生长习性和生物学特性的不同，栽培要点以及抗逆性强弱和适生范围等。在好的育种系统中，不仅集中了不同类型种质资源材料，还拥有大量关于各类种质资源的基础生物学信息，这才是育种人开展育种工作的基础。

(2) 核心育种技术

随着现代生物技术的发展，育种技术日新月异。花卉育种者虽然在不断跟踪最新技术进行品种改良，但是对于一种花卉在一定时期内总是有些技术是最为有效的，这就是其核心的育种技术。也有些企业将之视为企业的育种秘密。这些核心的育种技术往往是几代人艰苦研究获得的经验数据。一旦掌握了对特殊植物材料适宜的育种技术，新品种的产生就不再是高不可攀的事。

(3) 品种保护是保障

花卉育种工作是一项长期和艰苦的工作。如果没有一项有效的方法要实施保护则很难使花卉业获得长足的发展。品种保护制度是以法律的形式保护花卉育种者的利益。如何确定育种者对其品种拥有的排他的独占权则是专业性极强的技术问题。品种测试技术和鉴定技术是实施法律保护的依据。在成熟的花卉育种系统中不仅要有对该种花卉实施保护的良好制度，更需要建立健全品种鉴定的技术体系。在这一鉴定体系中需要建立该品种的特殊标志性状，如：某种形态学特征、特殊的代谢产物或者遗传图谱上的特征性分子标记。

（4）完善的种植技术

一个新品种往往对栽培条件有其特殊要求。育种学上常说的“良种良法”实际上指的就是每一个品种有其特有的种植技术。种植者拿到一个优良品种后如果在种植技术上不能满足品种特性的要求，无法使良种的特性发挥出来，育种者描述的优良性状就无法表现。只有掌握了一个系列品种的种植技术，在新品种开发时才能有针对性地提出种植技术要点。因此，在育种系统中还包括完善的种植技术。种植技术是良种繁育和品种推广的保障。

2.6.2 育种系统的作用

一种花卉的育种系统一经建立，其给花卉企业带来的效益是巨大的。一个花卉企业生存和发展的根本是拥有自己的特色品种。花卉市场瞬息万变，使用别人的品种只能是暂时的，被动的。完善的花卉育种系统让企业获得了开发品种的源泉，掌握了市场的主动权。首先，育种系统中充足的种质资源让企业在开展育种工作时有足够的育种材料，这是一切育种工作的基础；第二，完善的育种材料信息库使育种者在了解育种目标后可以选择那些与育种目标最为接近的材料开始育种工作，从而极大地节省育种时间和育种成本；第三，各项育种技术在用于该种花卉品种改良时的技术参数是育种者采取育种措施开展育种工作的依据。如不同杂交亲本之间的亲和力、杂交后的结实率以及目标性状的遗传力；诱变育种的半致死剂量、活力指数和生长指数；分子育种中再生体系建立的方法、遗传转化的方法和转化频率、适宜的菌株等。有了这些参数，育种者不必从头摸索，只需要针对材料特性、育种目标的要求、育种进程特点和育种投资许可的范围，采取最为快速和经济的手段开展育种工作。第四，好的育种系统本身储备的品种，甚至是一些育种的中间材料，就可以让企业在市场竞争中能游刃有余地应付市场对新品种的需求，从而立于不败之地。

目前，国际上主要的育种公司除使用主栽品种满足市场外，每年都有一到两个新品种推出进行试探性生产，一旦发现市场需求则快速进入规模化生产；与此同时，还有一批后备品种随时可以进入市场。如日本精兴园菊花育种公司认为其品种可以把握近 10 年的菊花市场。这种后备品种的大量存在，使得育种者有足够的时间和精力开展新的育种项目，实现更高更远的育种目标。

中国花卉企业发展的重要制约因素之一就在于目前还没有一种花卉有良好的育种系统，企业育种工作滞后，缺乏开发新品种的能力与后备品种，只能进行短期的生产和销售，没有适应市场风险的能力。因此，要使中国花卉企业发展，满足个人消费和园林建设的需求，各地必须针对资源特点、气候条件特点和生产技术能力以及科研水平建立特有花卉的育种系统。

2.6.3 建立育种系统的方针

由上述花卉育种系统的内容可以看出，任何一种花卉的育种系统的建立都需要如下因素：第一，足够的时间；第二，资金的持续支持；第三，强大的技术力量。纵观国际上成功的育种公司无不是几代人坚持不懈努力的结果。他们从种质资源的收集开始，经历了常规育种技术和非常规育种技术的发展历程，即使在战争年代也没有停止育种的步伐。集中了一批优秀的育种人才，组成了强有力的科研队伍，收集了大量种植资源材料和信息，建立了良好的品种培育的技术体系和品种开发的工作体系。在我国目前的现状和条件下，我们应该采取如下方针：

(1) 稳扎稳打

育种系统的建立是一项长期的工作，不能急于求成。育种材料、育种技术和育种信息要靠脚踏实地的积累。对我国特有的花卉资源应该从种质资源调查开始，进而对主要观赏性状开展遗传特性分析，多方面尝试各种育种技术的应用，逐步找到各类花卉品种自身最为适宜的育种技术；在品种变异比较多的类群中逐步开展品种登录和品种审定工作，为品种保护铺平道路。在一些比较成熟的品种中开展优化种植技术的研究，为优良品种推广工作奠定种植技术基础。总之，我们应该逐步培养和锻炼我国花卉育种和栽培的技术队伍，积累育种经验，储存育种材料。

(2) 远近结合

育种系统的建立是一项长远的工作，花卉市场的需求随时变化。花卉企业要抓住发展机遇，边建设边开发。对于一些比较成熟的品种可以尽快使之商品化，同时在品种推广过程中注意种植技术的积累，品种保护制度的建立；对一些比较有希望的品种，可以重点进行改良工作，使之尽快达到生产要求；对于一些有潜在商业价值的品种应加以保护，抓住时机进行开发性育种。

(3) 多方合作

育种工作艰苦而漫长，任何单位和个人都不足以单独胜任这项工作。企业和育种者合作获得双赢肯定是中国花卉育种的唯一出路；此外，不同育种单位间的合作与交流以及很好地分工协作也是中国花卉业在有限的资金支持下获得进展的办法之一；在引进花卉品种和技术的同时，积极开展国际合作与交流，学习国际上先进的育种经验，积极开展学术交流，争取其他学科的知识和技术的支持，也是中国花卉业摆脱目前困境的策略。

(4) 高起点起步

国际花卉育种企业用近 200 年的时间建立起来的育种系统是我们在短时间内很难超越的。我们没有这么多的时间，必须走自己的路。利用各种技术手段进行种质资源的收集、保存和研究，综合各项育种技术措施对重点花卉开展育种工作，重视发展分子植物育种技术。在进行花卉品种引进的同时注意引进先进的育种技术以及育种相关的技术资料。借鉴各国建立花卉育种系统的成功经验。唯有这样才能尽快建立中国自己的花卉育种系统。

（戴思兰）

复习思考题

1. 如何确定园林植物育种对象。
2. 如何制定园林植物育种目标。
3. 园林植物育种程序包括哪些内容。
4. 如何理解育种系统的概念。

本章推荐阅读书目

园林植物遗传育种学．程金水．中国林业出版社，2000.
园艺植物育种学．曹家树，申书兴．中国农业大学出版社，2001.

第3章　园林植物的种质资源

［**本章提要**］本章论述了种质资源的概念、分类和意义，并从栽培植物的起源中心出发讲述了园林植物的起源中心、园林植物品种的变异来源，以及中国园林植物种质资源的特点及其成因，最后从调查、收集、保存、评价、创新、利用等6个方面介绍了园林植物种质资源工作的基本情况及其主要任务。

中国被世界园艺学家盛赞为“园林之母”，这是因为中国有着丰富多彩而且极具特色的园林植物种质资源，中国的园林植物曾经为世界园林事业的发展做出了巨大贡献。但目前我国花卉业生产的主要品种多数来自国外，其中的主要原因是我们对我国的种质资源研究不够、利用不足。因此，我们要从当前花卉业的需要出发，积极深入地开展种质资源的研究和利用。种质资源既是育种工作的基础，也是育种工作的成果，因为新的品种又是下一次育种的种质资源。整个育种工作就是对种质资源的不断创新和永续利用。

3.1　种质资源的概念、分类和意义

3.1.1　种质资源的概念

3.1.1.1　种质

种质（germplasm）源于德国生物学家魏斯曼（Weissman）提出的种质连续学说（又称为种质论或魏斯曼学说）。该学说认为，生物体是由专司生殖机能的“种质”和专司其他机能的“体质（soma）”所组成。种质世代相传，不受体质的影响；体质由种质分化而来，随着个体的死亡而消灭。

事实上，种质的内涵现在已经有了很大的发展。魏斯曼当时描述的“种质”只是一种可以世代相传的物质，并不清楚是什么物质。孟德尔（G. J. Mendel）用豌豆（*Lathyrus* sp.）杂交试验证明了这种物质（被其称为“因子”）是某种颗粒，在世代之间可以自由组合、独立分配。摩尔根（T. H. Morgan）的果蝇（*Drosophila* sp.）试验证明这种因子（被其称为“基因”）位于染色体上，是染色体上的某一位点。现代分子生物学不仅证明了染色体中的DNA是基因的化学本质，而且将一段可以控制一定性状的DNA片断称为基因。可见，魏斯曼的种质、孟德尔的因子、摩尔根的基因，其本质都是遗传物质。

3.1.1.2 种质资源

种质资源（germplasm resources）是具有一定遗传基础，表现一定优良性状，并能将特定的遗传信息传递给后代的生物资源的总和。

园林植物种质资源的范围可以多水平、多层次理解。因此园林植物种质资源可以描述为各类园林植物在全球范围内的资源总和或者某一类园林植物在全球范围内资源的总和；也可以描述为某一地区园林植物资源总和；可以是某一类园林植物的群体，可以是某一种特殊的变异材料，可以是一个单株、一种植物组织、一块离体培养的材料、一个细胞甚至是一段DNA。因此，在进行种质资源调查研究、开展种质资源保护和种质创新工作中应该全面理解种质资源的概念。

3.1.2 种质资源的分类

园林植物种质资源种类繁多，来源广泛，根据其来源可分为不同的种类：

(1) 按照种质资源的栽培状况分

可以分为野生种质资源、品系（strain 也称株系。在栽培植物中，常指由实生繁殖而产生的、区别不明显的变异体）和品种。野生种质资源是指未受人为影响的、自然的、原始的野生植物类型。栽培种质资源常用品系或品种来描述，品系是人工育种过程产生的中间材料，常指由实生繁殖而产生的、区别不明显的变异源；品种则是人工培育的具有一定经济价值的栽培植物群体。可见，野生种质资源、品系、品种实际上是品种发展的不同阶段。

(2) 按照发生来源分

可以分为野生种质资源和人工种质资源：前者是在一定地区的自然条件下经过长期自然选择后保留的物种，因此具有高度的适应性和抗逆性，但部分种质资源观赏性状和经济性状较差，常作为抗性育种的材料；后者是经人工杂交、诱变等育种技术产生的变异类型，通常具有一些特殊观赏性状，有些可作为育种的中间材料，另一些可作为品种加以推广。

(3) 按照地域来源分

可以分为本地种质资源和外地种质资源：前者是育种工作最基本的材料，它是在当地自然和栽培条件下长期形成的，且在当地具有较高的适应性和抗逆性的植物材料，其中部分种质资源可以直接利用；后者是从其他地区引入的种质资源，它反映了引种地的自然和栽培特点，具有不同的遗传性状，其中有本地种质资源所不具备的优良性状，可作为改良本地种质资源的重要育种材料。

3.1.3 种质资源的意义

“巧妇难为无米之炊”。种质资源就是整个园林植物生产，甚至是农业生产的“米”。种质资源的意义至少可以体现在以下三个方面：

(1) 育种和栽培的物质基础

在整个植物生产体系中，各类生产资料几乎都可以人工制造；唯独种质资源是个例外。离开种质资源，育种和栽培就变成了“无米之炊”。只有搜集到了育种对象所有的近缘种、野生种、品系、品种等种质资源，尤其是现有品种资源，才可能育成更好的新品种。

(2) 生物技术的基因资源

现代生物技术的发展，已经能够定向改变植物的单一性状；但迄今为止，还不能人工合成有生命的完整基因组。无论是引进外源基因，还是对自身某个基因功能的鉴定，都离不开种质资源（或基因资源）。尤其是重要经济性状的单基因突变体，对于园林植物分子生物学研究和开展分子育种至关重要。

(3) 基础研究的试验材料

整个生物学的研究都是建立在种质资源（即试验材料）基础上的，尤其是对于园林植物的起源、演化、分类、生态等方面的研究，其研究水平的高低，很大程度上取决于占有种质资源的多少，我们应该用丰富的园林植物资源为基础生物学研究提供大量的证据和思路，而不是仅用一两份园林植物材料来解释生物学问题。

3.2 栽培植物起源中心与园林植物品种的变异来源

3.2.1 栽培植物的起源中心

3.2.1.1 栽培植物起源中心的概念

栽培植物的起源中心是指栽培植物的种和品种多样性（以人工的遗传多样性为主）的集中地区；而野生植物的种、变种多样性（以自然的物种多样性为主）的集中地区，称为该属（类）植物的自然分布中心。起源中有时与自然分布中心相一致，如牡丹的自然分布中心在陕西、山西、甘肃、河南等地，其品种起源中心也在西安、洛阳、临洮一带。有时起源中心与分布中心是有一定距离的，如梅花的分布中心在四川、云南、西藏交界的横断山区，而其品种起源中心却在长江中、下游地区。起源中心与分布中心重合或相近的，可称为原生起源中心。有些植物还有次生的起源中心，如月季的分布中心和原生起源中心都在中国，但现代月季的形成却在法国等欧洲国家，欧洲可以称为月季的次生起源中心。

3.2.1.2 栽培植物起源中心的研究简史

19世纪以来，许多学者考察、研究了栽培植物的起源中心，并有丰富著述，如德坎道尔（A. P. de Candolle）的《栽培植物起源》（1882）、瓦维洛夫（N. I. Vavilov）的《栽培植物起源中心》（1926）、勃基尔（I. H. Burkill）的《人的习惯与栽培植物起源》（1951）、达林顿（C. D. Darlington）和茹考夫斯基（P. M. Zhukovsky）的《植物育种的基因中心》（1970）等。其中比较有影响的

表 3-1 世界栽培植物起源和基因中心一览表

编号	中心名称	地域	代表性园林植物
1	中国-日本	中国、日本	山茶、桃、梅、垂丝海棠、海棠花、西府海棠、贴梗海棠、金橘、香樟、部分竹类
2	印度尼西亚-中南半岛	中南半岛、印度尼西亚、马来群岛	虎尾兰、椰子
3	澳大利亚	澳大利亚	金合欢、桉树
4	印度	印度	香橼、慈竹属
5	中亚	阿富汗、塔吉克斯坦、乌兹别克斯坦、土库曼斯坦	杏、樱李、樱桃类
6	西亚	土库曼斯坦、伊朗、外高加索地区、阿拉伯半岛	罂粟、石榴、番红花、无花果、蔷薇属部分种
7	地中海	地中海沿岸	月桂、羽扇豆、三叶草
8	非洲	埃塞俄比亚、南非等	唐菖蒲、芦荟、天竺葵
9	欧洲-西伯利亚	欧洲、俄罗斯	红三叶草、三色堇、夹竹桃
10	中南美洲	墨西哥、危地马拉、哥斯达黎加、洪都拉斯、巴拿马	仙人掌、凤梨、龙舌兰
11	南美洲	巴西、阿根廷等	西番莲、向日葵、粉美人蕉
12	北美洲	美国、加拿大	糖槭、醋栗

（引自杜比宁，1974）

是瓦维洛夫的“栽培植物起源中心”学说和茹考夫斯基的“多样性中心”学说。

1935 年瓦维洛夫提出八大起源中心，1968 年茹考夫斯基又补充了 4 个地区，合称“栽培植物的起源和类型形成基因中心”。各起源中心（或多样性中心）都有代表性的园林植物（表 3-1）。

3.2.1.3 园林植物的起源中心

南京中山植物园张宇和先生经过研究提出园林植物有以下三个起源中心：

（1）中国中心

中国是很多园林植物的起源中心。山茶、蜡梅、菊花、中国兰、银杏、萱草类（*Hemerocallis* spp.）、扶桑（*Hibiscus rosa-chinensis*）、紫薇（*Lagerstroemia indica*）、木兰（*Magnolia liliiflora*）、海棠类（*Malus* spp.）、荷花、桂花、芍药（次生中心在欧洲）、牡丹、报春类（*Primula* spp.）、梅花、杜鹃花类、月季（次生中心在欧洲）、丁香类等著名花卉均起源于中国，可见中国无愧于“园林之母”的称号。

（2）西亚中心

番红花类（*Crocus* spp.）、鸢尾类、突厥蔷薇（*Rosa damascena*）、郁金香类等起源于该区，该中心起源的园林植物随着十字军东征而对欧洲园林产生了较大的影响。

(3) 中南美中心

大丽花(*Dahlia pinnata*)、朱顶红类(*Hippeastrum* spp.)、万寿菊(*Tagetes erecta*)、百日草类(*Zinnia* spp.)等起源于该区,这些园林植物随着新大陆的发现也对欧洲产生了较大的影响。

除此之外,随着南半球植物资源的开发与利用,南非和澳大利亚很可能成为另外两个起源中心。如:天竺葵类(*Pelargonium* spp.)、帝王花类(*Protea* spp.)等起源于南非,银桦类(*Grevillea* spp.)、蜡花类(*Chamelaucium* spp.)等起源于澳大利亚。

3.2.2 园林植物品种的来源

园林植物的品种是在人工栽培条件下形成的栽培植物的特定类别,其产生和发展一方面是由于植物自身在长期的栽培过程中发生了可遗传变异,另一方面是由于人工的定向选择保留了一些特定变异。其变异来源的途径有三种:

(1) 驯化渐变

主要是指野生园林植物在长期的人工栽培过程中,逐渐发生并积累的变异,这种变异多为数量性状的变异。人工栽培条件是一种富养条件,在这种条件下发生的园林植物变异无疑是自然界难以生存的类型。如花径的增大、花瓣数的增加、株型的矮化等。

(2) 自发突变

指自然发生的可遗传的变异,这些变异包括基因突变、染色体结构和数目的变异等。这些变异一旦发生在人类的花园中,则会被有意识地选择和保留下来,成为一些特殊的观赏植物进而培育成品种。如金叶突变体:'金叶'花柏(*Chamaecyparis pisifera* 'Aurea')、'金叶'小檗(*Berberis thunbergii* 'Aurea');重瓣突变体:'重瓣'棣棠(*Kerria japonica* 'Pleniflora')、'玉玲珑'中国水仙(*Narcissus tazetta* var. *chinensis* 'Florepleno')、'重瓣'榆叶梅(*Prunus triloba* 'Plena')、'重瓣黄'木香(*Rosa banksiae* 'Lutea')等。

(3) 杂交分离

品种丰富的名花多数是杂交起源的,如菊花、大丽花、杜鹃花类、蔷薇类等;而且多为种间杂交形成的远缘杂种,通过杂种后代的分离以及复合杂交,形成了千姿百态、万紫千红的品种。这些栽培品种的遗传组成多数都很复杂。

在上述变异产生的基础上,人工定向选择保留了那些符合特有文化条件下审美需求的园林植物品种。因此,各种类型的变异是园林植物品种产生的基础,人工定向选择和栽培为这些品种的存在和发展提供了条件。

3.3 中国园林植物种质资源的特点

3.3.1 种类繁多

中国是园林植物资源大国。我国有维管束植物3万余种,特有属108个。我国西南地区是植物资源的巨大宝库，如云南约有 1.5 万余种，四川有 1 万余种。我国的木本植物有 7 500 余种，尤以松柏类（conifers）和竹类（bamboos）居多。我国还是许多著名园林植物的世界分布中心与起源中心（表 3-2）。

不仅如此，在许多世界名花和商品花卉所在的属中，中国原产的或近缘野生的类群也不少（表 3-3）。

表 3-2　中国原产园林植物种数占世界总数的百分率

属名	国产种数	世界种数	百分率（%）
山茶属（*Camellia*）	195	220	89.0
兰属（*Cymbidium*）	30	50	60.0
菊属（*Chrysanthemum*）	17	30	60.0
百合属（*Lilium*）	40	80	50.0
石蒜属（*Lycoris*）	15	20	75.0
绿绒蒿属（*Meconopsis*）	37	45	82.2
报春花属（*Primula*）	294	500	58.8
李属（*Prunus*）	140	200	70.0
杜鹃花属（*Rhododendron*）	530	900	58.9
丁香属（*Syringa*）	26	30	86.7
紫藤属（*Wisteria*）	7	10	70.0

（引自程金水，2000）

表 3-3　部分世界名花的野生近缘种在中国的分布

名称	学名	科，属	国产种数	世界种数
银莲花类	*Anemone* spp.	毛茛科，银莲花属	52	150
荷兰菊	*Aster novi-belgii*	菊科，紫菀属	100	500
秋海棠类	*Begonia* spp.	秋海棠科，秋海棠属	90	900
山　茶	*Camellia japonica*	山茶科，山茶属	190	220
菊　花	*Chrysanthemum morifolium*	菊科，菊属	20	30
香石竹	*Dianthus caryophyllus*	石竹科，石竹属	16	300
非洲菊	*Gerbera jamesonii*	菊科，大丁草属	10	70
萱　草	*Hemerocallis fulva*	百合科，萱草属	8	20
德国鸢尾	*Iris germanica*	鸢尾科，鸢尾属	60	300
百合类	*Lilium* spp.	百合科，百合属	47	90
石　蒜	*Lycoris radiata*	石蒜科，石蒜属	4	6
玉　兰	*Magnolia denudata*	木兰科，木兰属	30	90
四季报春	*Primula obconica*	报春花科，报春花属	300	500
花毛茛	*Ranunculus asiaticus*	毛茛科，毛茛属	90	600
杜鹃花	*Rhododendron* spp.	杜鹃花科，杜鹃花属	650	800
蔷薇类	*Rosa* spp.	蔷薇科，蔷薇属	60	150
郁金香类	*Tulipa* spp.	百合科，郁金香属	14	100

（引自侯宽昭，1982）

3.3.2 分布集中

中国虽然地域广阔，但是园林植物种质资源主要分布在西南、中南和东北三个地区。在这些地区可以集中保存、集中研究、集中利用我国的园林植物种质资源。

3.3.2.1 西南地区

包括四川、云南、贵州、西藏、广西等地，即以横断山脉和云贵高原为主的整个西南地区。该地区种质资源的主要特点是珍稀、濒危植物种类多，分布广。如金花茶、大花黄牡丹（*Paeonia ludlowii*）、杏黄兜兰（*Paphiopedilum armeniacum*）、大树杜鹃（*Rhododendron giganteum*）等。

3.3.2.2 中南地区

包括湖南、湖北、重庆、陕西南部等地，以中南丘陵山地和秦巴山区为主。该地区的种质资源有两个特点：其一，该地区是许多重要园林植物的起源中心，如桂花、牡丹、梅花、月季等，这一地区保留了许多园林植物的近缘野生种及其栽培类型，这些种质可作为进一步改良品种的优良材料；另外，这一地区仍保留了不少珍稀、濒危植物，如珙桐、水杉、紫斑牡丹（*Paeonia rockii*）等。

3.3.2.3 东北地区

包括黑龙江、吉林、辽宁及内蒙古东部，以大小兴安岭和长白山区为主。该地区具有丰富的林下地被植物资源，包括低矮的灌木和多年生宿根草本，这些种类一般都具有耐寒、耐荫的特点。这些植物对于在北方城市构建植物材料丰富、生态效益良好的城市园林植物景观具有重要的潜在价值。如早春开花植物：侧金盏花（*Adonis amurensis*）、矮生延胡索（*Corydalis humilis*）、兴安白头翁（*Pulsatilla dahurica*）等。

3.3.3 变异丰富

从现有园林植物品种数来看，我国很多重要的花卉品种相当丰富，在世界上占有较大的比重。如我国具有茶花品种近500个、菊花品种3 000~4 000个、芍药品种200个、牡丹品种1 000个、梅花品种近400个、落叶杜鹃类品种500个、现代月季品种800个等。

变异丰富不仅体现在品种数量上，还体现在形态变异的多样性和生态适应的广泛性上。前者如臭椿（*Ailanthus altissima*）与其品种‘千头’（‘Qiantou’），桃（*Prunus persica*）与其品种‘寿粉’（‘Shou Fen’），直枝梅类（Upright Mei Group）、垂枝梅类（Pendulous Mei Group）与龙游梅类（Tortuous Dragon Group）的株型和枝姿的丰富变异，菊花、牡丹的花型和瓣型变异，杜鹃花类、现代月季的花色变异等；后者如菊花的耐寒性和耐旱性、鸢尾类的耐旱性和耐水湿性、杜鹃花类的耐寒性等。这些蕴藏在园林植物中的丰富变异，为我们选育新品种提供了宝贵的种质资源，也为不同目的的城市绿化提供了特殊的园林植物材料。

3.3.4 品质优良

3.3.4.1 早花性

我国原产的蜡梅、瑞香（*Daphne odora*）、梅花等在长江流域不仅多盛开在元旦及春节期间，而且多具有香味，给人们带来新年的喜庆和新春的生机。

3.3.4.2 连续开花性

我国的花卉品种，如‘大叶四季’桂（*Osmanthus fragrans*‘Daye Siji’）、‘月月红’月季（*Rosa chinense*‘Semperflorens’，即月月红）等，具有连续开花（recurrent flowering）的特性，这对于商品花卉的周年供应或营造园林植物的四季景观具有重大意义。

3.3.4.3 香花性

我国的香花种质资源异常丰富，如米兰（*Aglaia odorata*）、蜡梅、中国兰、栀子（*Gardenia jasminoides*）、忍冬（*Lonicera japonica*）、桂花、梅花等，将在园艺疗法（horticultural therapy）和国际花卉市场上发挥重要作用。

3.3.4.4 特色优质的性状

在目前的花卉品种中，清新、淡雅的花色较少，其中黄色和蓝色尤为引人注目，我国的金花茶、大花黄牡丹、‘黄山黄香’梅（*Prunus mume*‘Huangshan Huangxiang’）的黄花，蓝刺头（*Echinops latifolius*）、秦艽（*Gentiana macrophylla*）、绿绒蒿类（*Meconopsis* spp.）的蓝花等均为优良性状。此外，盆栽大菊的千姿百态的各种花型等，也属突出的优良观赏性状。

3.3.4.5 抗逆性多样

通常城市环境与植物原生境大不相同，因此培育抗逆性强的园林植物新品种是非常重要和必要的。原产中国的菊花在中华大地广泛分布，具有广泛的适应性和多样的抗逆性，至今已几乎开遍世界各个角落。另外，山茶的一些地理居群具有较强的耐寒性，栀子和荷花的耐热性等，均有利于城市绿化中四季景观的形成。

3.3.5 中国园林植物种质资源丰富的成因

3.3.5.1 地形复杂

众所周知，我国自西向东由三块不同海拔高度的台地组成，最高的青藏高原和横断山地区还蕴藏着许多未知的园林植物，尚待进一步调查、开发、利用。中间的南方丘陵和三北地区是中华民族文明的发祥地，留下了许多具有乡土特色的花卉品种，也有待调查、搜集和开发利用。海拔最低的平原和沿海地区，农业和经济发达，园林绿化的水平较高，对于新优品种的需求迫切，为园林植物育种提供了丰富的发展空间。

我国复杂的地形阻挡了第四纪冰川的南侵，在西南和中南地区保留了众多的孑遗植物。其中银杏、水杉已经推广利用，栽培地区几乎覆盖了历史上原有的分布区。

3.3.5.2 气候多样

我国从北到南，温度逐渐升高；从东到西，降水逐渐减少。南北的温度轴和东西的降水轴交叉，在整个国土范围内产生了复杂多样的气候。同时，我国又是少有的同时受到太平洋、印度洋和北冰洋三股气流影响的国家，整个天气系统变化多端。另外，复杂的地形，尤其是纵横的山脉，还形成了多种多样的小气候。气候的多样性是形成园林植物种质资源多样性的基础。

3.3.5.3 历史悠久

我国具有 5 000 年的文明史，栽培利用园林植物的历史久远，由悠久的农业文化发展起来的完善的农耕技术，为各类奇花异草的生长繁育提供了条件，扦插、嫁接、分株、假植等栽培技术和水肥条件的控制技术使得各种变异类型得以保留。如我国是菊花、百合类、荷花、牡丹、月季等许多园林植物的自然分布中心和起源中心，其中包含了野生种、人工驯化的半野生种、育种的中间材料等，还有大量的地方品种、农家品种。

3.3.5.4 文化丰富

中国传统花文化内涵丰富，博大精深。在这些文化内容的孕育下，形成了具有不同审美情趣的花卉品种。如我国传统名花中，既有体现雍容华贵、富丽堂皇之美的牡丹，也有体现不畏严寒、傲霜斗雪的梅花，还有出淤泥而不染的荷花，体现平淡无华、朴实自然的菊花。总之，中国传统的花文化是祖先给我们留下的一笔巨大的精神财富，也是我国花卉业发展的根基所在。

3.4 种质资源工作的主要内容

"深入调查、广泛收集、妥善保存、综合评价、积极创新、充分利用"是我国园林植物种质资源工作的方针，也是种质资源工作的重要内容。具体地说，就是要在调查、收集、保存、评价、创新、利用种质资源，研究和掌握性状遗传变异的基本规律的基础上，采用适当的育种途径、方法和程序，从天然存在的或人工创造的变异类型中选育出性状基本一致，遗传性状相对稳定，符合育种目标与要求的园林植物新品种、新类型并繁育良种种苗，为园林建设提供物质基础。

3.4.1 种质资源的调查

虽然在20世纪50年代，中国科学院植物研究所北京植物园曾经组织过全国主要地区野生园林植物的调查，但大规模的、全面的野生园林植物种质资源的调查活动是从20世纪80年代开始的。目前，在园林植物种质资源的调查、引种驯化等方面，我国开展了大量的工作。但就我国整个园林植物种质资源来说，这些工作还远远不够。目前存在的主要问题还是“家底不清”。在以往的工作中，重调查、轻收集的现象较为严重，致使许多种类还待重新收集。

3.4.2 种质资源的收集

3.4.2.1 考察收集

考察收集是园林植物种质资源收集的主要方式。一方面野生园林植物是园林植物种质资源的重要组成部分，另一方面园林植物涵盖的范围广、种类多、文字记载的很不够，通过实地考察既有可能发现许多新奇的资源，还可以对种质资源的生态习性、利用现状等方面进行初步评价鉴定。由北京林业大学马履一教授命名的木兰属一个具有很高观赏价值的新种——红花玉兰（*Magnolia wufengensis*）就是种质资源考察收集的成果。

3.4.2.2 函件收集

所谓函件收集主要是通过信函等方式收集种质资源。目前在园林植物资源收集中，同行之间互惠互利的交换较多，成为重要的资源收集方式。

3.4.2.3 异地（国外）引种

异地引种有两个渠道：一是商业购买，即通过商业渠道获得；二是种质交换，如各个植物园之间的种子交换等。在从国外引种时，一定要隔离试种，并严格检疫，杜绝危险性病虫害的传入，同时还要进行引进品种的生物安全性评价，防止生物入侵。

3.4.3 种质资源的保存

3.4.3.1 离体保存

离体保存是将园林植物的种子和其他繁殖材料脱离母株保存起来的方法。广义的离体保存包括种子、无性繁殖体、组织和细胞三种保存方式。

（1）种子保存

一般条件是低温、密封、干藏。根据温度和贮藏期的不同，可以将种质库分为以下三种类型：

短期库（1～2年）：10～20℃、相对湿度50%、种子含水量不限；

中期库（15年）：0～5℃、相对湿度40%～50%、种子含水量10%～20%；

长期库（>30年）：-10～-20℃、相对湿度30%～50%、种子含水量4%～7%。

种质资源保存的“种质库”与园林生产上的“种子库”是不同的，尽管贮藏的材料多数是种子，但对材料选择和贮藏的目的有着本质的区别：前者是通过一定的取样方式，用少量的种子或其他繁殖体，保存该种植物尽可能多的遗传多样性；后者则要保存尽可能纯净的种子，用于园林植物的生产。

种质库贮藏的种子应注意繁殖更新，尤其是短期库。保存种子的方法除干藏之外，还有液氮超低温（-196℃）保存，目前尚处于研究、试用阶段，园林植物上应用很少。

（2）无性繁殖体的保存

园林植物营养繁殖所用的球茎、块茎、鳞茎、根茎等可用于短期贮藏。一般条件是通风干藏，也可以低温贮藏。

（3）组织保存

利用试管技术可以进行离体培养的植物组织保存。如愈伤组织、丛生芽、试管苗等，可加生长抑制剂常温保存，也可加保护剂超低温保存。目前我国在中国科学院植物研究所等部门设有专门的植物离体保存种质库。

3.4.3.2 就地保存

就地保存是指在自然保护区、森林公园等自然环境中保存野生园林植物种质资源，如广西弄岗自然保护区金花茶资源的保存、陕西太白山自然保护区紫斑牡丹的保存等。我国还在自然状态下建立了一系列大型自然保护区，如吉林长白山自然保护区、四川峨眉山自然保护区、湖北神农架自然保护区、福建武夷山自然保护区等。这种种质资源保存方式费用较低，可以最大限度地保护物种的多样性，但保护区内一些濒危物种仍然有流失的可能，而且容易遭受自然灾害。

3.4.3.3 迁地保存

迁地保存是指将园林植物的植株引种栽培，在异地建立种质保存基地，这对于无性繁殖的园林植物种类尤其重要。我国已建立了广西金花茶基因库、中国荷花品种资源圃、洛阳牡丹基因库、中国梅花品种资源圃、中国菊花品种保存基地等。各地植物园的专类园也是园林植物迁地保存的重要基地，如北京植物园的芍药园、牡丹园、月季园等。很多园林植物景观可以在满足绿化设计要求的同时进行濒危植物保护性种植。这样一方面可以对濒危植物进行异地种植保存，另一方面也可以向广大群众进行科普教育，同时也增加了园林景观的内容。

3.4.4 种质资源的评价

园林植物种质资源研究的重要内容是对这些植物材料的园林利用价值进行评

价。客观、科学地评价是合理利用的基础。园林植物种质资源评价主要包括如下内容：

3.4.4.1 形态特征

首先应该按照植物学的一般方法，详细观测、记载茎、叶、花、果的形态特征。对于园林植物来说，还要注意观测这些形态特征的变化规律，如花色的日变化、随花期的变化，果色随果期的变化，叶色的季相变化等。这些都是园林植物利用价值的重要方面。

3.4.4.2 生长发育规律

首先要了解植物的繁殖特性，包括自然生殖方式和人工的繁殖方法。然后要观测物候期，了解植物生长的年度变化规律；同时辅以生长曲线的观测，包括株高和冠幅的生长动态。最后还要观测植物生长的整个生命周期，包括幼年期、青年期、壮年期、老年期，及自然更新的情况；对于木本植物还可以采用解析木材的方法，了解整个生命周期的情况。

3.4.4.3 观赏特性

观赏特性包括两个方面：一是植物在园林应用中所表现的特征，如树形、枝姿、叶色、质地、花相、果相、冬态等；二是植物对栽培管理的反应，如萌蘖能力、发枝能力（耐修剪）、顶端优势、耐践踏性等。

3.4.4.4 抗逆性

抗逆性是指植物对温度、光照、水分、盐分、气体等环境胁迫的抵抗能力。尤其要注意园林植物对城市环境，如汽车尾气、建筑弃地、污水、板结土壤等的适应能力。还要注意实验室鉴定与田间鉴定，器官、植株、种群与群体抗逆性的关系等。

3.4.4.5 抗病及抗虫性

指植物对真菌、细菌、病毒等各种病原菌和昆虫、线虫等有害生物的忍耐能力，尤其是对主要病虫害的抗性。要注意的是实验室接种鉴定与田间实际抗性之间的区别，以及各种有害生物和有益生物之间的相互作用等。

3.4.5 种质资源的创新

种质资源的创新，简称种质创新（germplasm enhancement），是指对原有种质资源的扩展或改进。采用的方法与育种方法一致。种质创新的结果是强化某一优良性状，创造“偏才”，将其作为育种的中间材料；育种则是将植物的优良性状综合于一身，培育各方面都不错的“全才”，作为品种推广应用。中国是“园林之母”，具有丰富的种质资源，但我国自育的品种较少，原因之一就是种质创新不够。

种质创新的主要方法包括杂交、诱变和基因工程等。种质创新的基本思路有两条：一条思路是种质改进，即对现有种质某一性状的强化，比如通过杂交、选择、再杂交、再选择……的过程，将同属或同种该性状的所有优良基因集于一身，作为杂交育种的亲本；另一条思路是种质扩展，即通过聚合杂交，将各个物种或种源的所有性状聚合到同一个杂交后代中，这个“超级杂种”既能通过自交分离，表现出许多罕见的性状，还可以通过诱变等手段，产生特殊性状。种质改进的遗传基础主要是基因的剂量效应，种质扩展的遗传基础主要是基因互作，尤其是非等位基因或异源基因的互作。

3.4.6 种质资源的利用

园林植物种质资源的利用有两条途径：直接利用和间接利用。如：白皮松（*Pinus bungeana*）、猬实（*Kolkwitzia amabilis*）、金银木（*Lonicera maackii*）、马蔺（*Iris lactea* var. *chinensis*）、二月兰等野生种的引种栽培就是直接利用；从野生植物中选择优良单株并进行人工栽培，或利用植物原始材料制作干花等均是最直接的利用，因为对原种并未做实质性的改变。在种质资源的利用中要注意对现有种质资源的保护，尤其要杜绝对野生资源的过度开采。建立合理开发和利用机制，使种质资源可以永续利用。

将种质资源作为育种材料进行种质资源的创新则属于间接利用。显然，直接利用是初级的，间接利用是高级的；直接利用的是植株，间接利用的本质是植株的基因。目前急需大力加强的是园林植物种质资源的间接利用，利用野生种质资源与现有品种或其他材料结合，培育出新品种、新类型，这也是培育具有自主知识产权和中国特色园林植物新品种的必由之路。

3.5 种质资源的研究

3.5.1 核心种质的建立

核心种质（core germplasm）就是以一个物种少量植株的遗传组成来代表该物种大量种质资源的遗传多样性。核心种质的研究重点是寻找那些可以分析物种的遗传多样性的遗传标记，并通过这些标记找到那些能最大程度地代表该物种遗传多样性的个体。通常，一个物种的核心种质往往在其自然分布集中的区域，或者在该物种的起源中心。目前主要通过形态分析、电泳技术、分子标记、遗传图谱等手段，对大量的种质资源进行遗传多样性评价、性状的鉴别和划分，据此构建核心种质。核心种质虽然能够最大限度地代表该物种的种质资源，但却不能取代完整的种质。有关园林植物核心种质的研究还在进行中，其中紫薇、梅花、桃花、牡丹等已经展开了核心种质的初步研究。

3.5.2 植物学与植物分类学研究

植物学研究是园林植物种质资源研究的基础。植物学研究的主要目的并非解决植物学的基础理论问题，而是为了进一步了解种质资源的特性。也就是说，用植物学的方法来解决园林植物学的问题。比如，对同一物种、不同种源的种质资源，就可以采用实验分类学（或物种生物学）的方法，来研究环境条件对生态型的影响及其作用原理，为区域试验和推广应用提供依据。再如，对于引种栽培到同一环境中的不同物种，可以通过比较形态学的方法，研究物种之间的本质差异，探讨物种进化的规律，为人工选育新品种提供参考。另外，叶片的超微结构、花粉形态等也是园林植物种质资源学研究的重要内容。

3.5.3 生态学研究

种质资源生态学研究的主要内容是各类生态因子对植物生长发育的影响。生态因子包括气候、土壤及人类活动；生长发育既包括年生长规律（物候期、生长曲线等），也包括从幼年期、成熟期到衰老期的整个生命周期的阶段发育规律，如影响开花期的生态因素、影响绿色持久期的因素、植物天然更新的能力等。栽培管理是为植物提供最适宜的生态条件，种质资源生态学的研究实际上是园林植物栽培管理的基础。

3.5.4 遗传学与起源演化研究

遗传学研究的主要方法就是杂交分析，包括自交、测交、杂交和远缘杂交等。首先要观测植物的授粉生物学特性，如自交结实率和杂交亲和性，分清自花授粉、常异花授粉和异花授粉；各种经济性状的遗传规律研究，包括种子后代的性状分离比例、各种性状的显隐性关系和连锁规律，以及营养繁殖后代的稳定性等。这些都是育种工作的重要理论基础。

起源演化研究的内容主要有两个方面：一是栽培品种的起源，二是品种的演化。这一研究的核心是探讨人类活动对物种进化（或人工进化）的影响。可以综合采用考古学、历史学、植物学、细胞学等各种方法来研究。育种只能在一定程度上加快人工进化的速度，但并不能改变物种进化的方向。理解了栽培植物品种演进的历史，育种者可以了解不同品种之间的亲缘关系，制定合理的育种策略，预测品种未来的发展方向。因此，栽培植物品种起源演进历史的研究是育种工作的指南针。

3.5.5 生物化学与分子生物学研究

种质资源归根到底是基因资源，尤其是特殊观赏性状、特殊生态适应性、抗逆性、特殊生长发育规律的相关基因。在生命科学已经进入分子生物学时代的今天，各国科学家都极为重视对基因资源的研究。对观赏植物基因资源的研究主要是目标性状基因功能的鉴定和重要目的基因的分离。基因分离的途径主要有两条：一是根据模式植物的研究结果，从园林植物中分离同源基因；二是通过分子标记、图位克隆、差异显示、基因文库等各种途径，直接从园林植物中分离具有重要经济价值的特殊基因。后者可以获得具有自主知识产权的基因，应该成为今后花卉分子生物学研究的主要方向。

（刘青林　陈龙清）

复习思考题

1. 园林植物的起源中心与栽培植物的起源中心有什么联系？
2. 举例说明中国园林植物种质资源的特点。
3. 园林植物种质资源评价的主要指标有哪些？
4. 种质创新与育种有何异同？
5. 什么是核心种质，建立核心种质的目的何在？
6. 为什么要对种质资源进行研究？种质资源研究与一般的基础植物学研究有何区别？
7. 中国有丰富的种质资源，为什么自己培育的品种很少？
8. 试分析我国传统名花品种的现状、来源及野生（近缘）种的利用情况，并分析该名花的育种趋势。

本章推荐阅读书目

中国花经．陈俊愉，程绪珂．上海文化出版社，1990.

中国野生花卉．黎盛臣．天津教育出版社，1996.

育种的世界植物基因资源．茹考夫斯基．见：杜比宁．植物育种的遗传学原理．赵世绪，等译．科学出版社，1974.

中国作物遗传资源．中国农学会遗传资源学会．中国农业出版社，1994.

第4章　引种驯化

[**本章提要**] 现有的栽培植物最初大多是通过引种驯化得到的。引种驯化是一条获得优质栽培植物的捷径，一直受到育种学家的重视。本章重点介绍园林植物引种驯化的基本概念，引种驯化过程中需考虑的相关因素，如何确定引种驯化的目标以及实施引种驯化的具体方法和步骤、主要园林植物的引种概况，并讨论引种过程中可能发生的外来物种入侵和生物安全问题。

人类在自身的进化过程中，为了适应生存环境的变化，按照某种特定的目的，实施植物遗传资源的迁移，并使其适应新的环境；与此同时，人类还不断研究被迁入植物的遗传变异规律，以便从迁入的植物资源中高效获取所需的物品。这一系列过程均涉及到了植物引种驯化的内容。在现代植物栽培过程中，人类为了高效利用丰富多彩的现存遗传资源，一直将引种驯化作为植物育种的重要途径之一。

4.1　引种驯化的概念和意义

4.1.1　引种驯化的概念

园林植物的种和品种在自然界都有一定的分布范围。将园林植物的种或品种从原有的分布区域引入到新的地区栽培，通过试验鉴定，选择其中性状表现优良者进行繁殖推广的过程称为引种（introduction）。引进的植物材料可以是植株、种子或营养繁殖体等。简单地说就是为了符合人类的需要，把植物从一个地区迁移到另一个新地区进行栽培的过程叫做引种。严格地讲，引种是将植物从原有分布区向新地区定向迁移，是人类有意识的活动。所谓新地区，是指自然分布的植物以往不曾生活的地理带和气候带。从广义的角度而言，生态条件相似的甲、乙两地间植物的相互迁移往往也称为引种。

园林植物引入新地区后有两种反应：一种是原分布区和引入地区的自然条件差异较小或由于引种植物适应范围较广，植物不需改变遗传特性就能适应新的环境条件，其中也包括采取某些措施，使引种植物能正常地生长发育，称为简单引种，属于“归化（naturalization）”的范畴；另一种是原分布区和引种地区的自然条件差异较大，或由于引种植物的适应范围较窄，只有通过改变遗传特性才能适应新的环境，称为驯化引种；驯化的另一层意思则是指人类对植物适应新的生态环境能力的利用和改造。驯化和归化本质上的区别在于人类对园林植物本性的能动改造，使其变不适应为适应。园林植物通过引种，由原来适应较窄的范围逐步向较广的适应范围迁移，并在遗传上表现出适应，而且具有栽培上的观赏价值和生态价值，即属于引种驯化。其实植物引种驯化包括两个阶段，向新地区定向迁移植物称为引种；引种的植物对新环境条件的适应过程，叫作驯化（acclimatization）。驯化是引入植物适应新环境的生物学过程。通常以引种植物在新地区能正常开花结实并能正常繁殖出子代作为驯化成功的基本标准。

4.1.2 引种驯化的意义

(1) 引种驯化是快速丰富本地植物多样性的一条重要途径

与其他的育种方法相比，它需要的时间短，投入的人力、物力少，见效快。在制定育种计划时，首先要考虑引种的可能性。在一些新兴城市，新建工矿区，过去没有大规模栽种过园林植物，基础薄弱，植物种类少，多样性丰度低，因此引种是最重要的手段。即使在园林植物种和品种较丰富的地区，引种仍然是丰富本地植物景观所必不可少的途径。因为一个地区受自然或栽培条件的限制，其植物种和品种的数量总是有限的。需要引种国外或外地优良的园林植物种类来丰富本地的植物类群，改善城市的园林景观。如上海从 1997 年开始从国内外大量引种园林植物，3 年内城市园林植物的数量由原来的 500 余种增加到 800 余种。只有引种这种育种方式才可以如此快速地丰富城市植物的多样性。

(2) 引种驯化是快速实现园林植物良种化的一条捷径

因为引种目标和计划的确定，总是选择优良的园林植物种类和品种。尤其在当前，我国植物种质资源丰富，但是缺乏优良的园艺品种。所以在引种时优先考虑观赏性状优良的品种，弥补我国栽培植物品种的不足，达到快速美化城市景观的效果。如我国从国外引进了大丽花、玉簪（*Hosta*）、樱花（*Prunus serrulata*）、现代月季、锦带（*Weigela*）、八仙花（*Hydrangea* spp.）、木槿（*Hibiscus syriacus*）、丁香类等一大批园林植物的优良品种。它们比原种花色和花型丰富、开花量大、株型多变，观赏价值大大提高。这些品种的引进快速丰富了城市景观，彩化了绿地群落。而且引导园林苗圃改变了植物种类的种植结构，优良品种的生产比例很快得到了提高，实现了园林植物良种化。

(3) 引种驯化可以充实育种的种质资源，为其他育种途径提供种质材料

引进的园林植物，有些不能直接适应新地区的气候条件、土壤条件而生长不良，有些可能观赏性状不够突出，不能推广应用。但是可能具有当地植物所没有的一些性状，比如花色、株型、开花期等观赏性状和特异的抗逆性。可以作为杂交亲本保留下来，与当地植物进行杂交，从后代中选择培育出符合要求的类型，再通过优良单株的选择，培育新的品种。如照山白（*Rhododendron micranthum*）开白色小花，观赏价值低，但是具有其他杜鹃花缺少的耐碱性土壤的能力，是很好的培育耐碱杜鹃花的亲本。一种开白花的拟欧石楠（*Calluna* spp.），观赏性较差，但具有很长的花序，与红花拟欧石楠杂交，培育出了红花长花序的拟欧石楠

系列品种，成为欧洲市场上拟欧石楠的新宠。

(4) 引种驯化工作在整个园林事业中占有重要的地位

它既是一种独立育种措施，也是其他育种技术的基础，一种植物材料只有引种栽培成功后，才能作为进一步育种的材料。

4.2 引种驯化时应考虑的因素

根据植物的表现型是基因型与环境相互作用的结果这一遗传学原理，可用如下公式表示引种工作：

$$P = G + E$$

在引种驯化中，P 是被引种植物的表现，既可指简单引种也可指驯化引种。G 主要是指植物基因型差异导致的植物个体之间的表型差异。E 是指原产地与引种地的生态环境差异导致的植物表型差异。可见引种驯化是建立在植物遗传变异与气候、土壤等自然生态因素矛盾统一的基础上的。

4.2.1 简单引种过程中的遗传学原理

简单引种是园林植物在其基因型适应范围内的迁移，这种适应范围是受基因型严格控制的。同一基因型适应不同环境条件表现出的表型差异称为反应规范。同一种植物不同的品种，由于反应规范的差异，在引种中有不同的表现。同一基因型在不同的环境条件下会形成不同的表现型，有时对外界条件具有不同的适应能力，如同一品种在比较干旱的条件下培育的苗木，比在高温多湿条件下培育的苗木抗旱性强。也就是说，简单引种是在植物的适应范围内迁移，不需要改变其遗传基础就可以适应新环境，经过简单的引种试验就可以推广应用。

4.2.2 驯化引种过程中的遗传学原理

植物引种到新地区后，表现出一些不适应的症状，需要在人为措施和环境条件的综合作用下，经过一个自身生物学特性改变的过程（即驯化）才能适应新的生态环境条件。大量的引种实践证明：植物具有调整其自身遗传物质表达以逐渐适应新环境的能力。植物的这种能力是有其遗传背景的。遗传学上可以从以下几方面解释：

第一，植物群体中不同有性繁殖后代的个体间存在遗传组成上的差异。在园林植物引种驯化中，利用种子比较易于获得成功。因为种子是植物的有性繁殖后代。种子在形成过程中经历减数分裂、染色体重组、交换、配子形成、交配形成合子等过程，有时还伴随着基因突变。所以种子间遗传组成上存在很大的差异，不同的遗传基础也就导致了植物的适应性差异。在植物种子引入新地区后，可以利用这种差异选择适应性较强的单株，培育成当地的新型植物种类。

第二，植物基因表达调控的原理。植物在生长发育过程中，是受一系列基因表达调控的。基因在植物体内的表达除受植物体本身代谢及分子调节外，还受生境因子及理化因素等外界环境因子的调节。生境因子及理化因素可诱导植物某些基因的表达，同时调控这些基因的启动元件，利用营养及逆境胁迫条件改变植物的生长代谢可实现对基因表达的调节。这是植物能够驯化成功的基因表达理论基础。幼龄阶段的实生苗个体，遗传可塑性大，易于接受外界各种条件的影响而调节基因的表达，从而使植物能较好地适应外界环境条件的变化，所以实生苗的幼苗比较容易驯化成功。

第三，突变现象的存在，也使得不同个体的遗传组成存在差异。植物基因突变是自然界的普遍现象。环境的改变会促使突变率的提高。在有些情况下，突变会给植物适应环境变化提供新的遗传基础。所以即使遗传基础相对一致的植物群体引入到新地区后，仍然有机会获得适应新环境的突变单株。研究证明：植物的离体繁殖，如组织培养，可使突变率得到较大的提高。组培繁殖时给驯化材料以相应的胁迫处理，驯化成功的几率也可能会增加。

4.2.3 引种驯化的生态学原理

4.2.3.1 气候相似论

德国慕尼黑大学林学家迈耶（H. M. Mayr）在《欧洲外来园林树木》（1906）和《在自然历史基础上的林木培育》（1909）两本著作中，论述了气候相似论（theory of climatic analogues）的观点，指出："木本植物引种成功的最大可能性是在于树种原产地和新栽培区气候条件有相似的地方。"受综合生态因素的影响，各地区形成了典型的植物群落。如我国东部的森林从南往北，大致可分为热带季雨林带、亚热带常绿落叶阔叶混交林带、暖温带落叶阔叶林带、温带针阔叶混交林带、寒温带针叶林带等5大林带。在同一林带内引种，成功的可能性较大；在不同林带间引种，成功的难度就大。要实现不同林带间的引种，就应选择特殊的小气候环境。北京位于暖温带落叶阔叶林带，若要从相邻的亚热带常绿落叶阔叶混交林带引种常绿阔叶树种，困难较大。迄今仅女贞（*Ligustrum lucidum*）、广玉兰（*Magnolia grandiflora*）黄杨等少数常绿乔木能在小气候环境下栽培和生长。以植物群落为代表的气候相似论，实质上是要求综合生态条件的相似性，是对现有植物分布区的补充和完善，主要采取"顺应自然"的方式来引种和驯化。

4.2.3.2 主导生态因子

园林植物的环境包括园林植物生存空间的一切条件，其中对园林植物生长发育有明显影响和直接被其同化的因素，称为生态因子。主导生态因子是指对植物生长发育起主要作用的限制因子，包括气候、土壤和生物因素等。这些因子处在相互影响、相互制约的复合体中，共同对园林植物产生作用。这样的复合体称为生态环境。各种植物的种和品种对同一生态环境有不同的反应。所谓生态型就是植物在特定环境的长期影响下，形成对某些生态因子的特定需要或适应能力，这种生态型或生态习性，是植物在长期的自然选择和人工选择作用下形成的特殊变异类型。

（1）温度

温度是影响园林植物适应性的最重要的因子，控制着植物的生长发育。温度对引种植物的影响大体可归纳为两个方面：其一，温度不能满足生长发育的基本需要，致使引种植物不能生存，并且高温或低温对植物不同部位和器官造成致命的伤害；其二，引种植物虽能生存但由于温度不适合，无法形成花芽或影响花果产量和品质，对于观花和观果植物而言，将会使被引种植物失去观赏价值和经济价值。影响植物生长发育的主要温度因子有：年平均气温、临界气温及其持续时间、有效积温、季节交替特点等。

植物生长发育都需要一定的温度，年平均温度是树种分布带划分的主要依据。由于年平均温度的差异，区分为不同的气候带，形成地带性植被。不同气候带之间的引种是比较困难的，需要采取相应的措施。但是植物对气温变化的适应能力是不同的，有的适应能力强，可以在不同的气候带生长。如玉簪（*Hosta* spp.）、萱草（*Hemerocallis* spp.）类的品种，在我国南北均可栽培，而且观赏价值没有明显改变。有的适应能力差，分布范围较窄。如扶桑（*Hibiscus rosa-sinensis*）、三角花（*Bougainvillea glabra*）等植物的北移就比较困难。

有些植物的引种，从原产地与引种地区的平均温度看是可以引种成功的，但临界温度成为限制因子。临界温度（critical temperature）是园林植物能忍受的最低和最高温度，超越临界温度会对植物造成严重的伤害甚至造成死亡。冬季临界最低温度常是南方园林植物北引成败的关键因子。引种除了考虑临界低温外，还应考虑低温持续的时间，如园林树木中的蓝桉（*Eucalyptus globulus*），具有一定抗寒能力，可忍受 -7.3℃短暂低温，但不能忍受较长时间的持续低温。同样，北方植物南引或由高海拔向低海拔地区引种，高温及其持续时间常常成为引种成败的限制因子。

有效积温（effective accumulated temperature）也是影响园林植物引种适应性的重要因子。就喜温园林植物来说，10℃以上的有效积温相差在 200～300℃以内的地区间引种，一般对生长、发育和产量的影响不会明显。同时，有效积温也会影响到观花植物花朵开放的时期。冷积温也是一些需冷植物引种的限制因子。二年生花卉、春季开花的木本花卉常需要一定的低温积累才能开花，所以这类植物南移时，冷积温就是必须考虑的因素。

季节交替的特点有时也成为引种的限制因子。中纬度地区的初春常有倒春寒的现象，温度反复变化大，所以分布在该地区的植物冬季休眠时间长，不会因气温暂时转暖而萌动。而分布在高纬度地区的植物没有对这种气候特点的适应性，引种到中纬度地区后，会由于初春天气不稳定的转暖引起冬眠中断，一旦寒流再袭，就会遭受冻害。

（2）光照

光照对植物生长发育的影响主要是光照强度和光照时间。光照与纬度有关，不同纬度光照时数是不同的，纬度愈高，昼夜长短差异愈大，夏季白昼时间愈长，冬季白昼时间愈短；而低纬度地区，一年四季昼夜长短的时间变化不大。长期生长在不同纬度上的植物，对昼夜长短有一定的反应，形成了需要夏季长日照、秋季短日照才能开花的短日照植物，如菊花；春季短日照、夏季长日照才能开花的长日照植物，如唐菖蒲类（*Gladiolus* spp.）；以及对日照长短不敏感的植物，如现代月季。在南树北移时，因日照加长，常造成生长期延长，影响枝条封顶或促使副梢萌发，减少植物体内营养物质的积累，降低其抗寒性。在北树南引时，因日照缩短促使枝梢提前封顶，缩短了生长期，抑制了正常的生命活动，对花芽分化不利，影响观花观果植物的产量和品质。

不同园林树种对光照的要求也是不同的。臭椿、松属（*Pinus*）、黄连木（*Pistacia chinensis*）、悬铃木（*Platanus acerifolia*）、柳属（*Salix*）、乌桕（*Sapium sebiferum*）等为喜光树种；山茶属、枇杷（*Eriobotrya japonica*）、杨梅（*Myrica rubra*）、罗汉松（*Podocarpus macrophyllus*）、杜鹃花属等为耐荫树种。而且植物对光的需求量不是固定不变的，常随着年龄、气候、海拔等的不同而异。一般植物幼苗比成年树耐荫。所以在引种时应掌握植物的特性与生长规律采取相应的措施，确保引种成功率达到最高。

(3) 水分

影响植物生长发育的水分因素主要是降水总量及其在一年内的分布。降水量的分布也是限制植物分布的重要因素。分布在我国西北干旱地区的植物常具有较强的耐旱能力，而不耐水湿；原产东南沿海的植物喜潮湿，而不耐干旱。柽柳（*Tamarix chinensis*）、桧柏（*Sabina chinensis*）等园林树木需水量少，抗旱力较强；女贞、月桂（*Laurus nobilis*）、广玉兰等需水量较多，耐旱力较弱。在引种时应考虑被引植物对水分的需求及其耐旱涝的特性。在降水量差别较大的地区间引种时，应该考虑选择相宜的小气候条件满足植物对水分的需求。在北方的一些小气候环境下（如水库附近、沿海）栽植南方的植物往往易成功。如在青岛崂山，山茶也能露地越冬。

降水量在一年内的分布也是引种时考虑的因素。如北京地区，降雨主要集中在夏季，冬春干旱，许多植物引种至北京后，不是在冬季最冷时冻死，而是在初春干风袭击下由于生理干旱而死。如苦楝（*Melia azedarach*）、珙桐、无花果（*Ficus carica*）等树种，影响其在北京正常生长的并非冬季的低温，而是早春的干旱。

(4) 土壤

土壤生态因子包括土壤的持水力、透气性、含盐量、pH 值等。影响引种成败的主要因素是土壤的酸碱度。我国华北、西北一带多为碱性土，而华南红壤山地主要是酸性土，沿海涝洼地带多为盐碱土或盐渍土。不同植物种类对土壤酸碱度的适应性有较大差异。山茶、杜鹃花、栀子（*Gardenia jasminoides*）等适于酸性土壤，紫穗槐（*Amorpha fruticosa*）、石竹、香堇（*Viola odorata*）等适于中性至微碱性土壤。而木麻黄类（*Casuarina* spp.）、刺槐（*Robinia pseudoacacia*）、柽柳等树种比较耐盐。引种对土壤酸碱度要求较严的植物时，应采取措施改善土壤环境。如在上海引种山茶、杜鹃花类植物时需要换土和浇施酸性肥料。

（5）其他生态因子

在引种时还应考虑某些特殊的限制性生态因子。植物在长期生长、发育和演化过程中，形成了与立地环境条件的协调关系，甚至与周围的生物建立起协调或共生的关系。如板栗（*Castanea mollissima*）、金钱松（*Pseudolarix amabilis*）等有共生菌根，只引植物、不引菌根是难以成功的。另外，有些树种在引种的同时，还要引进授粉树或特殊的传粉昆虫。

4.2.4 历史生态条件的分析

植物适应性的大小不仅与当前分布区的生态条件有关，而且还与历史生态条件相关。现代植物的自然分布区域只是一定的地质时期，特别是最近一次冰川期造成的结果。在这次巨大的变迁中，一些地区由于生态条件发生了巨大的变化，其中一些植物可能被毁灭了，只有那些不断适应的植物，才能生存到今天。所以，现存的植物，在其系统发育过程中，经历了极端多样环境条件变迁的考验，有着非常丰富和复杂的生态历史。当然也有一些地区的植物，在冰川期巨大变化中，以及后来的生活中没有发生多大变化，所以生态历史基础比较窄。

植物历史生态条件愈复杂，则其适应的潜能和范围可能愈大。分布在浙江天目山的银杏、四川和湖北交界处的水杉，在引种到世界各地后，均表现出极强和极广的适应性。原因在于这两种古老的孑遗植物在冰川时代之前，曾在北半球有广泛分布。与此相反，华北地区广泛分布的油松（*Pinus tabuliformis*），当引种到欧洲各国时，都屡遭失败，这可能与该树种过去分布范围窄，历史生态条件简单有关。

4.3 引种目标的确定

针对本地区的自然条件和现有园林植物现状，明确需要引种的植物类型，从而确定引种的目标植物种类。引种园林植物时其适应性是前提，其次是观赏性状。一般来说，应首先考虑当前园林绿化中亟待增加的园林植物种类和品种，能够比较快速地改变当地城市景观，丰富绿地群落的多样性。自然生态条件较好的城市，为了增加绿地的色彩，提高景观质量，应着重引种开花量大或彩叶的乔灌木品种；在环境条件恶劣的城市，引种时应首先考虑植物的抗逆性；如病虫害最严重的地区，应着重引进抗病虫品种；干旱瘠薄的地区应着重引进耐瘠薄和耐旱的品种。这样才能使引种工作更好地为园林建设服务，减少盲目性，增加预见性，有效提高城市景观的质量和生态效益。

另外由于园林植物与人居环境密切相关，植物对人类健康的影响也应该考虑，比如植物的挥发物、分泌物等是否对人类健康不利，植物体内是否含有对人体有害的物质，植物的果实、花、刺等是否容易伤害人类等。如果植物具有这些不利于人类健康的因素，都不应该列入引种的范围。

4.4 引种驯化的方法

引种驯化应该坚持“既积极又慎重”的原则。在认真分析和选择引种植物的基础上，应进行引种试验，采取少量引种、边引种边试验和中间繁殖到大面积推广的步骤，尽可能避免因引种带来的不必要的损失。

4.4.1 引种材料的选择

选择引种材料时应该慎重。选择园林植物引种材料的原则一是引种材料对当地环境条件适应的可能性较大；二是引种材料的观赏性状必须能满足引种目标的要求。客观分析引种材料的适应性应该建立在对引种地的农业气候、土壤条件和引种材料的生态适应性等的系统比较研究基础之上。目前，大多数园林植物在这方面的研究还很薄弱，我们根据前人的引种工作经验提出如下参考意见：

(1) 明确影响引种植物适应性的主要生态因子

当引入某一园林植物的种或品种时，要从当地综合生态因子中找到对植物适应性影响主导因子，作为分析适应性的重要依据。如，上海地区的土壤以碱性为主，引种露地栽培的园林植物时就应重点考虑植物的耐碱性。北京地区早春的旱风往往是南树北移的限制因子，引种时应着重考虑植物的耐旱性及采取相应的防护措施。

(2) 研究引种植物的分布范围

研究准备引种的树种或品种的原产地及分布界限，分析引入对象的适应范围，分析主要农业气候指标，从而估计引种成功的可能性。了解原产地的农业气象资料，分析引种适应的可能性以及适应的范围。需要详细了解的资料包括纬度、年平均气温、10℃以上的有效积温、年最高温度、最高气温持续时间、年最低温度、最低温度持续时间、年降水量、雨季及旱季的时间和全年雨量的分布等。

(3) 根据中心产区和引种方向之间的关系进行引种

在植物的中心产区以北的不同地点进行相互引种时，向南（向心）引种的适应可能性总是大于向北（离心）的引种。从植物分布区靠近引种区边缘的区域引种，即“边缘引种”，往往较易成功。

(4) 根据植物亲缘关系进行引种

亲缘关系相近的园林植物，包括种和品种，在一起生长时，常常表现出相似的适应性，因此可以通过相近的种或品种分析引入品种适应的可能性。引进国外或外地园艺品种时，可以根据其亲本的分布与适应性，分析引入品种的适应性。如在原种的分布区引种其园艺品种是很容易获得成功的。

(5) 从病虫害及灾害发生频繁的地区引入抗病性类型

在病虫害和自然灾害因素经常发生的地区，由于长期自然选择和人工选择的影响，往往形成了具有较强抗逆性的品种或类型。

(6) 尽量引入经过遗传改良的材料

在保证引种成功的前提下，应尽可能地直接利用原产地经过改良的材料，这样才能使引入的植物在经过栽培试验后直接投放到生产中，保证引种的高效性。遗传性最优的材料自然是栽培品种，栽培品种往往是基因型相对纯合或是无性系的材料，而这类材料的适应性往往不及杂合和实生繁殖的材料。为了兼顾两方面的情况，在具体操作时应酌情处理，以满足引种成功和高效利用的双重要求。

(7) 借鉴前人引种的经验教训

长期以来全国各地开展过许多的引种工作，特别是新中国成立以来，农林院校、科研部门等生产单位开展过较大规模的引种工作，引种的植物有的适应或基本适应，有的不能适应而被淘汰。所以在引种时应仔细了解引种历史，对过去曾经引种的种类、品种，原产地、引种的方法和引入后的表现，总结成败原因，以便使引种工作少走弯路或不走弯路。

根据已有的经验，一般情况下同纬度地区气候相似，相互引种易成功。在考虑纬度的同时还要顾及海拔问题，从温度的角度而言，海拔每升高 100m 就相当于向北纬推进 1°，通常低纬度高海拔地区与高纬度低海拔地区间温度相似，相互引种易成功；同纬度不同海拔地区间引种的风险较大，例如一些高山野生花卉引入平原地区栽培，一般需要采取一些特殊驯化技术措施才能成功。

4.4.2 引种驯化的步骤

4.4.2.1 调查和登记

引种材料的获得可以通过实地调查收集，或通过交流和邮寄方式收集。实地调查和核实材料可以防止混杂，同时还可以通过现场观察从具有典型特性、无病虫害的植物材料上采集繁殖材料。引种材料要严防混杂，做到登记编号入档。登记内容包括品种名称（学名、俗名等）、材料来源（原产地、引种地、品种来历）、引种日期和繁殖材料（种子、接穗、插条、苗木），嫁接苗必须注明砧木名称，随即建立档案袋。收到材料后如果采取了处理措施也应该及时登记（包括苗木的假植、定植、修剪；组培苗的继代等）。收集到的每一份材料，只要来源不同，收集时间不同，收集者不同均应该分别编号登记，并将每一份材料的有关资料如植物学性状、经济性状、原产地生态特点等记载说明，分别装入相同编号的档案袋中备查。在确定了引种材料，并做好相关的准备工作后，就可以开始着手实施引种工作。

4.4.2.2 检疫

为防止危险性病虫害的带入，应认真执行国家有关动、植物检疫的规定，如《中华人民共和国进出境动植物检疫法》、《中华人民共和国植物检疫条例》等，按照有关规章进行引种申报，引种材料需经检疫鉴定，合格后才能引进栽培。事实上检疫已涉及到生物入侵的问题，这方面的具体内容将在后面的章节中详细讨论。

4.4.2.3 试验

(1) 引种试验的步骤

一个园林植物材料引到新地区后，由于气候条件、病虫害种类、耕作制度等与原产地都不一样，引入以后可能表现不一，因此必须通过引种试验，用当地有代表性的良种作对照，进行系统的比较观察，包括生长节律、产量、品质、抗性等。在进行引种试验时，试验地的土壤条件必须均匀，管理措施力求一致，使引种材料能得到客观的评价。引种驯化试验中观测的主要项目包括：植物学性状，物候期，抗逆性特点（抗病虫害、抗寒、抗旱、抗涝等），适宜的环境条件等。一般一、二年生草本园林植物引种试验包括以下三个步骤：

①观察试验　引进的种或品种，必须先进行小面积试种观察，用当地主栽品种作对照，初步鉴定其对本地区生态条件的适应性和观赏价值。对符合要求的、优于对照品种的，则选留足够的母株或繁殖材料，以供进一步的比较试验。

②品种比较试验和区域试验　将通过观察鉴定的比较优良的植物种类，参加品种比较试验，严格设置小区重复，以便做进一步的更精确客观的比较鉴定，经2~3年后，将表现优异的品种进行区域试验，以测定其适应的地区和范围。

③栽培试验　通过初试肯定的引进品种，应根据所掌握的品种特性，根据各品种生态需求进行栽培试验，制定引进品种的栽培技术措施，使其得到合理利用，推广至苗圃生产和园林绿地应用，做到良种结合良法。

(2) 引种程序的三个阶段

多年生木本园林植物的引种程序一般可分为少量试引、初步繁殖和繁殖推广三个阶段。

①少量试引　一般每个品种3~5株，种植在有代表性的地段上进行观察，对主要的观赏性状进行评价。

②初步繁殖　选择适应性和性状表现较好的、有发展前途的良种类型，按计划进行初步繁殖，并在绿地试点栽培，对其适应性和观赏性状做进一步的观察研究。

③繁殖推广　当初步繁殖的品种达到开花结实年龄或者可以进行品种表现分析时，对不同品种进行评价，表现优良的品种可进行大量繁殖和推广应用。

(3) 引种试验的一般程序

①种源试验　是指对同一种植物分布区中不同地理种源提供的种子或苗木进行的栽培对比试验。通过种源试验可以了解植物不同生态类型在引入地区的适应情况，以便从中选出适应性强的生态型作进一步的引种驯化试验。种源试验中，要注意选择在引进地区有代表性的多种地段栽培的各种种源，以便了解各种生态型适宜的环境条件，对引进的植物材料在相对不同环境条件下进行全面鉴定。对初步鉴定符合要求的生态型，则应选留足够的种苗，以供进一步进行品种比较试

验。对于个别优异的植株，可进行选择，以供进一步育种试验之用。

②品种比较试验　将通过观察鉴定表现优良的生态型植株参加试验区域较大、有重复的品种比较试验，做进一步更精确的鉴定。

③区域化试验　区域化试验是在完成或基本完成品种比较试验的条件下开始的。目的是为了查明适于引进植物的推广范围。因此，需要把在少数地区进行品种试验的初步成果，放到更大的范围和更多的试验点上栽培。

4.4.2.4　推广

引种驯化试验往往是在少数科研或教学单位进行的，实践的考验较少。因此，引种驯化试验成功的植物，还必须经过生产栽培和推广应用于城市绿地之后才能使引种试验的成果产生景观效益和生态效益。

4.4.3　引种驯化栽培技术措施

引种驯化时，必须注意栽培技术的配合，以避免因栽培技术没跟上而错误否定新引进品种的价值。常用的栽培技术主要有以下几方面：

(1) 播种期和栽培密度

由于南、北方日照长短不同，当植物从南向北引种时，可适当延期播种。这样做可减少植物的生长，增强植物组织的充实度，提高抗寒能力。反之，由北向南引种时，可提早播种以增加植株在长日照下的生长期和生长量。在栽植密度上，可适当密植，使植株形成相互保护的群体，以提高由南向北引种植物的抗寒性。当从北向南引种时，则要适当增大株行距，便于通风以利植物生长。

(2) 苗期管理

从南向北引种，在生长季后期，应适当减少浇水，以控制植株生长，促进枝条木质化，从而提高植物的抗寒性。同时在苗木生长季后期，应少施氮肥，适当增加磷肥、钾肥，也有利于促进组织木质化，提高抗寒性。当从北向南引种时，为了延迟植株的封顶时间，提高越夏能力，应该多施氮肥和追肥，增加灌溉次数。

(3) 光照处理

对于从南向北引种的植物，在苗期遮去早、晚光，进行8～10h短日照处理，可使植物提前形成顶芽，缩短生长期，增强越冬抗寒能力。而对从北向南引种的植物，可采用长日照处理以延长植物生长期，从而提高生长量，增强越夏抗热能力。

(4) 土壤pH值

生长在南方酸性土壤上的植物，北移时可选山林隙地微酸性土壤试栽种。一些对pH值反应敏感的花木，如栀子、茉莉、桂花等，可适当浇含有硫酸亚铁螯合物等微酸性的水，或多施有机肥，从而改良北方碱性土壤。对于北方含盐量大的土壤，要注意在雨后覆盖土壤，防止因水分蒸发而产生的反盐现象；从北向南引种时，对于适于生长在碱性中性土壤上的植物移栽到南方酸性土壤上，可适当施些生石灰以改变南方土壤的 pH 值，保护植物正常生长。

(5) 防寒、遮荫

对于从南向北引种的植物，在苗木生长的第一、二年的冬季要适当地进行防寒保护。例如，可设置风障，在树干基部培土、覆草等，以提高温度、降低风速、从而使幼苗、幼树安全越冬。而对于由北向南引种的植物，为使其安全越夏，可在夏季搭荫棚，给予适当的遮荫。

(6) 种子的特殊处理

在种子萌动时，进行低温、高温和变温处理，可促使种子萌芽。在种子萌动以后给以干燥处理，有利于增强植物的抗旱能力。

(7) 引种某些共生微生物

根据松类、豆类等植物有与某些微生物共生的特性，引进这类植物时，要注意同时引进与其根部共生的土壤微生物，以保证引种驯化成功。

4.4.4 引种驯化要与育种工作相结合

引种驯化要结合选择进行。引种的品种栽培在不同于原产地的自然条件下，必然会发生变异。这种变异的大小取决于原产地和引种地区自然条件的差异程度以及品种本身的遗传性的保守程度。新品种引入后，要防止品种退化，采用混合选择法去杂保纯，或者引进该品种的种子进行选择和繁育，以便推广。在引进的品种群体中还可挑选优良单株或建立优良单株的无性系，以便于进一步培育新品种。另外，当引种地区的生态条件不适于外来植物生长时，常通过杂交改变种性，增强对新地区的适应性。

4.4.5 引种驯化成功的标准

目前，普遍认可的园林植物引种驯化成功的主要标准是：

①引种植物能在不加保护或稍加保护的条件下正常生长。从严格意义上说，目前引入温室里栽培的园林植物，不能算是引种成功。毕竟这些植物的栽培范围具有局限性，不能大面积推广。

②引种植物能以正常的有性或无性繁殖方式进行繁殖。引种植物最终要推广应用到生产中，扩大其栽培面积，以便带来经济或生态效益。若无法正常繁殖，也就失去了推广应用的可能。

③引种植物的原有观赏价值和生态价值没有明显的降低。这是显而易见的，若引入的园林植物与原产地比较观赏价值大幅度降低，引种也就失去了意义。

4.5 主要园林植物原产地及引种地情况

园林植物的栽培和应用，与引种是密不可分的，引种植物经过长期的人工选择和自然选择逐渐适应了新的环境，达到了栽培和推广的目的。我国现有的园林植物，有的是从国外引入的，有的则是原产于我国，在省际之间相互引种；同时，原产中国的植物种类也被引种到国外其他地区。这对丰富世界各地的园林植物种类起到了积极的作用。

我国园林植物引种驯化的历史悠久。如石榴（*Punica granatum*），在西汉时由张骞出使西域从伊朗引入；悬铃木于公元401年由鸠摩罗什引入陕西户县；19世纪末桉树（*Eucalyptus* spp.）从意大利辗转引入我国华南；刺槐也于同期由北美引入山东沿海地区；三叶橡胶树（*Hevea brasiliensis*）最早于1913年引入海南；落羽杉（*Taxodium distichum*）由英国的波尔登于1919年引至河南鸡公山；国外的许多针、阔叶树种大多在19世纪末和20世纪初引入我国。这些树种对于丰富我国的木本园林植物种类起到了极大的作用。例如在各地普遍栽培的欧洲黑杨（*Populus nigra*）与美洲黑杨（*P. deltoides*）的杂种——加拿大杨（*P.* ×*canadensis*），引自大洋洲的桉树，引自北美的北美鹅掌楸（*Liriodendron tulipifera*）、广玉兰、加勒比松（*Pinus caribaea*）、湿地松（*P. elliottii*）、火炬松（*P. taeda*）、池杉（*Taxodium ascendens*）等，引自日本的日本冷杉（*Abies firma*）、日本柳杉（*Cryptomeria japonica*）、日本五针松（*Pinus parviflora*）、黑松（*P. thunbergii*）、东京樱花（*Prunus yedoensis*）等；沿海地区引自大洋洲的木麻黄类和刺槐等。它们对于丰富我国的绿化树种资源，推动新树种的栽培和提高经济效益、生态效益和社会效益，起到了不可估量的作用。同时，我国特有的树种，如银杏、水杉等被引到国外，对引入国的园林绿化也起到了一定作用。此外我国国内不同地区间的引种，如杉木（*Cunninghamia lanceolata*）、桉树、毛竹（*Phyllostachys heterocycla*）、马尾松（*Pinus massoniana*）、梅花等的北移，对丰富我国北方地区绿化树种的种类，提高绿化质量起到了较大的作用。表4-1列出了一些主要园林植物原产地、原产中心和引种地区的概况。

表4-1 我国主要园林植物原产地、原产中心及引种地区概况

植物名称	原产地及原产中心	国内引种栽培地区	国外引种栽培地区
牡丹（芍药科）	中国西北秦岭一带	山东菏泽、安徽亳州及铜陵、河南洛阳等地最多	各国均有引种栽培
梅花（蔷薇科）	中国长江以南	四川、江苏、浙江、安徽、湖北、湖南、重庆、上海、广东	朝鲜、日本、美国、新西兰、澳大利亚
月季（蔷薇科）	中国、东西欧及西亚	全国各地	西欧、北欧、北美，日本，澳大利亚
山茶（山茶科）	中国、日本	四川、云南、江苏、浙江、安徽、福建、湖南	欧美，澳大利亚、新西兰已普遍引种
杜鹃花（杜鹃花科）	中国（映山红）、日本（石岩杜鹃、皋月杜鹃）	全国各地	英国、美国、日本
蜡梅（蜡梅科）	中国中部（湖北、陕西）	成都、河南鄢陵、扬州、上海、武汉、重庆	日本、朝鲜
菊花（菊科）	中国东北、华北，经系列杂交演变而成	全国各地	全世界广泛栽培
中国水仙（石蒜科）	欧洲中部、北非及地中海沿岸	中国南方各地	日本、朝鲜

（续）

植物名称	原产地及原产中心	国内引种栽培地区	国外引种栽培地区
荷花（睡莲科）	中国	除西藏、青海、内蒙古外，全国各地	各国均有引种栽培
牵牛花（旋花科）	亚洲、非洲热带地区	全国各地	全世界均有分布、以日本为栽培中心
茑萝（旋花科）	热带美洲	全国引种栽培最多，较普遍	各国广为栽培
一串红（唇形科）	巴西	全国引种栽培最多，较普遍	各国广为栽培
观赏辣椒（茄科）	热带美洲	上海引种尤多	各国广为栽培
睡莲（睡莲科）	中国，北非、东南亚	全国各地	北非、亚洲、欧洲各国
芍药（芍药科）	中国东北，日本、西伯利亚	全国除华南外均有引种，四川、山东、安徽、浙江最多	日本，欧洲各国
珠兰（金粟兰科）	亚洲热带、亚热带低山区	全国各地	日本、朝鲜
玉兰（木兰科）	中国中部	全国广为引种栽培	各国均有栽培
吊兰（百合科）	南非	全国各地园林多有引种栽培	各国均有引种栽培
君子兰（石蒜科）	南非	全国各地园林多有引种栽培	各国均有引种栽培
文竹（百合科）	南非	全国南方各地	各国均有引种栽培

4.6 外来物种入侵与生物安全

外来物种入侵是指生物由原生存地经自然或人为途径侵入到另一新环境，对入侵地的生物多样性造成影响、给农林牧渔业生产带来经济损失及对人类健康造成危害或引起生态灾难的过程。

由于很多单位和个人对外来入侵物种（alien invasive species）导致的生态破坏缺乏足够认识，存在急功近利倾向，在外来物种引进上存在一定的盲目性；加上我国尚未出台有关专项法律法规，使得外来物种引种的管理缺少法律依据，对外来入侵物种缺乏统一协调机制；对外来入侵物种危害的预防、消除、控制和生态恢复缺乏基础性研究等。盲目引种和检疫不严等造成的外来生物入侵问题非常严峻。生物入侵对于本土生物多样性的负面影响主要表现在以下几个方面：

4.6.1 破坏景观的自然性和完整性

明朝末期引入的美洲产的仙人掌属（*Opuntia*）4 个种分别在华南沿海地区和西南干热河谷地段形成优势群落，那里原有的天然植被景观已很难见到。凤眼莲（*Eichhornia crassipes*）原产南美，又称水葫芦，1901 年作为花卉引入中国，20 世纪五六十年代曾作为猪饲料“水葫芦”推广，此后大量逸生。在昆明滇池内，1994年该种的覆盖面积约达$10km^2$，不但破坏当地的水生植被，堵塞水上交通，给当地的渔业和旅游业造成很大损失，还严重损害当地水生生态系统，目前我国每年因凤眼莲危害带来的经济损失接近100亿元。

4.6.2 摧毁生态系统

原产于中美洲的紫茎泽兰（*Eupatorium adenophorum*）仅在云南省发生的面积就高达$24.7km^2$，还以每年$10km^2$的速度向北蔓延，侵入农业植被、占领草场和采伐迹地，不但损害农牧业生产，而且使植被恢复困难。小花假泽兰（*Mikania micrantha*，即薇甘菊）原产热带美洲，20世纪70年代在香港蔓延，80年代初传入广东南部。在深圳内伶仃岛，该种植物像瘟疫般地滋生，攀上树冠，使大量树木因失去阳光而枯萎，从而危及岛上600只猕猴的生存。

4.6.3 危害物种多样性

入侵种中的一些恶性杂草，如反枝苋（*Amaranthus retroflexus*）、豚草属（*Ambrosia*）、小白酒草（*Coryza canadensis*）、紫茎泽兰、飞机草（*Eupatorium odoratum*）、小花假泽兰等可分泌有化感作用的化合物抑制其他植物发芽和生长，排挤本土植物并阻碍植被的自然恢复。

4.6.4 影响遗传多样性

随着生境片段化，残存的次生植被常被入侵种分割、包围和渗透，使本土生物种群进一步破碎化，还可以造成一些物种的近亲繁殖和遗传漂变。有些入侵种可与同属近缘种，甚至不同属的种杂交，如加拿大一枝黄花（*Solidago canadensis*）可与假蓍紫菀（*Aster ptarmicoides*）杂交。入侵种与本地种的基因交流可能导致后者的遗传侵蚀。在植被恢复中将外来种与近缘本地种混植，如在华北和东北国产落叶松类（*Larix* spp.）的产区种植日本落叶松（*L. kaempferi*），以及在海南国产海桑类（*Sonneratia* spp.）的产区栽培从孟加拉国引进的无瓣海桑（*S. apetala*）等，都存在相关问题，因为这些属已有一些种间杂交的报道。

目前，中国对外来种危害的认识还仅仅局限于病虫害和杂草等造成的严重经济损失，没有意识到或者不重视外来种对当地自然生态系统的改变和破坏。对暂时没有造成严重经济损失，却正在排挤、取代当地物种，改变当地生态系统的物种没有给予足够的重视。因而在许多自然植被的恢复过程中大规模地有意或无意引入外来物种，结果必将造成中国当地丰富而特有的生物多样性的丧失，而且很难恢复。目前中国大规模引入外来种的项目包括：

① 大规模的退耕还林工程中大面积种植外来物种，包括外来的桉树、松树、落叶松和在不适宜的海拔和地区种植经济树种。这些树种的生态功能是十分有限的。

② 大规模的水土流失控制和退耕还草过程中主要依靠从国外（特别是美国）进口草种，有关中国本地草种的培育、研究和利用却十分少。目前，我国在收集

本地草种并培育适于栽培种植的草种方面还缺少足够的研究。

③ 自然保护区的植被恢复使用外来物种，主要原因是种植者对当地特有的物种没有信心，很多人认为外来的植物比当地的好。如有的自然保护区正在用孟加拉国的无瓣海桑来恢复红树林。许多自然保护区和风景区使用外来物种作周边绿化，这些物种常常是这些地区入侵种的重要来源。

④ 城市周围植被恢复和绿化大量使用外来种，常常造成当地生态系统和景观的彻底改变。其中包括大量绿化树种，观赏花卉以及草坪草。以草坪业为例，随着全国城市大面积兴建各种不同功能用途的草坪（高尔夫球场、足球场、公园绿地等），进而推动了我国草坪业的迅速发展，使草坪草种子的需求量急剧增加。目前，我国在草坪草育种方面的工作目前主要集中在对国外优良草坪品种的引种上，除马尼拉草（*Zoysia matrella*）种子外其他草的种子几乎全部依赖进口。到1990年为止，我国先后引进了114个不同的冷季型草种，主要从美国引种。事实上，我国幅员辽阔，种质资源丰富，有很大的开发潜力。

调查表明，目前在我国境内造成危害的外来入侵物种共有283种，其中陆生植物170种，其余为微生物、无脊椎动物、两栖爬行类、哺乳类、鱼类等。有54.2%的入侵物种来源于美洲，22%来源于欧洲。这些外来入侵物种每年对我国有关行业造成的直接经济损失为198.59亿元，其中，农林牧渔业损失160.05亿元，人类健康损失29.21亿元。外来入侵物种对我国生态系统、物种和遗传资源造成的间接经济损失每年达到1 000亿元，其中对生态系统造成的经济损失每年就达999.266亿元。表4-2为部分入侵植物原产地分布表。

表4-2　部分入侵我国的植物原产地分布

原产地	植物名称	原产地	植物名称
南美洲	喜旱莲子草、凤眼莲、含羞草	非　洲	棕叶狗尾草、邹果苋
北美洲	豚草、土荆芥、圆叶牵牛	西　亚	波斯婆婆纳
中美洲	紫茎泽兰、飞机草、薇甘菊	南　亚	香附子
欧　洲	小繁缕、大爪草、穿叶独行菜		

为了有效防止生物入侵问题，建立生物安全系统。首先要建立健全相关的法律法规，实现依法管理。特别要加强农业、林业、养殖业等有意引进外来物种的监督管理。建立外来入侵物种的名录、风险评估、引进许可证等制度，在环境影响评价中增加外来入侵物种风险分析的内容；建立跨部门协调机制，由环境保护、农林、检疫、海关、交通等部门成立跨部门的外来入侵物种环境安全委员会，负责外来物种的环境影响和生态风险评估工作，从源头控制外来物种入侵，加强检疫封锁，防止有害物种的入侵与扩散，建立早期预警系统和监测报告制度，严防疫情蔓延；采取有力措施，积极开展外来入侵物种的根治工作。采取生物物理防治、生态替代、综合利用等可持续控制技术，对现有外来物种进行有效治理；提高全民防范意识，减少在旅游、贸易、运输等活动中对外来入侵物种的有意或无意引进。

（季孔庶　刘青林）

复习思考题

1. 什么叫引种驯化？其重要性体现在哪些方面？
2. 根据引种驯化的生态学原理，分析引种过程中应考虑哪些因素？
3. 引种材料选择时应遵循哪些原则？
4. 阐述引种驯化的步骤。
5. 谈谈你对生物入侵的认识，怎样处理好引种与防止生物入侵的关系？

本章推荐阅读书目

园林植物遗传育种学．程金水．中国林业出版社，2000.
植物引种栽培试验研究方法．胡建忠．黄河水利出版社，2002.
植物引种学．谢孝福．科学出版社，1994.
外来树种与生态环境．王豁然，郑勇奇，魏润鹏．中国环境科学出版社，2001.

第5章　选择育种

［**本章提要**］本章主要介绍选择育种的概念和意义，选择育种的基本原理与方法，选择效应与遗传增益的估算，概述了主要观赏植物的选择育种；介绍了芽变选种的概念、特点、基本原理，芽变选种的方法与程序。

选择是一项独立的育种技术，也是贯穿育种过程始终的步骤。从已经产生变异的群体中将符合育种目标的单株选择出来，进而培育成园林植物品种，这是一项有效而便捷的育种途径。选择依据的性状可以是形态学的、生理学的、细胞学的甚至是遗传学的。选择在整个育种过程中具有极为重要的作用。每一项育种手段都离不开选择。每一个育种步骤都需要选择。在育种工作中，选择是理想本身的一部分，是实现理想的每一步骤的一部分，也是每株理想植物生产过程的一部分。正确的选择是园林植物育种成功的关键。

5.1　选择育种的概念和意义

5.1.1　选择育种的概念

从现有园林植物的种质资源中挑选符合人们需要的群体和个体，通过提纯、比较鉴定和繁殖等手段培育出新品种的育种方法叫作选择育种（selection breeding），简称选种。从地球上出现生物时就开始了自然选择。随着农业文明的产生，人工选择使植物性状改变的速度远远超过了自然选择。人工选择逐渐增强了目标意识，发展了选育技术。选择是一项古老的育种技术，也是现代育种工作中最重要的育种手段，贯穿于育种工作的全过程。目前，人们所能看到的丰富多彩的园林植物类型，就是人类长期不断选择培育的结果。

5.1.2　选择育种的发展历史

选择育种是人类应用最早的培育植物新品种的方法。中国早在1 500多年以前就从实生藕莲中选出重瓣的荷花品种，在清代又选出了植株矮小的碗莲品种。菊花、山茶、中国兰、牡丹、梅花、现代月季等花卉中的许多名品也是长期选种的结果。

欧洲对植物进行有意识的选择约始于16世纪。如从郁金香中选出大花型品种‘夏季美’，从凤仙花中选出品种‘大眉翠’。美国著名的育种学家布尔班克

(Luther Burbank) 曾用连续选择的方法，把叶片边缘不具有皱褶的牻牛儿苗(*Erodium stephanianum*) 培育成为具有显著皱褶的新品种。英国育种学家坎德曾从改进栽培技术着手进行定向选择，育成了皱边的唐菖蒲类品种。欧美的许多菊花品种、现代月季品种和玫瑰 (*Rosa rugosa*) 品种等也是通过选择育成的。目前，选择育种仍然是育种学家培育新品种的主要方法之一，特别是对于那些遗传多样性丰富的资源，通过选种获得新品种是一种快速高效的方法。

5.1.3 选择的作用和意义

(1) 选择是生物进化的基本动力

选择是植物进化和育种的基本途径之一。根据达尔文理论，生物进化主要依靠遗传、变异和自然选择，这三者是相互联系缺一不可的。变异是进化的主要动力，没有变异就没有可供选择的原料，选择就失去作用；遗传是进化的基础，没有遗传，变异不能传递给后代，也无法巩固那些有利的变异。选择决定进化的方向。生物的变异多种多样，有些是有利变异，有些是有害变异，自然界用“优胜劣汰，适者生存”的方法，淘汰生活力、繁殖力弱的生物体，保留生活力、繁殖力强的生物体，这种保留和淘汰的过程被称为“自然选择”。

(2) 自然选择和人工选择

自然选择是自然条件对生物的选择作用，其结果是使生物适应环境条件的性状获得保存和发展，但这些性状不一定符合人类的需求。自从人类开始农业生产活动以后，人们就按照自己的需要，挑选那些有用的，淘汰那些较差的植物，这种选择就称为“人工选择”。人工选择的选择压力通常大于自然选择。在人工选择的同时，自然选择也同时存在，因为栽培植物不可能完全摆脱自然条件的作用，所以人工选择应充分利用自然选择创造的条件；如选择对有害气体抗性强的园林植物，应在大气污染严重的地区中挑选未受影响的园林植物。如选择耐湿的个体应该到水湿环境中去挑选，因为在那种条件下，耐湿性最易判断。

(3) 选择的创造性作用

选择虽然不能创造变异，但它的作用并不是消极的筛选，而是具有积极的创造性作用。其理由是：生物具有连续变异的特性，即变异的物种（或品种）具有沿原来的方向继续变异的倾向。例如人们在一朵花上发现有一两个多余的花瓣，对该个体加以选择经过若干代可以培育出重瓣花。现在所知道的许多园林植物如翠菊、凤仙花、芍药等重瓣品种都是这样培育出来的；另一方面，选择好的、淘汰劣的，排除了不良基因对优株的干扰，从而加速了有利变异的巩固和纯化，最终创造出新的类型、品种，这些就是选择的创造性作用。

(4) 选择是贯穿育种工作始终的重要环节

选择不仅是独立培育良种的手段，而且也是其他育种措施，如引种、杂交育种、倍性育种以及其他育种技术中不可缺少的环节。选择贯穿于育种工作的始终，如原始材料的选择、杂交亲本的选择和杂交后代的选育等。选择贯穿育种工作的各个时期，如种子选择、花期选择。选择是育种的中心环节，其他育种措施都是为选择服务的，如原始材料的研究为选择亲本提供依据，人工创造变异为选择提供材料，培育加强了选择的创造性作用，鉴定给选择提供客观标准，品种比较试验是为了更可靠、更科学的选择。正如布尔班克所说的“关于在植物改良中任何理想的实现，第一因素是选择，最后一个因素还是选择。选择是理想本身的一部分，是实现理想的每一步骤的一部分，也是每株理想植物产生过程的一部分。”

5.1.4 选择育种的基本原理

根据哈迪-温伯格遗传平衡（Hardy-Weinberg equilibrium）原则，在一个随机交配而又无限大的群体内，如果没有任何形式的选择作用，没有突变的发生，没有其他基因的渗入，那么这个群体各个世代之间的基因频率、基因型频率将保持不变。但是在自然条件下，这样的理想群体几乎不存在。首先，突变的发生在自然界是普遍存在的，如植物的芽变就是基因突变的例证。不同的植物种类，突变发生的频率是不一样的，某些植物可能比较保守，有些植物则可能易变。一般来说杂合状态下的植物突变率较高，自花授粉的植物突变率则较低，环境胁迫也会引起基因突变。若通过辐射、化学诱变剂等处理，突变频率则会提高成百上千倍。其次，很多异花授粉的植物，常常存在外来基因渗入的现象，造成基因的重组和分离。上述变异是进行选择育种的基础。

选择的遗传机制就是通过选择改变群体内的基因频率和基因型频率。自然界通过自然选择使生物沿着与环境相适应从而有利于自身种族繁衍的方向进化。人工选择分为无意识选择和有意识选择。无意识选择仅是淘汰没有价值的植物个体、保存优良的个体，虽然这一选择过程没有具体的目标，但经过多代的选择起到了改良品种的作用。有意识选择则有明确的目标、完善的鉴定方法以及系统的计划，如培育重瓣花品种，起初在一群体内保留那些具有多余花瓣的个体，经过若干代的选择与培育从而获得重瓣花品种。事实上，这样的选择就是不断巩固和强化有利变异，最终创造新类型的过程，其实质就是使具有某些基因型的个体在群体内逐渐占优势，造成群体内基因频率和基因型频率的定向改变。

5.1.4.1 选择对隐性基因的作用

在一个随机交配的群体中，若一对等位基因存在差异，如Aa，则可以组成3种基因型AA、Aa、aa，如要淘汰有害隐性基因，显性作用完全时，淘汰隐性个体，经一代选择，a的频率即可减少；对于完全隐性的基因，其频率高时，选择效果好，频率太低，选择作用甚微，因为大部分隐性基因存在于杂合体中，而杂合体Aa与纯合体AA具有相同的表现型，选择只对极少出现的纯合体aa起作用，所以在一个随机交配的大群体中，隐性有害基因只有多代连续选择才能从群体中逐渐消除。

5.1.4.2 选择对显性基因的作用

选择对显性等位基因更为有效，因为具有显性基因的个体都可受到选择的作用。事实上，选择与突变对群体中基因频率的影响，是一个复杂的过程，因为突变与选择在一个群体中常常同时存在，如有害等位基因通过选择可被淘汰，但由于突变，这种有害等位基因还可留在群体内，当淘汰的有害等位基因数目与突变产生的数目相等时，则这两个过程的效应会相互抵消。所以在发生隐性突变的情况下，即使选择不利于隐性个体存活，却不可能把隐性基因从群体中彻底消除。但经过人工选择及合理的栽培措施，会加速有利变异的逐代积累，从而选出理想的新品种。

5.1.5 选择应满足的条件

选择的主要目的是在群体中选择最优良的个体或变异个体，在选择过程中，为了提高选择效果，应满足以下条件：

(1) 选择要在产生变异的群体中进行

选择之所以能改变群体的遗传组成，其原因在于生物本身的遗传变异特性。变异是选择的基础，为选择提供了材料。不同单株间或大或小的性状差异，使得人类可以充分发掘其中的有利类型。

(2) 供选择育种的群体要足够大

大量的群体具有广泛选择新类型的可能性，可以实行优中选优。但是群体越大，工作量就越大，所以选种前要做出充分估计。

(3) 选择要在相对一致的环境条件下进行

品种性状是遗传物质和环境条件共同作用的结果。在花圃生产的品种群体中进行选择，必须考虑在土壤肥力、耕作方法、施肥水平和其他环境条件相对一致的条件下进行。这是选择时必须严格掌握的原则。因为只有肥力均匀，营养条件一致，生长正常，遗传性表现趋势大体一致时，优劣植株才较易分辨。如果在不一致的栽培条件下选择，某些遗传性表现一般的个体，由于生长在良好的条件下，易被误选；一些具有优良遗传性的个体由于在一般条件下，优良性状未能发挥而未入选，这样就影响选择的效果。

(4) 选择要根据综合性状有重点地进行

选择时既要考虑观赏价值或经济价值，又要考虑有关的生物学性状，但也不是等量齐观，须有重点进行选择。如果只根据单方面、个别特别突出的性状进行选择，有时难以选出满意的品种。例如只注意选择美丽的花朵，而忽视了植物本身的适应性、抗性等，也难以在生产实践中推广。

5.2 选择育种的方法

园林植物在长期栽培过程中，使用两种不同的繁殖方式：有性生殖和无性繁殖。有性生殖亦称实生繁殖，产生的后代为实生群体；无性繁殖亦称营养繁殖，产生的后代为无性系。针对不同繁殖方式的园林植物选择的方法不同。对实生群体产生的自然变异进行选择，从而改进群体的遗传组成或将优异单株经无性繁殖建立营养系品种的方法，称为实生选择育种（seedling selection breeding），或简称为实生选种。从普遍的种群中或从天然杂交、人工杂交的原始群体中挑选优良单株、用无性方式繁殖，然后加以选择的方法则称为无性系选择育种（clonal selection breeding），简称无性系选种。依操作方式的不同，选择又分为如下方法：

5.2.1 混合选择

混合选择法（bulk selection）又称表型选择法，是指从一个原始混杂群体或品种中，按照某些观赏特性和经济性状选出彼此相似的优良植株，然后把它们的种子或繁殖材料（如鳞茎、根茎、块茎等）混合起来种在同一块地里，翌年再与原始群体或品种进行比较鉴定的方法（图5-1）。如果对原始群体的选择只进行一次就繁殖推广，称为一次混合选择；如果对原始群体进行不断地选择之后再用于繁殖推广，称为多次混合选择。

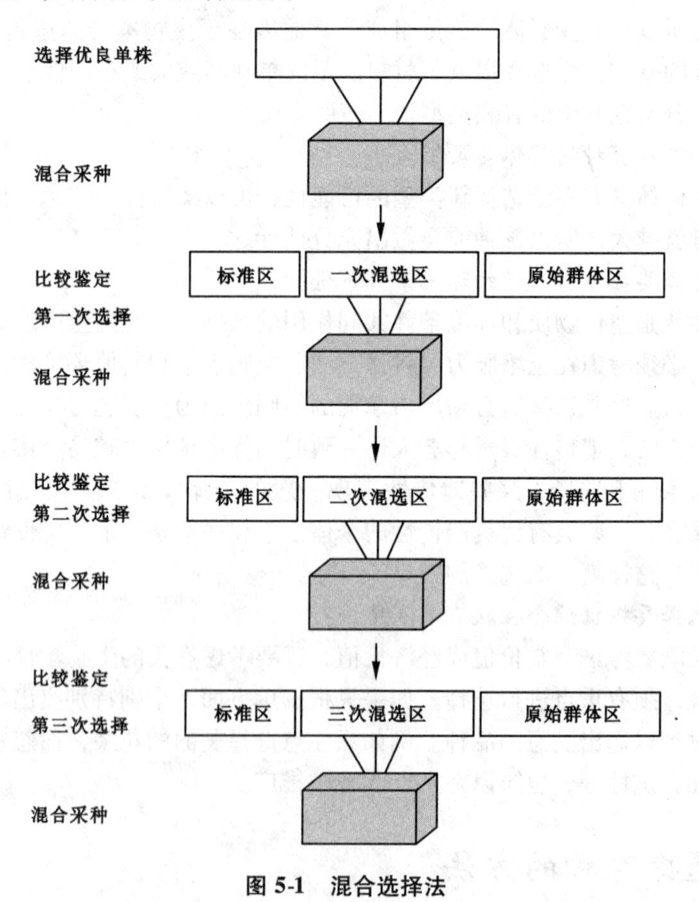

图5-1 混合选择法

混合选择的优点是：简单易行，易于被群众掌握，能迅速从混杂的原始群体中分离出优良的类型；能获得较多的种子及繁殖材料，便于及早推广，保持较丰富的遗传性，以维护和提高品种的特性。

混合选择的缺点是：由于混合选择是按表现型进行选择，在选择时将当选的优良单株的种子混合繁殖，因而就不能鉴别一个单株后代遗传性的真正优劣，这样就可能使在优良环境条件下外观表现良好而实际遗传性并不优良的个体也被当选，因而降低了选择的效果。这种缺点在多次混合选择的情况下，多少会得到一定程度的克服。因为那些外观良好而遗传性并不优良的植株后代，在以后的继续选择过程中会逐步被淘汰。其次，对于已基本趋于一致的群体，在环境条件相对不变的情况下，再进行混合选择，效果就会越来越不显著。因此，要想进一步提高选择效果，就需要采用单株选择或其他育种措施。

5.2.2 单株选择

单株选择法（individual selection）就是把从原始群体中选出的优良单株的种子或种植材料分别收获，分别保存，分别繁殖为不同家系，然后根据各家系的表现鉴定上年当选个体的优劣，并以家系为单位进行选留和淘汰的方法。在整个育种过程中，若只进行一次以单株为对象的选择，而以后就以各家系为取舍单位的，称为一次单株选择法（图5-2）。如果先进行连续多次的以单株为对象的选择，然后再以各家系为取舍单位，就称为多次单株选择法（图5-3）。

一次单株选择法又称株选法，在园林植物育种中，通常按一定的标准进行比较鉴定后，即可进行无性繁殖，形成稳定的无性系。如中国水仙的重瓣品种‘玉玲珑’等就是一次单株选择的结果。我国紫薇、牡丹、梅花等的很多品种都是株选的结果。

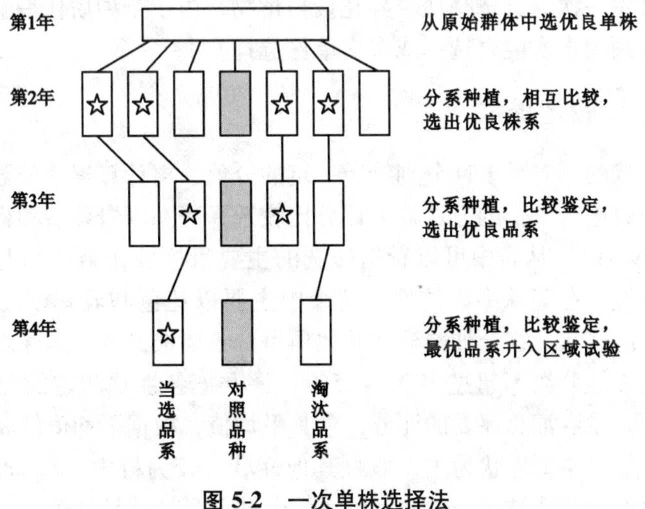

图5-2 一次单株选择法

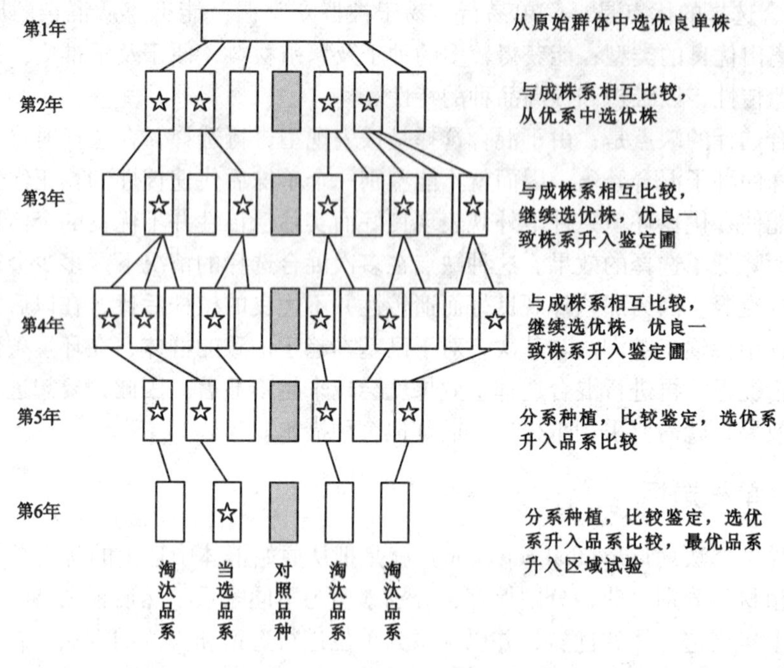

图 5-3　多次单株选择法

单株选择法的优点为：由于对所选优株分别编号和繁殖，一个优株的后代就成为一个家系，经过几年的连续选择和记载，可以确定各编号的真正优劣，选出遗传性真正优良的类型。其缺点是比较费工、费时，要求较多的土地设备和复杂的工作程序。

适用范围：自花授粉的植物，营养繁殖的植物，由于后代一般不分离，容易稳定，所以常用一次混合选择法。异花授粉植物，由于杂种后代一般多发生分离现象，因此必须用多次混合选择或多次单株选择。

5.2.3　评分比较选择法

根据各性状的相对重要性分别给予一定的分值，再计算累计分数，从而对不同品种观赏价值进行评价的方法称为评分比较选择法。以岩菊型和露地早菊型的菊花为例（表 5-1），从表中可以看出株选的主要目标放在菊株和花朵上，因此给予较高的分值。在菊株中以抗性，花朵中主要以花色和着花密度作为重要指标，并兼顾其他性状。综合加减分和其他项目，主要根据特殊的优缺点进行加减分，一般加减分的分数不超过 10% ~15%。评委把各性状测定的分数相加即得该植株的总分，然后汇总评委的评分，求其平均值，根据平均值的高低，择优选拔。此法优点是以主要性状为主，兼顾其他性状，较为科学，参加评选的人多，可消除个人偏见，评选结果一般较为可靠，但缺点是计算较麻烦。

表 5-1 岩菊型及露地早菊型菊花的百分制记分评选表

品系、编号及来源	菊株（40分）				花朵（40分）			花期（20分）		综合加分、减分及其他
	抗性（20分）	株姿（10分）	长势（5分）	茎叶（5分）	繁密度（15分）	花色（15分）	花容（10分）	早晚（10分）	长短（10分）	

评选时间： 评选人： 工作单位：

5.2.4 相关性状选择法

相关性状选择法是根据园林植物实生苗与开花后某些经济性状的相关性进行早期选择的一种方法。木本园林植物从播种到开花的时间很长，很多植物基因都是杂合的，后代分离广泛，常出现多样性类型，一般杂种群体中选优率很低。如果早期阶段能根据某些特性，预测花朵、果实等的某些性状，预先淘汰无希望的不良类型，选择有希望的类型，那么就能够减少杂种实生苗栽植的数量，节省人力、物力和土地。而且，由于选留实生苗的数量减少，能加速育种过程，提高育种效率。

实生苗在遗传物质的控制以及环境条件的影响下，在一定时期表现出特有的性状。因此，早期选择的理论基础就在于性状表现的遗传规律性，以及个体发育过程中，早期和后期某些性状间的相关性。根据一些相关性状进行早期选择，虽然不能完全达到预期的目的，但无疑能比较可靠地淘汰那些低劣的无希望的类型，缩小试材范围，从而进一步提高最后直接选择材料的质量。

相关性状选择的遗传学基础：

①基因的连锁　同一对染色体上的不同等位基因存在连锁关系，如果这样的基因控制不同的性状，这些性状有比较大的可能表现于同一杂合个体，由此可由某一性状预测另一性状出现的可能性。

②基因的系统效应　有的基因控制不同器官、不同部位的某一性状，如控制花色素的基因在整个植株中普遍表达，使得出现以下情况：花瓣中含有类胡萝卜素，其根和叶中也含有这种色素；如月季幼枝深色往往花色也为深色；幼枝绿色或浅色则花色往往也较浅。

③基因的多效性　一个位点的基因有时能影响到几个性状从而表现出性状的相关性，我们把单一基因的多方面表型效应叫做基因的多效现象。其原因是生物体发育中各种生理生化过程都是相互联系、相互制约的，基因通过酶的产生，控制生理生化过程，从而影响性状的发育。如山茶叶茸毛多，酚含量高，pH 值高，一般抗病性较强。又如桃花叶片上无腺体的品种，叶片表现出明显的易湿性，而这又易诱发白粉病，所以表现出叶片腺体的有无与白粉病抗性具有了一定的相关性。有些开红色花的植物品种茎秆和叶片上颜色较深，有时会有红色条纹等。

此外，了解了植物的发育特点，可以依据早期发生的组织器官的形态特征及解剖结构特点预测未来某些性状的表现，进行早期选择。

为了取得更好的早期选择效果，需从形态特征、组织结构、生理生化特性等多方面进行鉴定，特别是分子标记的发展更是为早期选择提供了有效的手段，如果能找出某些与观赏性状连锁的分子标记，则可大大提高早期选择的准确性。

5.2.5 全息定域选种法

植物的全息现象（holographic phenomenon）是指植物体每个相对独立的部分在化学组成上与整体相同，各部分具有相关性和相似性，是整体比例的缩小。目前此现象已在植物育种上得到应用。植物全息定域选种［definite area seed selection of embryo containing the information of whole organism（ECIWO）biology］是指从植株体的特定部位选留“种子”的方法。这是运用生物全息律和植物遗传势理论形成的一种植物选种技术。全息生物学的研究表明，在生物体的各个部分对于不同的性状有着不同的遗传势；而在一些特定部位对特定性状有着较强的遗传势。如果把这些特定部位从主体上分离出来，并用它作为繁殖材料进行繁殖，这样产生的后代一定会有这些性状的强烈表现。这样既可防止品种的自然退化，又可持续稳定地提高观赏品质。

根据所用材料不同，植物全息定域选种可以分为4个类型：种子的全息定域选种、芽的全息定域选种、外植体的全息定域选种和繁殖枝条的全息定域选种。2000年，刘振廷等利用该方法，提纯选育了‘赤菊一号’、‘赤菊四号’两个常规品种，并进行了推广。该品种色素含量最高达到了2.5%，平均2%左右，比常规品种高出0.4%～0.5%。

5.2.6 无性系选择法

前文已提到无性系选择的概念。无性系选择不仅是根据其表现型优劣加以选择，而且要经过无性系测定才能大量繁殖；无性系繁殖对已入选的品种扩大推广，不再需要经过无性系测定阶段，就可直接大量地进行营养繁殖。由于同一无性系植株的遗传基础都是相同的，所以无性系内选择是无效的。为提高无性系选择效果，必须把无性系选择与无性系鉴定相结合。

无性系选择是将挑选出来的优良单株采用无性繁殖方式推广，能够保存优良单株的全部性状。因此，对那些可采用营养繁殖的，而遗传性又是极其复杂的杂种，采用无性系选择效果较好，例如在杂种香水月季（Hybrid Tea Roses）中，在现有的优良品种间进行杂交，或者从颜色鲜艳、抗性良好的植株去采集自由授粉种子，然后将其实生苗一直培育至开花，这时再对其进行混合选择，并把最好的植株选出来繁殖成一个无性系，再做无性系测定，将其进行嫁接并在育种试验小区测定数年，然后对其颜色、花的大小、抗寒性、抗病（虫）性等加以评定，将其中总评最好的无性系投入生产。

5.2.7 分子标记辅助选择育种

要提高选择的效率，最理想的方法是直接对基因型进行选择，利用易于鉴定的遗传标记来辅助选择可以大大提高选择效率和降低育种的盲目性。近一二十年来迅速发展的DNA的分子标记技术给育种提供了崭新的途径，这就是所谓的分子标记辅助选择（marker aid selection，MAS），即通过分析与目的基因紧密连锁的分子标记来进行选择育种，从而达到提高育种效率的目的。

如Vaillancourt等利用冈尼桉（*Eucalyptus gunnii*）与蓝桉杂交的F_1、F_2和回交产生的群体构建遗传连锁图，利用单因子方差分析法检测标记与数量性状的关联，发现了与生长率、异常叶形、分枝和耐冻性等性状显著相关的RAPD标记，这就使早期选择成为可能。

5.3 选择的效应和遗传增益

5.3.1 有关概念

选择作用的本质在于使群体中某一基因型比另一基因型能更多地提供配子和繁殖后代，从而改变下一代群体中的基因型频率和基因频率，改变的程度因质量性状和数量性状、选择方法、选择压力的大小等诸多因素而不同。

质量性状通常是由一对或少数几对主基因控制，表现很少受环境因素影响，对其选择效果较好。特别是选择目标性状为隐性类型时，只要经过一代选择就可以使下一代群体隐性基因频率和基因型频率达到100%。如果目标性状为显性类型时，入选个体可能是同质结合，也可能是异质结合，通过一次单株选择的后代鉴定，可选出显性同质结合类型。有些质量性状除了主基因外还受一些修饰基因的影响，这时需要适当地提高选择压力，或采用多次单株选择法，使隐性基因频率下降。

一般地，常以选择效应和遗传增益表示人工选择取得的改良效果。当对某一数量性状进行选择时，入选群体的平均值与原始群体的平均值产生一定离差，叫作选择差，常以符号S表示。而选择效应是指入选亲本的子代平均表现值距原始群体的平均型值间的离差，简称为效应，以符号R表示。所谓的遗传增益即为选择效应除以原始群体平均表现型值（$\bar{X}$）所得到的百分率，常以符号ΔG表示，即$\Delta G = R/\bar{X} \times 100\%$。例如：某圃地现有一大片切花用唐菖蒲类，平均花枝长（$\bar{X}$）为90cm，从中挑选20株花枝长的植株采种繁殖，这20株花枝平均长度为135cm，翌年这20株繁殖出来的后代花枝长度平均为140cm，则该项选择中，选择差$S = 135 - 90 = 45$cm；选择效应$R = 140 - 90 = 50$cm；遗传增益$\Delta G = R/\bar{X} \times 100\% = (50/90) \times 100\% = 55.5\%$。

对于每一种植物的每一个数量性状，其亲本都具有将该性状传递给其子代的能力，这种能力称为遗传力。我们所观察到的每一个性状，都是受遗传因素和环境因素共同作用的结果。当该性状完全受环境因素作用时，则该性状的遗传力（h^2）为0；当该性状完全不受环境因素作用时，则其遗传力$h^2 = 1$。一般来讲，性状的遗传力大小在0～1。根据选择差得到的实际改良效果估算的遗传力，称为现实遗传力，以 h_R^2 表示，它是选择效应与选择差之比，即 $h_R^2 = R/S$。

5.3.2 影响遗传增益的因素

(1) 性状遗传力的大小

由于遗传增益 $\Delta G = (R/\bar{X}) \times 100\%$，而现实遗传力 $h_R^2 = R/S$，所以 $\Delta G = h_R^2 \cdot S/\bar{X}$。从公式中可以看出，遗传增益的大小与遗传力的大小成正比，性状的遗传力越大，则选择后所取得的遗传增益越大。

(2) 性状变异的幅度

性状在群体内变异幅度愈大，则选择的潜力愈大，选择的效果愈好。反之，当性状在群体内变异幅度小时，则选择无效或选择效果差。由公式 $R = Sh_R^2$ 可知，选择群体的标准差越大，选择效果越好。在一个标准差很小的群体内，变异幅度小，入选群体的平均值与选择群体的平均值相差无几，即使遗传力很大，选择效果也有限。例如在同一无性系内进行单株选择，由于同一无性系内各植株遗传基础都相同，所以选择是无效的。

(3) 入选率、选择差和选择强度

选择个体数占选择群体总数的比例，叫入选率，以符号 P 表示。入选率愈小，那么选出的植株性状的平均值离选择群体的平均值愈大，即选择差愈大；入选率愈大，选择差愈小。但是选择差还要受选择性状的标准差影响，标准差越大，选择差的绝对值也越大，为了使选择标准化，用选择差除以该性状的标准差 σ 得到标准化了的选择差，称为选择强度，用 i 表示，即 $i = S/\sigma$。

当群体性状的表型值为正态分布时，选择强度的大小取决于入选率，入选率越高，则选择强度越小；入选率越低，则选择强度越大。

由此可见，遗传增益与遗传力大小、选择强度（选择差或入选率）、性状的变异幅度有着密切的关系。

5.3.3 环境条件

选择育种是育种者在已经发生表型变异的群体中，对有利用价值的个体进行选择的育种方法。因此，正确估价变异的幅度和变异的遗传稳定性是选择育种成功的关键。对园林植物性状变异的分析应该是将群体中不同的植株种植在相对一致的环境条件下，这时表现出的个体间差异才能是真正的可遗传差异。只有对可遗传的差异进行筛选，才能获得稳定变异的单株，进而获得真正的新品种。因此，对选择育种的环境条件的分析必须在开始选择之始就进行。

5.4 选择育种的一般程序

选择育种，无论采用哪种选择方法均需要经过从原始材料观察，选择理想单株，比较鉴定到育成新品种繁育等一系列的工作环节，这就是选择育种程序。一般选择育种要经过确定育种目标、建立原始材料圃、株系选择圃和品系鉴定圃等步骤（图5-4）；也可以根据选择的步骤划分为初选、复选和决选。

5.4.1 育种目标的确定

在育种时首先要确定育种的目标，如花色、花径、重瓣性、花期、抗性、花香等都是新品种培育的首选目标。以牡丹为例，我国中原牡丹品种群的花期约15～20d，与人们的赏花要求相去甚远，花期短，赏花人少，严重影响牡丹产地的旅游收入。所以培育特早型、特晚型及秋冬季自然开花的“抗寒”牡丹品种，就是牡丹育种的目标之一。

5.4.2 原始材料圃

原始材料圃是种植从国内外收集来的原始材料并鉴定它们的性状的圃地。一般在此进行目测预选，根据育种目标选择原始材料圃中的优良变异单株，分别编号保存，然后由专业人员对选出的植株进行现场调查记载，并在现场对记录材料进行整理分析，准备翌年升入株系选择圃继续进行选择，对不明显或不稳定的变异，都要继续观察。

5.4.3 株系选择圃

株系选择圃中保留的是播种选出的单株。主要对前面选出的植株再次进行评选，根据田间观察，比较各单株后代的一致性及各种性状的表现，选择性状表现优良而整齐一致的株系，混合收获，将一些不符合育种目标要求的株系淘汰，大约选留1/5左右。这些当选株系的混合种子供翌年或下一季品系鉴定用。

如果株系内个体表现不整齐，应再从中继续选择优良单株，下一代仍在株系选择圃中种植，进一步观察比较和选择，经过几次选择，直至整齐后，选出优良株系，再进入品系鉴定圃。

5.4.4 品系鉴定圃

在品系鉴定圃中，应根据育种目标的要求，对株系选择圃及其他来源的品系进行比较，观察其性状的稳定性和品质表现，此外对某些性状，如抗病性、抗旱性等进行自然鉴定或人工诱发鉴定，初步明确其利用价值。同时扩大繁殖种子数量，为更严格的品种比较试验及多点试验作好准备。

品系鉴定圃内一般不再选择单株，而重点是比较品系间优劣，选出优良品系再进行下一步的品种比较试验。如果发现有的品种尚未稳定，性状表现不一致时，则应淘汰或退回株系选择圃再进行选择。

5.4.5 品种比较试验

品种比较试验是育种单位在一系列育种工作中最后一个重要环节。它的任务是对选出的品系做最后评价，选出有希望的若干品系，参加区域试验，进而供生产上利用。

品种比较试验要求较为精确，因此参加试验的品种不宜过多。一般是 5 ~ 7 个，最多不超过 10 个。同时，要在较大的种植面积和较多的重复次数下进行。试验中以当地推广品种为对照，要求对供试品系进行尽可能细致的观察记载，了解各生育时期的表现，以配合产量鉴定等，最后挑选出 1 ~ 2 个最优良的品系，以便继续进行试验。

5.4.6　区域试验

品种区域试验由农作物品种审定委员会指定的单位负责组织实施。主要任务是鉴定各育种单位经过品种比较试验选拔出来的优良品种在不同地区的应用价值和对本地区栽培条件的适应性，作为决定能否推广和适宜推广地区的依据。在区域试验的同时，根据需要，可以进行生产试验。生产试验的任务是鉴定新品种在大田生产条件下的生产能力，确定新品种的推广价值，同时摸索栽培技术。经各方面审查鉴定后，若确认某一品系在生产上有前途，可由选种单位予以命名，作为新品种向生产单位推荐。

5.5　主要园林植物的选择育种

主要园林植物选择育种的基本程序见图 5-4。

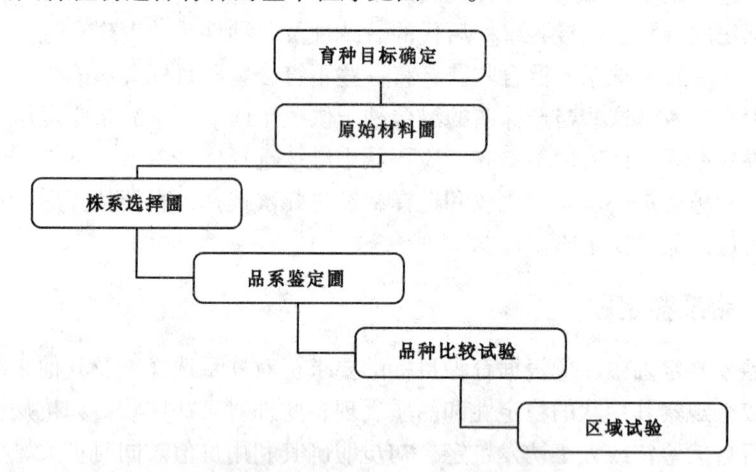

图 5-4　主要园林植物的选择育种基本程序

5.5.1　一、二年生草花的选种

一般情况下，一、二年生草花多以实生繁殖，故应进行实生选种，如金鱼草、鸡冠花、矮牵牛（*Petunia hybrida*）、半支莲（*Portulaca grandiflora*）、一串红和三色堇（*Viola tricolor*）等都进行实生选种。

以一串红的选种为例，一串红作为花坛花境的主体材料之一，花色、株高是重要评价指标，所以培育冠面较大、着花密度大、花色为黄色、紫色、株高在 20 ~ 30cm 的矮型品种是选种的主要目标；另外一串红最适生长气温为 20 ~

25℃，既不耐寒也不耐高温，并且极易受红蜘蛛、蚜虫、地老虎危害，出现花叶病和疫病，所以选育耐高温和耐低温品种以及抗病虫害品种也是其重要的育种目标。

一串红属常异交植物，自然变异较多，且后代分离较严重，因而采用上面的选种程序，在原始材料圃中分别对矮小而观赏价值高的植株以及耐高温或耐低温的植株进行选择，做出标记后进入株系选择圃做进一步的筛选；混合收获表现优良而整齐一致的株系的种子，之后进入品系鉴定圃；观察其性状的稳定性和品质表现，将表现优良的进行下一步的品种比较试验，之后进行区域试验，验证新品种在不同地区的应用价值和对地区的适应性，并且进行生产试验。

目前已选育出耐高温品种‘Hot Jazze’、‘Top Scarlet’和‘Carabiniere’。中国农业大学与北京市园林科研所均通过系统选种筛选出耐强光照的品种类型，并对其生理生态特性进行了深入细致的研究。

5.5.2 多年生园林植物的选择育种

多年生园林植物可以采用实生繁殖，进行实生选种，但更多的是利用扦插、嫁接、分株等方法进行无性繁殖，从而进行无性系选种。如安祖花（*Anthurium scherzerianum*）、菊花、中国兰、香石竹等都能进行实生选种和无性系选种。

以菊花选种为例，其实生选种过程与一串红的选种基本一致。菊花以小花径单瓣为原始类型，大花径以及重瓣类型为现在园林中观赏性好的品种，所以花型是菊花育种目标之一；另外，菊花株型有高矮之别，高的可达1~2m，矮的只有20cm左右，同时也有直立性、展散性和匍匐性之分等，尤其现在常用的切花菊要求花枝长，所以株型也是育种的主要目标。菊花无性系选种步骤如下：

一般地，采用“边选优，边无性系测验，边选择利用和不断补充新选种材料”的滚动式推进策略，以达到既能做到把初选无性系尽早转化成生产力，又不断用生产潜力更高的新选无性系补充和替代原有无性系的目的。制定包括预选、初选、复选和决选的多阶段选择和利用的选种策略，具体做法是：

① 在基础群体中以高强度选择优良个体（基因型）作为无性系源株，取脚芽无性系后建立选种采穗圃；

② 由采穗圃分生株上取穗条在苗圃建成1年生无性系，并做预选；

③ 用苗圃中表现良好的无性系营造无性系初选试验圃，一般采用4~5株单行小区，4次重复的随机区组设计；

④ 用1年生初选圃中表现优异的无性系（包括苗圃中表现极为突出的少量无性系）在2个地点重新营造无性系复选比较试验圃，采用5~6株单行小区，4次重复的完全随机区组设计；

⑤ 把2~3年生复选圃（部分初选圃）中表现优良的少数无性系在有代表性的立地条件下营造有生产验证作用的决选试验圃，为此，采用36株或54株的块状小区，与对照成对比法排列，多次重复。

初选、复选和决选试验中都以当地推广的一代无性系未去劣种子园或优良种源的种子育成的实生苗作对照。各试验阶段表现优良的无性系都可以适时用于园林应用，下阶段试验中被淘汰者不再繁殖利用。

5.6 芽变选种

5.6.1 芽变选种的概念和意义

5.6.1.1 芽变的概念

芽变（bud sport）是体细胞突变的一种形式，在植物体芽的分生组织细胞中，当变异的芽萌发长成枝条或个体在性状上表现出与原类型不同的现象就称为芽变。芽变包括由突变的芽发育成的枝条和繁育而成的单株变异。芽变选种（selection of bud sport）是指从发生优良芽变的植株上选取变异部分的芽或枝条，将变异进行分离、培养，从而育出新品种的方法。

5.6.1.2 芽变选种的意义

芽变是植物产生新变异的来源之一，它增加了植物的种质，丰富了植物类型，既可为杂交育种提供新的种质资源，又可直接从中选出优良的新品种。芽变选种是选育新品种的一种简易而有效的方法。

由于许多优良的芽变可直接通过无性繁殖保持作为品种推广，所以被广泛应用于园林植物育种上。许多园林植物都有发生芽变的特性，例如菊花、牡丹、矮牵牛、月季等，达尔文（Charles Darwin，1808～1882）在他的文中写道："菊花由侧枝或偶尔由脚芽发生芽变。"我国也早在宋代就有用芽变选种的方法改进品种的记载。如欧阳修在《洛阳牡丹记》（1031）中记述了牡丹的多种芽变："潜溪绯，千叶绯花，出于潜溪寺。本是紫花，忽于丛中特出绯者，不过一、二朵，明年移在他枝。洛人谓之转枝花，故其接头尤难得。"另外，大丽花、风信子（*Hyacinthus orientalis*）、月季（*Rosa chinensis*）、郁金香（*Tulipa* cvs.）以及垂枝类的柳树（*Salix* spp.）、榆树（*Ulmus* spp.）等许多优良品种都是通过芽变选种产生的。芽变选种不仅在历史上起到品种改良的作用，而且在近代也很受育种工作者的重视。

5.6.2 芽变的特点

芽变是遗传物质的突变，它的表现形式多种多样，极其复杂。因此，要开展芽变选种，首先必须掌握芽变的特点。芽变通常表现在以下几个方面：

5.6.2.1 芽变的多样性

芽变的表现多种多样，范围很广，既有叶、花、枝条等形态特征的变异，也有生长、开花习性等生物学特性及生理生化、抗性等方面的变异。

（1）形态特征的变异

芽变在植株形态、枝叶色泽等外部形态特征上的表现最明显，在园林植物中主要表现为：

① 植株形态变异

垂枝型的变异：在直立型的枝条中产生垂枝型的突变。如‘骨红垂枝’梅（*Prunus mume*‘Guhong Chuizhi’）、‘垂枝’榆（*Ulmus pumila*‘Pendula’）等；

蔓性的变异：在直立的植株中产生蔓性芽变，如从桧柏中产生‘匐地龙’（‘Kaizuka Procumbens’）芽变；

扭枝的变异：在园林植物中产生扭枝型芽变的几率很高，具有较高的观赏价值的有：‘龙游’梅（*Prunus mume*‘Long You’）、‘龙爪’柳（*Salix matsudana*‘Tortuosa’）、‘曲枝’槐（*Sophora japonica*‘Tortuosa’）等；

刺的变异：在蔷薇属的植物中，经常发现枝条上刺的变异。

② 色素的变异

叶绿素的突变：在园林植物中，有的植株芽变后叶绿素突变为其他色素，产生如‘紫红’鸡爪槭（*Acer palmatum*‘Atropurpureum’）、‘紫叶’李（*Prunus cerasifera*‘Pissardii’）、‘紫叶’桃（*P. persica*‘Atropurpurea’）等品种。有的部分叶绿素发生突变，形成如‘银边’冬青卫矛（*Euonymus japonica*‘Albo-marginatus’）、‘金边’吊兰（*Chlorophytum comosum*‘Marginatum’）、‘金边’六月雪（*Serissa japonica*‘Aureo-marginata’）等品种；

花色素的突变：在菊花、大丽花、月季和桃花中经常出现半朵花白色，半朵花红色的突变，或一朵花中有部分颜色发生改变，将这种植株进行嫁接或组织培养，即可分离出不同花色的植株；

果实色泽的变异：这种变异发生在果实的色相和色调上，如‘玉果’南天竹（*Nandina domestica*‘Leucocarpa’）的红色果实、紫叶小檗的红色果实、十大功劳的蓝紫色果实变异。

③ 果实的形态变异　这种变异主要包括果实大小、形状的变异，如佛手（*Citrus medica* var. *sarcodactylis*）。

④ 叶片的形态变异　该变异主要表现在叶片形状、大小的变异，可导致观赏价值的变化，也可引起生物学特性的变化，如不同叶形的变叶木（*Codiaeum variegatum* var. *pictum*）。

（2）生物学特性的变异

① 开花期　许多园林植物中经常发现开花期提前或延后的变异，且这种变异是可遗传的。这里要将这种变异与光照、温度等环境因素的影响所导致的变异区别开来。因为现实中还普遍存在由环境因素造成的彷徨变异，即饰变（alteration），该变异是不能遗传的。

② 可育性　某些芽变使雌雄蕊瓣化，可育性降低，或雌、雄蕊退化，失去可育性等。

③ 抗逆性　某些芽变产生的新品种在抗旱、抗寒、抗病虫害等方面性能强，

或出现低温开花的节能型品种等。

一般地，植物的遗传组成越复杂，无性繁殖世代越多，其产生芽变的频率就越高，芽变的表现也就越多。我国花卉栽培历史悠久，资源丰富，为开展芽变选种提供了可能。所以我们应当充分利用这一有利条件，持续深入地开展芽变选种工作，不断地选出更多更好的新品种。

5.6.2.2 芽变的重演性

芽变的重演性是指同一品种相同类型的芽变，可以在不同地点、不同时期、不同单株上重复发生，其实质为基因突变的重复性。例如‘银边’冬青卫矛、‘金边’吊兰等叶绿素的突变，从它们发生的地点看，国内、国外都出现过；从它们发生的时间看，历史上有过，现在也有，将来还会有。因此，应注意，新发现的芽变不一定就是新类型，应该经过分析、考证、鉴定后才能确定是否为新品种。

5.6.2.3 芽变的稳定性

芽变分为稳定的芽变和不稳定的芽变两种。稳定的芽变是指变异一旦发生，采用任何方法繁殖都能稳定地遗传。而不稳定的芽变是指当芽变发生后，只有用无性繁殖才能遗传，在有性繁殖时，性状会发生分离或复原。例如蔷薇类曾经出现过无刺的芽变类型，但从无刺枝上采种繁殖，后代又都全部是有刺类型，显然这是一种不稳定的芽变。芽变的稳定性和不稳定性的实质有二：一个是基因突变的可逆性，另一个是与芽变的嵌合结构有关。

5.6.2.4 芽变的局限性和多效性

芽变与有性后代的变异相比只是少数性状发生变异，这是因为有性后代是双亲遗传物质重组的结果，而芽变仅仅是原类型遗传物质的突变即少数基因的突变与染色体变异。所以这些突变能引起的变异性状也是有限的。芽变有时也可能是染色体倍性的变异，如二倍体突变成多倍体，则突变性状总体上表现为巨大性，但仍表现了一定的局限性。

同时，芽变也表现多效性，即伴随某一芽变性状的出现，植物的许多其他性状也发生改变。例如紧凑性芽变，枝条节间短，枝条也就变得短粗，树冠也表现矮化。多效性的实质是基因的连锁和一因多效。

5.6.2.5 芽变性状的平行性

亲缘关系相近的物种之间经常发生性状相似的突变。如蔷薇科的杏（*Prunus armeniacum*）、梅、桃、李（*P. salicina*）、野蔷薇（*Rosa multiflora*）等都出现重瓣花、雄性不育和早熟性的变异。

5.6.3 芽变的细胞和遗传学基础

5.6.3.1 芽变的细胞学基础

（1）嵌合体与芽变的发生

被子植物的梢端分生组织都有几个相互区分的细胞层，叫作组织发生层或组织原层，用 L_1、L_2、L_3 表示。各个组织发生层按不同的方式进行细胞分裂，并分化衍生成特定的组织。L_1 细胞分裂时与生长锥呈直角，称垂周分裂，形成一层细胞，衍生成表皮。L_2 细胞分裂时与生长锥呈垂直或平行，既有垂周分裂，又有平周分裂，形成多层细胞，衍生为皮层的外层和孢原组织。L_3 细胞分裂相似于 L_2，也形成多层细胞，衍生为皮层的内层、中柱及输导组织。

正常情况下，L_1、L_2 和 L_3 的细胞都具有一样的遗传物质基础，称为同质实体。芽变通常都发生在某一组织原层，以嵌合体的状态出现。如果层间含有不同的遗传物质，叫周缘嵌合体。周缘嵌合体根据发生的部位又分为内周、中周、外周和外中周、外中内周、中内周 6 种不同类型。如果层内含有不同的遗传物质，叫扇形嵌合体，并且也分为内扇、中扇、外扇（图 5-5）、外中扇、中内扇、外中内扇 6 种。嵌合体发育阶段越早，则扇形体越宽；发育阶段越晚，则扇形体越窄。

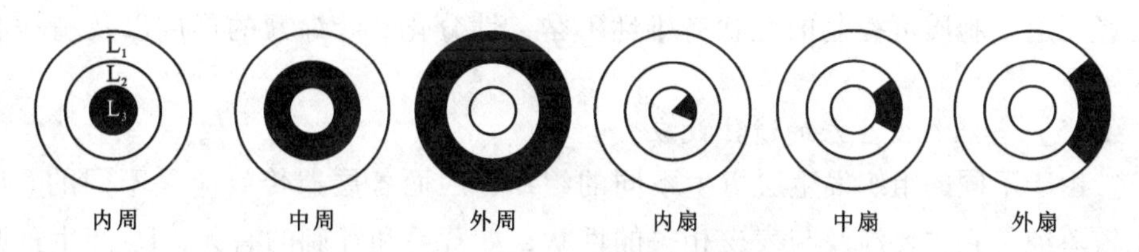

图 5-5 嵌合体的主要类型

（2）芽变的转化

芽变嵌合体有时因为扇形嵌合体的芽位变换和周缘嵌合体的层间取代等而产生结构的变换，从而表现不稳定性。

一个扇形嵌合体在发生侧枝时，由于芽的部位不同，有些侧枝将成为比较稳定的周缘嵌合体，有些仍为扇形嵌合体，但是扇形的宽窄与原扇形不一定相同；也还有一些侧枝是非突变体。因而通过短截控制发枝可以改变扇形嵌合体的类型，假如剪口芽是在扇形体内时，从此长出的新生枝条都将是突变体；剪口芽在扇形体以外时，则此处不会出现突变体；如果恰好在扇形边缘，则新生枝条仍然是扇形嵌合体。

层间取代是指周缘嵌合体不同变异的细胞层之间发生取代变换的现象。常常是突变部分与未突变部分的生长竞争，一方排挤另一方，从而导致某一层代替了另一层，由此改变了突变体的嵌合结构形式。

3 个组织发生层中，一般是 L_1 比较稳定，L_2 和 L_3 比较活跃，所以 L_2 和 L_3 的细胞发生突变引起的相应组织变化的可能性较大。

5.6.3.2 芽变的遗传学基础

芽变是由于遗传物质发生改变的结果，主要包括以下几方面：

(1) 基因突变

是指染色体上的基因发生点突变。芽变绝大多数是由一个基因的突变形成的，因为几个基因同时发生突变的几率极小。为了区分基因突变与微小的染色体缺失，我们确定基因突变的主要标志是：第一，没有细胞学的异常；第二，杂合子正常分离；第三，突变能够恢复。由基因的显性突变成隐性（A→a）叫作正突变，而由隐性变成显性（a→A）叫作逆突变。一般正突变多于逆突变。

(2) 染色体结构变异

包括染色体的易位、倒位、重复及缺失。这种结构变异可造成基因线性顺序的变化，从而使相关性状发生改变。这种变异在无性繁殖的园林植物中可以被保存下来，而在有性繁殖中，则由于减数分裂而被消除。

(3) 染色体数目变异

即染色体数目的改变，包括多倍体（polyploid）、单倍体（haploid）和非整倍体（aneuploid）。芽变选种中一般是多倍体的突变。

(4) 细胞质突变

是指细胞质中的细胞器，例如线粒体、叶绿体等具有遗传功能物质的突变。已经知道细胞质可控制的性状有雄性不孕、性分化、叶绿素的形成以及植株高度等。

(5) 各组织发生层的遗传效应

由于不同的组织发生层衍生不同的组织，因而各层遗传效应是不同的。L_1 比较单纯，它主要涉及与表皮相关的性状，如茸毛和针刺的有无；L_2 产生孢原组织，因而是决定育种有性过程的关键；L_3 是中柱的组织发生层，从中柱可长出不定芽和根，所以通过诱导不定芽和根插繁殖也可获得稳定的突变体。

5.6.4 芽变选种的方法

5.6.4.1 芽变选种的目标

芽变选种主要是从原来的优良品种中选择更优良的变异，要求在保持原品种优良性状的基础上，针对存在的主要缺点，通过选择得到改善，或获得观赏价值更好的新类型，即“品种修缮”。

5.6.4.2 芽变选种的时期

一般地，芽变选种工作应该在植物整个生长发育过程的各个时期进行，通过细致观察发现芽变。但是，为了提高芽变选种的效率，除经常性地细致观察外，还必须根据选种目标抓住最易发现芽变的有利时机，集中进行选择。例如选择花期不同的芽变，最好在花期前几周或后几周观察和选择，以便发现早花或晚花的变异。

5.6.4.3 芽变的分析和鉴定

在芽变选种中，当发现一个变异后，首先要区别它是芽变还是受外界环境影响产生的饰变。常用的区别鉴定方法有：

（1）直接鉴定法

直接检查遗传物质，包括细胞中染色体数量、倍性、组型、结构的变异和DNA的化学测定。如鉴定悬铃木无球芽变，可检查其染色体数目，若为奇数多倍体，则其营养系多半不结果。此方法可节省大量人力、物力和时间，但难度较大，需一定的设备和技术，具有一定的局限性。

（2）间接鉴定法

又称移植鉴定法。即将变异类型与对照通过在相同的环境条件下进行无性繁殖，比较鉴定后，排除环境因素的干扰，使突变的本质显示出来。同样以悬铃木为例，将不结果的芽变枝条高接在普通悬铃木上，观测其是否结果。此法简单易行。但耗时，有时还需占用较大面积的土地、人力及物力。

（3）综合分析鉴定

为了提高芽变选种效率，应根据芽变特点、芽变发生的细胞学及遗传特性进行综合分析，剔除大部分显而易见的饰变，对少量不能确定的类型进行移植鉴定，从而减少工作量，提高效率。

5.6.5 园林植物芽变选种的一般步骤

园林植物的芽变选种一般都要经过如下几个步骤：

（1）初选

目测预选，对符合要求的植株编号并标记，然后专业人员对预选植株进行现场调查记载并对记录材料进行整理分析，确定初选单株芽变，筛除彷徨变异。对变异性状十分优良，但不能证明是否为芽变者，可先进入高接鉴定圃；对有充分证据可肯定为芽变，且性状十分优良，但是还有些性状尚不十分了解者，可直接栽入选种圃；对十分优良的芽变，且没有相关的劣变者，可直接参加复选；对嵌合体形式的芽变可采用嫁接、组织培养等方法，使嵌合体转化成稳定的突变体，达到纯化突变体的目的。

（2）复选

主要对初选植株再次进行评选，通过繁殖成营养系，在选种圃里进行比较，也可结合进行多点试验和生产试验，复选出优良单株。选种圃的主要作用是精确地对芽变进行综合鉴定。因为在选种初期往往只注意特别突出的优良性状，一些数量性状的微小劣变则容易被忽略，因而在投入生产之前，最好能有一个全面的鉴定材料，为繁殖推广提供可靠的依据。

选种圃应逐株建立档案，进行观察记载。从开花第1年开始，连续3年组织鉴评，鉴定结果记入档案。根据不少于3年的鉴评结果，由负责选种的单位提出复选报告，将最优秀的一批，定为入选品系，提交上级部门组织决选。

（3）决选

在选种单位提出复选报告后，要对入选品系进行决选。参加决选的品系，应由选种单位提供下列的完整资料和实物：

—— 该品系及对照的实物；

—— 该品系的选种历史评价和发展前途的综合报告；

—— 该品系在选种圃内连续不少于3年的鉴评结果；

—— 该品系在不同自然区内的生产试验结果和有关鉴定意见。

上述资料、数据和实物，经审查鉴定后各方面确认某一品系在生产上有前途，可由选种单位予以命名，作为新品种向生产单位推荐。在发表新品种时，应提供该品种的详细说明书。

许多园林植物都可以通过芽变进行选种，例如菊花、君子兰、荷花、牡丹、蔷薇类等。以蔷薇类为例，蔷薇类在自然界中，由于受到外部条件和内部条件等因素的影响，容易引起基因突变或倍性变异，改变遗传性，从而产生芽变；尤其是花色、株型的芽变频率较高，特别是现代月季品种，这就给培育新品种提供了机会。因此，在蔷薇类生长开花的季节，经常细致地去观察，从现有蔷薇类植株群体中，选择发生芽变的枝或单株。发现后，保护好植株，做好标记，于第2年至第3年对初选芽进行嫁接、扦插等无性繁殖，使芽变分离、纯合、稳定下来，然后于第4年与原品种进行比较实验，筛选出优良新品种，尽快繁殖，以便推向市场，并进行命名。如月季品种‘淡索尼亚’（浅粉色）、‘幽静’（深粉红色）就是从‘索尼亚’（珊瑚粉色）的芽变中培育出的品种，‘藤墨红’（藤本型）为‘墨红’（灌丛型）的芽变品种。

（陈龙清　戴思兰）

复习思考题

1. 试述选择育种的基本原理。
2. 简述选择育种的基本程序。
3. 芽变与芽变选种的概念。
4. 试述芽变的细胞和遗传学基础。
5. 试述选择在育种中的重要作用。

本章推荐阅读书目

作物育种学．郭平仲，金清波，周希澄，等．高等教育出版社，1987.

园林植物育种学．杨晓红，张克中．气象出版社，2001.

园林植物遗传育种．张明菊．中国农业出版社，2001.

第 6 章　有性杂交育种

[**本章提要**] 有性杂交是实现园林植物种质创新的有效途径，许多园林植物新品种（系）的产生均与有性杂交育种密切相关。本章介绍有性杂交育种的概念、地位以及有性杂交的类别，并着重介绍杂交亲本选择和选配、杂交技术和步骤、提高杂交效率的措施、杂种后代的选育和回交育种方法等内容。

自然界不同植物间天然授粉，会产生表型上有差异的后代。人们由此得到了启发，并从中获得人类所需的植物优良新种质。此外，植物育种技术还得益于孟德尔基本遗传规律的揭示。至今，有性杂交育种技术已成为经典的、行之有效的园林植物种质资源创新的重要途径，一直受到高度关注。

6.1　有性杂交育种的概念、作用和类别

6.1.1　有性杂交育种的概念和作用

杂交（cross）是指基因型不同的配子间结合产生杂种的过程。杂交育种（cross breeding）是指通过两个遗传性不同的个体之间进行有性杂交获得杂种，继而选择培育创造新品种的方法。杂交育种的遗传学基础是基因重组，这是自然界生物体发生可遗传变异的重要来源，也是育种工作中各种植物材料获得可遗传变异的重要来源。有性杂交育种又称重组育种（combination breeding），它是通过人工杂交的手段，将分散于不同亲本上的优良性状组合到杂种中，再经选择、鉴定，从而获得遗传性相对稳定、并具有栽培利用价值的园林植物新材料的育种途径。根据杂交亲本亲缘关系的远近，有性杂交育种可分为近缘杂交育种和远缘杂交（distant hybridization）育种。前者为同一物种内的类群或品种间的杂交，杂交植株间亲和性高，杂交比较容易成功，是各类植物有性杂交育种最常用的方法。有时也将种内不同植株间的杂交称为交配（mating）。远缘杂交育种则是利用不同种间或不同属间杂交，或地理上相距很远的不同生态型间的植株杂交。广义的有性杂交育种还包括一代杂种选育（F_1 hybrid breeding），即杂种优势利用，或称优势育种。随着育种技术的不断创新，杂交育种的范畴也更为宽泛，目前已涉及无性杂交的内容，如体细胞融合或体细胞杂交。

本章将介绍狭义的有性杂交育种，即重组育种。这种育种方法先进行亲本间杂交，然后对杂种后代进行自交选择，最终纯化育成主要经济性状相对整齐一致

的品系或品种，其育种程序可概括为“先杂后纯”。一、二年生有性繁殖的园林植物育种多采用有性杂交育种方法。多年生无性繁殖的园林树木由于自身的杂合度较高，多数单株在杂交育种前很难获得纯合亲本，因此其有性杂交育种既是重组育种又是杂种优势利用的过程。而杂种优势利用则是先使杂交亲本自交纯化，然后利用已经纯化的自交系杂交，获得具有杂种优势的杂种 F_1 代种子投入生产中，其育种程序可概括为“先纯后杂”。

有性杂交育种的历史悠久，早在1876年，达尔文在总结物种进化的基础上，通过广泛的植物杂交和自交对比试验，发现了杂交的有益性，并提出了杂交能产生杂种优势的论断。杂交的方法于19世纪就已普遍应用于培育果树、蔬菜、花卉及其他植物品种等。1886年，孟德尔通过豌豆杂交试验，揭示了两个基本遗传规律，进一步为杂交育种提供了理论依据。有性杂交育种的优点在于能有意识地创造变异，使培育新品种更富有预见性和创造性。因此，有性杂交育种成为应用广泛、卓有成效的育种途径。世界上许多高产、优质、抗逆性强的园林植物新品种都是通过这一途径育成的。例如当前世界广泛栽培的杂种香水月季，综合了原产欧洲的法国蔷薇、大马士革蔷薇和原产中国的中国月季等多个蔷薇属亲本的优良特性。又如，南京林业大学育成的杂种鹅掌楸（*Liriodendron chinense* × *L. tulipifera*），综合了鹅掌楸（*L. chinense*）和北美鹅掌楸（*L. tulipifera*）的优良特性，具有适生范围广、速生、花期长、花色艳丽等优点。

有性杂交的目的在于获得重组基因所控制的优良性状。通过基因重组，可以获得以下几类遗传效应：

①综合双亲优良性状　杂交后代的性状将重组，获得同时具有双亲优良性状的个体。例如，在抗寒茶花的杂交育种过程中，用花不甚艳丽但具有很强抗寒能力的油茶（*Camellia oleifera*）与花朵美丽的茶梅（*C. sasanqua*）进行杂交，获得了开花美丽又具较强抗性的杂交种。

②产生新的性状　遗传学的研究表明，许多性状是基因相互作用的结果。有性杂交改变了后代相互作用的基因组合，从而产生新的性状。例如，AAbb 或 aaBB 基因型的南瓜（*Cucurbita* sp.）果实为圆球形，其杂种后代中 AaBb 基因型个体因 A 与 B 基因互作而表现为扁盘形果实。

③产生超亲性状　控制数量性状的基因，在基因累加效应的作用下，杂种后代会出现某个或某几个性状的表现超过亲本的现象。例如，假定两对独立遗传基因 aabb 纯合体的花径为1.0cm，AABB 纯合体的花径为2.0cm，若 A 与 B 的累加效应和 a 与 b 的累加效应均相等，则它们对花径分别作用为 $a = b = 1/4 = 0.25$cm，$A = B = 2/4 = 0.50$cm，从品种 aaBB 与 AAbb（分别为1.5cm）的杂种后代会分离出花径2.0cm 的超亲型变异个体 AABB。

6.1.2 有性杂交育种的类别

有性杂交有多种方式，最常用的是两个亲本品种间的成对杂交。当一次杂交达不到育种目标时，可进行回交或多系杂交。

6.1.2.1 单交与回交

参加杂交的亲本仅有两个时称为单交，又称为成对杂交或两亲本杂交。如 A 和 B 两亲本杂交以 A×B 表示，书写时母本（♀）A 在先，父本（♂）B 在后。相同亲本，若 A×B 是正交，则 B×A 为反交。正反交组合是相对的，如只配 A×B 或只配 B×A 一个组合，就只有正交而无反交了。据遗传学原理可知，性状若受核基因组控制，正反交后代的性状表现是相同的；只有受细胞质基因组控制时，正反交后代才有差异。因此开展正反交的目的在于利用细胞质基因组控制的性状。

单交的方法简便，杂种的变异易于控制，但是由于只受两个亲本基因型的影响，后代性状变异的幅度较小，选择的可能性就会受到一定的限制。

回交可表示为（A×B）×A（或B），是为了在杂种中加强亲本之一的性状表现，详见 6.6。

6.1.2.2 多系杂交

参加杂交的亲本在 2 个以上，又称复交或复合杂交。按照第 3 个以上亲本参加杂交的次序又可分为添加杂交和合成杂交。

（1）添加杂交

先开展一次单交获得单交种，用单交种或从其后代中选出综合双亲优良性状的个体，再与第 3 个亲本杂交，其杂种或后代还可再与第 4、第 5……亲本杂交，如图 6-1 所示。

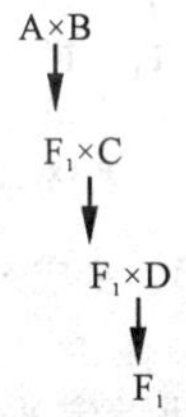

A×B
↓
F_1×C
↓
F_1×D
↓
F_1

图 6-1 添加杂交示意图

添加杂交的简式为［（A×B）×C］×D。每杂交一次可添加一个亲本性状。添加的亲本越多，杂种综合的优良性状越多，但育种年限也会相对加长。有性生殖的一、二年生园林植物在进行添加杂交时，以 3 个亲本为多。因为这些植物杂交后，要通过多代自交选择，将主要目标性状纯化，才能最终育成定型的品种。3 个亲本进行的添加杂交也称三交。

对于无性繁殖的园林植物宜采用较多的亲本杂交。因为杂交后只需从杂种 F_1 中选择综合性状优良的单株进行无性繁殖固定，即可育成具有较多优良性状的无性系品种。通过多亲本杂交，能较快地获得具有更多优良性状的无性系杂种。不存在杂种后代性状纯化稳定的问题，也不会增加太长的育种年限。例如广泛栽培的杂种香水月季就是通过多亲添加杂交育成的。其育成过程如图 6-2 所示。

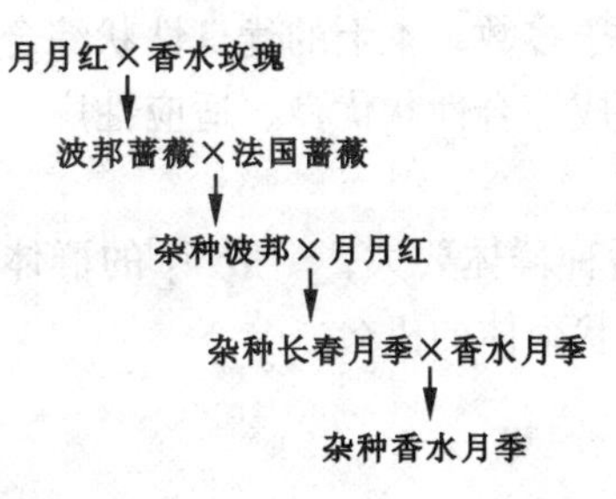

图 6-2 杂种香水月季育成过程

由于杂种香水月季采用了添加杂交的方式，把欧洲的法国蔷薇和中国月季等多个蔷薇属亲本的优点综合到杂种中来，使它具有了生长及开花不绝、香味浓郁、花色花型丰富、花梗长而坚韧等多种优良特性。

在添加杂交过程中，先后参加杂交的亲本在杂种细胞核中所占的遗传组成比率是有差异的。当三亲添加杂交时，第一、二亲本的核遗传组成各占1/4，而第3亲本占1/2。四亲添加杂交时，第一、二亲本各占1/8，第3亲本占1/4，而最后亲本仍占1/2。由此可见，最后一次参加杂交的亲本性状对杂种的性状影响最大。一般把综合性状好的或具有主要育种目标性状的亲本放在最后一次杂交，这样后代出现具有主要目标性状的个体的可能性就较大。当育种目标性状的遗传力有高有低时，为防止遗传力低的性状在添加杂交时被削弱，一般用遗传力高的先杂交，遗传力低的后杂交。

当单交亲本之一的优良性状为隐性时，F_1 代隐性优良性状不能表现出来，应将 F_1 自交，从 F_2 代中选出综合亲本优良性状的个体，再与第3亲本杂交。

（2）合成杂交

参加杂交的亲本为4个，先进行成对杂交获得2个单交种，2个单交种间再进行杂交。这种杂交方式可简写成（A × B） × （C×D），如图6-3所示。

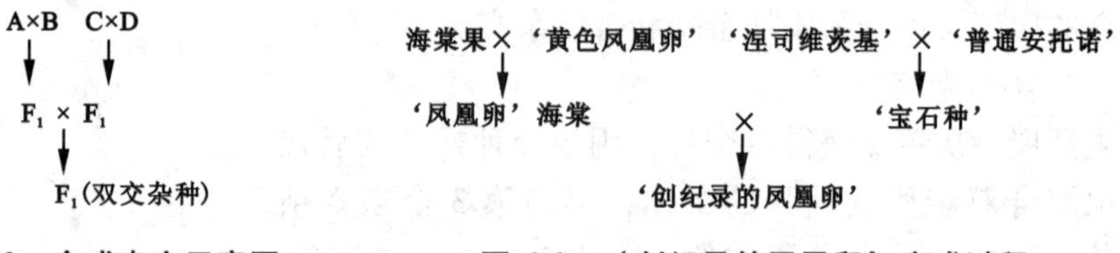

图6-3 合成杂交示意图　　图6-4 ‘创纪录的凤凰卵’育成过程

育种学家米丘林育成的苹果属（*Malus*）新品种‘创纪录的凤凰卵’就是利用该杂交法育成的，参见图6-4。

理论上来说，这种交配方式的双交杂种中，亲本A、B、C、D细胞核遗传组成各占1/4。有时为了加强杂交后代内某一亲本的性状，可以使该亲本重复参加杂交，例如（A×B） × （A×C），A的核遗传组成在杂种中占1/2。合成杂交与添加杂交相比，可以在短期内综合多数亲本的优良性状，若目标性状是隐性，也应使单交杂种自交，从分离的 F_2 中选出综合优良性状的个体进行不同单交种 F_2 间的杂交。

多系杂交与单交相比，最大的优点是将分散于多数亲本上的优良性状综合于杂种之中，大大丰富了杂种的遗传性，有可能育成综合性状优良、适应性广、多用途的优良品种。

多系杂种后代变异幅度大，故杂种后代的播种群体要大，一般 F_1 的群体应在500株以上，以增加出现综合多数亲本优良性状个体的机会。

6.1.2.3 多父本混合授粉杂交

多父本混合授粉实际上也应属于多系杂交的范围。具体做法是选择两个或两个以上的父本花粉，将它们混合授于同一母本植株上，可用 A× （B + C + D + …）表示，该方式可以减少多次杂交的麻烦且可收到综合父本优良性状的效果，用于远缘杂交，有助于解决远缘杂交不育性的问题，提高杂交亲和性和结实率，甚至改变后代遗传性，如北京林业大学研究人员混合黄刺玫（*Rosa xanthina*）、‘红果’黄刺玫和‘刺叶’黄刺玫的花粉给月季授粉，获得了杂种后代，克服了月季与黄刺玫杂交不亲和的问题。这种方式不易弄清杂交父本，但简便易行，花粉来源广泛，后代变异丰富。

6.2 有性杂交的亲本选择和选配

亲本选择是指根据品种选育目标，选用具有优良性状的品种类型作为杂交亲本。有时目标性状基因（如一些抗性和品质基因）在栽培品种中难以找到，但可在近缘野生种、半野生种或诱变材料中寻找。因此杂交亲本的材料可包括栽培品种、半栽培种、野生和半野生类型以及诱变材料等。亲本选配则是指从入选亲本中选用两个或几个亲本配组杂交和配组的方式（如单交父母本的确定，多系杂交时两个亲本先配组等）。亲本选择选配得当，可以获得较多的符合选育目标的变异类型，从而提高育种工作的效率。亲本选择选配不当，即便选配了大量杂交组合，也不一定能获得符合选育目标的变异类型，势必造成不必要的人力、物力和时间的浪费。

6.2.1 亲本选择的原则

(1) 明确选择亲本的目标性状

根据品种选育的目标，确定当选亲本的性状要求，分清主次，对目标性状要有较高水平的要求，必要性状不低于一般水平。如育种目标为抗病、优质时，亲本的抗病、优质目标性状的水平应高，而株型、花型、果型、成熟期等必要性状不应低于一般水平，并能为生产者和消费者所接受。

需要注意的是，一些重要的性状若是由多种单位性状构成的复合性状，组配亲本时，尽可能使不同单位性状水平高的亲本配组，从而有可能综合不同亲本的优良单位性状，获得复合性状水平高的杂种后代。因此在选择亲本时要分析研究并明确构成目标性状的单位性状。

(2) 掌握育种目标所要求的大量原始材料

研究目标性状的遗传规律，根据育种目标的要求，收集的原始材料越丰富，越容易从中选得符合要求的杂交亲本。

(3) 亲本应具有尽可能多的优良性状

亲本的优良性状多而不良性状少，则便于选配能互补的双亲；否则就需要采取多系杂交，增加工作的复杂性和育种的年限。在考虑亲本具有较多优良性状的同时，需要注意避免一些遗传力高的不良性状，如果亲本带有这些性状，则会增加改造后代的困难，在选择亲本时，应尽量避免选择具有这些遗传力强的不良性状的材料。

(4) 优先考虑一些少见的有利性状和珍贵类型

从单一性状来说，有些有利性状的出现较普遍，但诸如具有抗逆性、抗病虫害性状的品种等都是育种资源中的珍品。在育种中应特别注意考虑这些品种类型，以便在杂种后代中能选择出优质或抗逆性强的新品种。

(5) 亲本优良性状的遗传力要强

育种实践证明，杂种后代中出现优良性状个体的频率或水平倾向于遗传力强的亲本。通常野生的或原始类型的性状遗传力大于栽培品种的；纯种的性状大于杂种的；本地稳定表现的性状大于不稳定表现的；母本性状大于父本的；成年植株、自根植株大于幼年植株、嫁接植株；寡基因控制性状大于多基因控制性状。在选择亲本时，应该选择优良性状遗传力强、不良性状遗传力弱的亲本，增加杂交后代群体内优良性状个体出现的概率。

(6) 重视选用地方品种

地方品种是当地长期自然选择和人工选择的产物，对当地的自然条件和栽培条件有较好的适应性，产品也符合当地的消费习惯，存在的缺点也较为清楚，由此育成的品种对本地的适应性也强。

6.2.2 亲本选配的原则

(1) 亲本性状互补

性状互补就是杂交亲本双方要“取长补短”，一方的优点应在很大程度上克服对方的缺点，把亲本双方的优良性状综合在杂交后代同一个体上。优良性状互补有两方面的含意：一是不同性状的互补，一是构成同一性状的不同单位性状的互补。不同性状的互补，如选育早花、抗病的品种，亲本一方应具有早花性，而另一方应具有抗病性。同一性状不同单位性状的互补，以早熟性为例，有些观花、观果类品种的早熟性主要是由于现蕾、开花早，另一些品种的早熟性主要是由于果实生长发育的速度快，选配这两类不同早熟单位性状的亲本配组，其后代就有可能出现早熟性超亲的变异类型。

性状遗传是很复杂的，亲本性状互补，相配后代往往并不表现优缺点简单的机械结合，特别是数量性状的表现更是如此。在开展多性状改良过程中，应在综合性状相对较好的前提下，考虑两亲本的性状互补，这样后代才有可能出现几个性状上都达到育种目标或出现超亲变异。

(2) 不同类型或不同地理起源的亲本组配

不同类型是指生长发育习性不同，栽培季节不同或在其他性状方面有明显差异的亲本。不同类型亲本的亲缘关系大多比同类型亲本的远。不同地理起源是指虽在一般性状方面可能差异不大，而基因型可能比同地区的品种间有较大分化，对自然条件的适应性也有较大的差异。用不同类型或不同地理起源的亲本相配，可以丰富杂种的遗传性，增强杂种优势，后代的分离往往较大，易于选出理想的重组性状。当然，并不是不同类型相配都一定优于同类型相配，不同地理起源相配也并非一定都优于同地区内品种相配，因为实质在于亲本基因型差异的程度和性质。

（3）以具有最多优良性状的亲本作母本

考虑到细胞质基因组控制的性状遗传，在有些情况下，后代性状较多倾向于母本。因此用具有较多优良综合性状的亲本作母本，以具有需要改良性状的亲本作父本，杂交后代出现综合优良性状的个体往往较多。例如当育种目标是提高早花优质品种的抗病性时，抗病性是需要改良的性状，选配亲本时应该用优质、早花性和其他经济性状都符合要求的不抗病品种作母本，用抗病品种作父本。当栽培品种与野生类型杂交时，通常都用栽培品种作母本，野生类型作父本。本地品种与外地品种杂交时，常以本地品种作母本。

（4）根据性状的遗传规律选配亲本

育种目标性状如果属于质量性状，那么双亲之一必须具有这一性状，否则杂种后代就不会出现这种性状。遗传学阐明：从隐性性状亲本的杂交后代内不可能分离出有显性性状的个体。因此当目标性状为显性时，亲本之一应具有这种显性性状，不必双亲都具有。当目标性状为隐性时，虽双亲都不表现该性状，但只要双亲是杂合性的，后代仍有可能分离出所需的隐性性状。可是这样就需要事先能肯定至少一个亲本是杂合性的，这一点并不是经常能办得到的。因此，目标性状为隐性时，至少有一亲本要表现出该隐性目标性状。

细胞质也具有遗传传递能力，凡是受细胞质基因组控制或影响的性状，正反交就会得出不同的结果。因此在选配亲本时，也应注意正反交。

（5）用一般配合力高的亲本配组

一般配合力是指某一亲本品系或品种与其他品系或品种杂交的全部组合的平均表现。一般配合力的高低取决于数量遗传的基因累加效应，基因累加效应控制的性状在杂交后代中可出现超亲变异，通过选择可以稳定成优良品种。选择一般配合力高的亲本配组有可能育出超亲的品种。但是一般配合力的高低目前还不能根据亲本性状的表现估测，只能根据杂种的表现来判断。因此，需专门设计配合力测验或结合一代杂种选育的配合力测验，分析了解亲本一般配合力的高低。也可根据杂交育种的记录了解常用的亲本品种，这些品种的一般配合力通常较高。有关配合力测定的内容在 8.4.2 中详述。

（6）注意品种繁殖器官的能育性和杂交亲和性

在选配亲本时，应注意选择雌性器官发育健全，结实性强的种类作母本，雌性器官不健全，不能正常受精或不能形成正常杂交种子的品种类型，不能作母本。同样，作为父本，花粉应较多且育性必须正常，不能产生正常花粉的植株不能作为父本。例如：苹果属中的锡金海棠（*Malus sikkimensis*）、三叶海棠（*M. sieboldii*）、湖北海棠（*M. hupehensis*）等以及树莓类（*Rubus* spp.，即悬钩子类）内的一些无融合生殖种，雌雄性器官都发生退化，种子一般由珠心细胞不经受精过程发育而成，通常不能作为杂交亲本。

在亲本选配时还应注意到父母本之间杂交的亲和性，有时虽然亲本的雌雄器官发育都正常，但由于雌雄配子间相互不亲合而不能结籽。芽变品种与其原品种间虽遗传基础十分相似，但也存在交配不亲和现象。此外，正反交的亲和性不同，如有些组合正交亲和，但反交不亲和；有些则无论正反交均很难获得杂交种子。这些情形均应顾及。

6.3 有性杂交育种一般步骤

6.3.1 准备工作

6.3.1.1 制定杂交育种计划

在杂交之前应先充分考虑好杂交工作的各个环节，以便达到杂交的目的，因此有必要拟订杂交育种计划。该计划应包括：育种目标的确定、杂交亲本的选择和选配、杂种后代的估计、杂交任务（包括组合数与杂交花数）、杂交进程（如花粉采集与杂交日期等）、操作规程（杂交用花枝与花朵选择标准、去雄、花粉采集与处理、授粉技术和授粉后的管理要求等）和克服杂交不孕性的措施等。

6.3.1.2 了解花器构造和开花习性

园林植物的种类繁多，花器构造和开花习性也各异。在进行杂交之前，应了解其花器官的构造和开花习性，以便确定采集花粉、授粉的时间以及采取相应的杂交技术。

一朵花中具有雄蕊和雌蕊的花属两性花，如山茶、仙客来、唐菖蒲类、芍药、紫茉莉（*Mirabilis jalapa*）、杜鹃花、月季等。两性花中雌雄蕊同时成熟的，如梅花；雄蕊早于雌蕊成熟的，如香石竹；雌蕊早于雄蕊成熟的，如鹅掌楸、银胶菊（*Parthenium hysterophorus*）；也有柱头异长的，如百合类。一朵花中只有雄蕊或只有雌蕊的花属单性花，雌花和雄花生在同一植株上的叫作雌雄同株异花，如观赏南瓜（*Cucurbita pepo* var. *ovifera*）、柿子（*Diospyros kaki*）、核桃（*Juglans regia*）、圆柏等。雌花和雄花分别生长在不同植株上的叫雌雄异株，如银杏、杨梅、杨树（*Populus* spp.）、柳树（*Salix* spp.）等。

植物开花的习性因种和品种的不同而异，开花早晚也受环境因子的影响，尤其是温度（特别是有效积温）对开花的影响很大。光照强度等也对开花有一定影响，如蓝亚麻（*Linum perenne*）和牵牛花（*Pharbitis nil*）在晨曦中开放；酢浆草类（*Oxalis* spp.）、半支莲在中午强光下开花；夜香树（*Cestrum nocturnum*）、夜香木兰（*Magnolia coco*）、紫茉莉、月见草（*Oenothera biennis*）、晚香玉（*Polianthes tuberosa*）和夜来香（*Telosma cordata*）等在傍晚盛开。甚至同一花序内开放顺序也不同，如苹果（*Malus pumila*）是中心花先开，即离心开；梨（*Pyrus* spp.）是边花先开，即向心开。有些植物的开花过程还受光周期影响。

异花授粉植物的传粉方式主要有虫媒和风媒两种。虫媒花一般花瓣片色彩鲜艳、味香、具蜜腺等以引诱昆虫，并且花粉粒大而少，有黏液。风媒花通常无鲜艳的花瓣、香味和蜜腺，但可能具有大的或羽毛状的柱头，以利于接受空气中的花粉；或者花序比较紧密，花粉多，花粉粒小，或花粉粒带有气囊，有利于在空中漂浮。针对这些特性，在进行风媒花植物的杂交时，应套上纸袋隔离，而虫媒花作物则可用纱布袋或铁纱笼育种室隔离。

植物的授粉方式也各有不同。有些植物为异花授粉植物，自交不亲和。这些植物在栽培条件下很容易天然授粉，影响人工授粉计划。因此，在开始育种工作之前必须人工套袋进行隔离。对于天然自花授粉的植物，人工计划的异花授粉往往难于实现，需要进行一些特殊的处理。对于大多数常异交植物来说，防止非计划授粉的发生是杂交育种工作的重要内容。

6.3.1.3 杂交用具的准备

杂交用具主要有：去雄用的镊子或特制的去雄剪、储粉瓶和干燥器、授粉器、塑料标牌、扩大镜、铅笔、70%酒精、隔离袋、覆盖材料、缚扎材料、记录本等。

6.3.2 有性杂交程序

不同园林植物具体的杂交技术操作是不同的，但总体的要求和技术程序则是基本相同的。现将其技术程序介绍如下：

6.3.2.1 亲本种株的培育和杂交用花的选择

从已确定入选的亲本类型中，选出典型、健康无病、生长势强的植株作为杂交种株，一般选10株。在选定的杂交种株中，进一步选择健壮的花枝和花蕾，疏去过多的或不准备进行杂交的花蕾、花朵、果实和花枝，以保证杂交花、果、种子生长饱满充实，一般每花枝留3~5朵花。如杨树每花枝留3~5个花芽；唐菖蒲类每个枝条留4~6朵花；百合科（Liliaceae）选用花序的上、中部花杂交；葫芦科（Cucurbitaceae）选用第2~3雌花杂交。对杂交种株应该严格栽培管理，注意防治病虫害，使之生长发育健壮。

6.3.2.2 花粉采集、处理及活性测定

（1）花粉的采集

从具有典型性状的父本植株上，采集将要开放的发育良好的花蕾或花枝，在室内取出花药，置于铺有干净白纸的培养皿中，再将培养皿放在干燥器内，一般在室温下，经一定时间后花药开裂，将散出的干燥花粉收集于小瓶中，贴上标签，注明品种、日期，置于干燥器中备用。

许多园林植物，尤其是一、二年生者多在花药成熟时，可直接采摘父本之花，对母本进行授粉，但母本应在父本花朵开放前进行隔离。

(2) 花粉的贮藏

有时因为父母本花期不遇或父母本相距较远，需要对花粉进行妥善处理，以在一定时间里保持花粉的生活力。

花粉寿命的长短因植物种类不同而异。鹅掌楸花粉在4℃下保存5d，活力下降明显；丁香类花粉在干燥器中贮藏15d后，发芽率下降到50%；松树花粉在低温干燥条件下保存若干年，仍具活力。一般在自然条件下，自花授粉植物花粉寿命比常异花、异花授粉植物为短。花粉寿命除了遗传因素以外，还与温度、湿度和光照条件有密切的关系。通常，高温、高湿条件下，花粉呼吸旺盛，很快失去生命力；但在极干的条件，花粉失去水分，也不利于保存。如百合类花粉在0.5℃、35%相对湿度下，194d后仍有较高的发芽率。

花粉贮藏的原理在于创造一定的条件，使花粉降低代谢强度，延长花粉的寿命。常用的花粉贮藏方法是：将花粉采集后阴干至不黏为度，除去杂质，分装在小瓶中，数量为瓶容量的1/5为宜，瓶口用双层纱布封孔，贴上标签，置于底部盛有无水氯化钙等吸水剂的干燥器内。干燥器应放在阴凉、干燥、黑暗的地方，最好放在4℃左右的冰箱内贮藏。有时还要根据具体的植物种类进行适当的调整。

(3) 花粉生活力的测定

在使用远地寄来（或采来）的花粉或经过一定时间贮藏的花粉之前，应对花粉进行生活力测定，以便掌握授粉量，提高授粉效率。测定花粉生活力有很多方法，下面主要介绍4种。

① 直接授粉法 将花粉直接授在母本雌蕊柱头上，然后统计结实和结籽数。此法的缺点是所需时间较长且易受气候条件的影响。

② 形态鉴定法 在显微镜下观察花粉粒的形态，根据形态判断其花粉的生活力。一般畸形、皱缩、无内含物的花粉没有生活力。

③ 培养基法 这种方法在园林植物育种中较为常用。将花粉播在10%～20%（质量比）的蔗糖水溶液培养基中，或用1%～2%（质量比）的琼脂与5%～15%（质量比）蔗糖配制成的固体培养基上，并保存在20～25℃培养箱内，经一段时间后镜检花粉发芽率及花粉管生长情况，据此判断花粉生活力。不同园林植物对培养基配方的具体要求是不同的，如蔗糖的浓度、pH值、微量元素（如硼）或维生素用量等均有差异，在检测花粉生活力时，需要根据研究的植物种类不同调整培养基配方。

④ 染色法 染色法有碘反应法，四氮唑反应法，醋酸洋红法，过氧化氢、联苯胺和α-萘酚反应法等。碘反应法是利用碘－碘化钾染色，它只适用于鉴定不含淀粉的不育花粉，不适用于含淀粉的不育花粉。四氮唑反应法是一种鉴定脱氢酶活性的组织化学反应。能育的新鲜花粉有脱氢酶活性，不育的或衰老的花粉则丧失脱氢酶活性。碘反应法、四氮唑反应法和醋酸洋红法是测定花卉花粉生活力常用的方法，园林树木花粉生活力的测定则常用过氧化氢、联苯胺及α-萘酚反应法。经这些试剂作用后被染色者为有生活力，不着色者为无生活力。染色法

的优点是比较快捷，但存在一定误差。

6.3.2.3 去雄、隔离

去雄是摘除两性花植物母本花中的雄性器官，防止因自花授粉而得不到杂交种子。广义的去雄还应包括用物理、化学方法杀死雄蕊或花粉，以及摘除雌雄异花同株植物上的雄花，拔除雌雄异株试验田中的雄株等。园林植物有性杂交育种中，通常采用手工去雄。去雄需在雄蕊尚未成熟前，即父本花药未开裂散粉前彻底把雄蕊去掉，去雄时应注意保护雌蕊，防止损伤。

隔离是为了防止母本接受非目标花粉的授粉；防止父本花朵中的花粉被其他近缘植物的花粉污染而发生非目的性的杂交。因此，父母本植株上准备用作杂交的花朵应进行隔离。

在人工杂交工作中，多采用机械隔离的方法，即套袋或网室隔离。套袋多选用轻薄、透光、防水柔韧的亚硫酸纸、硫酸纸或玻璃纸制作，制袋用的浆糊最好用蕨根粉为材料，以便制成防水浆糊，有时为了达到真正防水的目的，可在隔离袋外涂一层桐油。袋子的规格及大小，因植物种类和花朵或花序大小而定。有些木本植物（如松树），花期与小枝速生期同步，且花着生于枝梢，袋子应适当加长，以免小枝生长顶破纸袋。母本植株的花应在开花前及授粉后的雌蕊有效期（即能够接受花粉并受精的始期至终期）内实行套袋隔离。父本植株的花应在雄蕊即将成熟时直至采集花粉时实行套袋隔离；一些花朵较大的植物如瓜类（melons）、牵牛花等隔离可用线码（电工固定电线用品）、细铁丝或粗线束夹花冠隔离；一些虫媒花植物可用网室隔离，将杂交亲本定植在纱网室内，防止传粉昆虫进入而引起非目的杂交。为了保证网室的隔离效果，应注意选避风处建造网室；适当扩大种株定植距离，防止父母本花枝交接；严防传粉昆虫进入。

6.3.2.4 授粉

授粉就是将父本花药中的花粉授在母本雌花的柱头上。待柱头分泌黏液而发亮时，即可授粉。为确保授粉成功，最好连续授2～3次。授粉时可直接把去掉花瓣的父本花朵中的花药触涂在母本雌蕊的柱头上，也可用毛笔、海绵球、棉球或橡皮头、泡沫塑料头等细软物蘸取预先采集好、盛于器皿中的花粉涂抹于柱头。风媒花植物还可用专用的授粉器或用医用注射器的针筒盛花粉，直接将花粉注喷入隔离袋内。授粉的时期一般在父、母本花开放的当天最好。因为这时是雌蕊和雄蕊花粉活力最强的时期，这时期授粉可提高杂交结实率和杂交种子的数量。但因各种因素的影响，有时一些园林植物授粉可以提前或推后1d进行，仍可收到一定数量的杂交种子。更换授粉的父本系统前，须用70%（体积分数）酒精消毒授粉用具、手指等，以免发生花粉污染。

6.3.2.5 标记和登记

为了防止收获杂交种子时发生错乱，须对杂交花枝和花朵作标记。母本花去雄后，在其基部挂上标牌，牌上应记录组合名称、株号、去雄日期和花数，授粉后记录授粉日期和花数，果实成熟后同标牌一起收下，并在标牌上记录收获日期。标牌以用塑料牌为好，可防止风吹雨淋后破碎脱落。牌上的内容应用铅笔标写，果实成熟期长者，应用防水质油漆笔标写，以保证收获时字迹清晰。

另备杂交登记本，登记项目见表6-1，供以后分析总结用，并可防止母本植株上标牌脱落或丢失后而无从查考。

表6-1 有性杂交登记表

组合名称：

母本株号	去雄日期	授粉日期	授粉花数	去袋日期	种实成熟日期	结果数	结实率（%）	有效种子数	平均每果种子数	备 注

6.3.2.6 杂交后的管理

杂交后的最初几天应检查纸袋等隔离物，如脱落、破碎则可能发生了意外的杂交，这些杂交组合就无效了，应重新补做。雌蕊受精的有效期过后，就不可能发生意外的杂交，此时可以除去隔离物，通常在杂交后一周左右可除去隔离物。观果植物在除袋的同时，可对杂交结实率作第一次检查，生理落果后进行第二次检查，即有效结实率的检查，在果实将要成熟前应套上纱布袋，防止采前落果以及细小种子的飞散。

杂交的母本种株要加强管理，多施磷钾肥，注意防治病虫害、鼠害和鸟害等，及时摘除没有杂交的花果，必要时可摘心、去除侧蔓（枝）等，创造有利于杂交种子发育的良好条件，增加杂交种子的饱满度。

6.3.2.7 杂交果实（种子）的采收和储存

果实（种子）达到生理成熟时应及时采收杂交种实。一些成熟后果实（种子）容易脱落者更应及时采收，如菊科、百合科、凤仙、牡丹等。在果实（种子）成熟时或将近成熟时应及时采收。一般杂交果实（种子）采收后应置于避风干燥的地方，后熟数日后再行脱粒。

在收获过程中，应注意防止不同杂交组合错乱和混杂。如发现杂交果实（种子）的标牌丢失或字迹模糊不清而无法核对时，一般情况下应予淘汰。

根据品种特性，种子脱粒后应晒干或阴干，及时装入袋内，袋外注明组合名称、采收日期并编号登记，袋内放入相应的标签，然后把这些杂交种子置于低温、干燥、防鼠的条件下贮藏，有些种子易受虫害侵袭，储存前应先用杀虫剂处理。

有些园林植物如牡丹、月季、观果的柑果类失水后会影响种子发芽，采收果实后，应及时脱粒、水洗、沙藏或立即播种。

6.4 提高有性杂交效率的方法

有时园林植物间的杂交会出现程度不同的有性杂交不亲和现象。为了提高人工有性杂交效率，以获得尽可能多的生活力高的杂交种子，可参考下列方法：

6.4.1 提高杂交受精率的方法

（1）利用雌蕊不同发育时期授粉

有些植物雌蕊的不同发育时期对花粉的亲和力不同。因此，可以在雌蕊不同的发育日期进行多次授粉，可能会提高其杂交亲和性而获得杂交种子。

（2）采用正反交

正反交有时表现出受精结实方面的差异，特别是多倍体类型间杂交常有这种现象。有时通过正反交可以解决杂交不亲和性。

（3）调节亲本花期

有时由于两杂交亲本品种的成熟期不同，使得花期不能相遇，可通过调整播种期、摘心、打蕾、肥水管理或采用植物生长调节剂进行处理，如用赤霉素处理山茶、仙客来、牡丹、杜鹃花等使其提早开花，使得父母本的花期达到一致从而能顺利进行杂交。

（4）异地采粉或花粉贮藏

同种植物由于南方花期早于北方，通过异地采集花粉，也可使本地花期不遇的品种授粉；通过贮藏花粉，也可实现不同花期亲本间的杂交。

6.4.2 提高杂交结实率和种子数的方法

（1）提高杂交结实率

尽可能选杂交结实率高的品种作母本。选通风、光照条件良好，生长健壮无病虫害的植株作杂交母株，再在这样的母株上选健壮的发育良好的花枝进行杂交，未杂交的花果要及时摘除。去雄、授粉、套袋等操作过程中应尽量避免伤及花朵和花梗，尤其是伤及雌蕊。

（2）提高杂交种子数

在进行不同成熟期的品种间杂交时，应用晚熟的品种作母本，因为往往成熟期晚的种子较早熟的种子充实，生活力高而且发芽率也高。授粉时应授予较多的具生活力的花粉，必要时可进行重复授粉。一般处于开花盛期时，父、母本开花的当天雌、雄蕊生活力最强，开花当天授粉效果也较好。

6.4.3 提高杂交工作效率

为在一定时间内杂交更多的花朵，提高其杂交工作效率，在确保杂交质量的前提下，可考虑采取这些措施：

①自交不实的母本植株，可进行不去雄的杂交，如菊花；

②蕾期进行授粉；

③为省去人工去雄烦琐的劳动，可采用化学去雄；

④采用去花冠去雄法，便于操作且可不用套袋；

⑤用稀释的花粉授粉，可节省花粉用量，以及利用喷雾器授粉等都能提高工作效率；

⑥虫媒花植物，可用尼龙纱罩盖整株杂交母株，防止天然杂交，可减少对每一朵花的套袋手续。

6.5　杂种后代的选育

通过有性杂交所得到的杂种，仅仅是基因重组育种的原始材料，要使这些材料变成供生产应用的品种，必须对这些杂种材料进行多代自交纯化（无性繁殖的园林植物除外）、选择以及一系列的试验鉴定（如品种的比较试验、区域试验、生产试验等）和推广等。

对杂种后代的培育主要是采取有效的选择方法，一些一、二年生的有性生殖的草本花卉与多年生无性繁殖的园林树木，其杂种后代的选择方法有较大的差异，下面分别予以介绍。

6.5.1　有性繁殖的草本花卉杂种后代的选择

6.5.1.1　系谱法

是最常用的杂种后代选择方法。这种选择法应用于自花授粉植物杂种后代，其一般工作程序和内容如下（图6-5）：

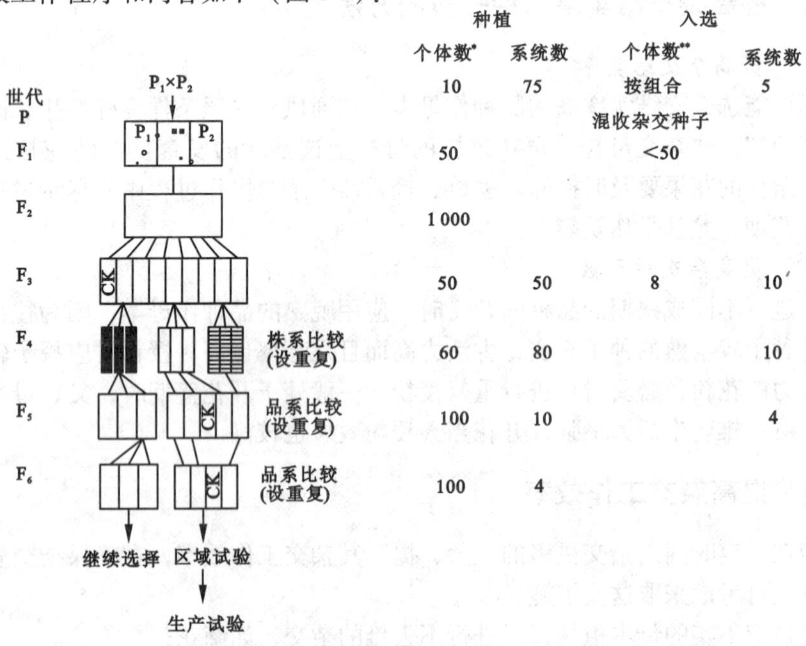

图6-5　系谱法的一般工作程序和内容

(1) 杂种第1代(F_1)

分别按杂交组合播种，两旁播种母本和父本，以鉴别假杂种和积累亲本(P)遗传变异的资料。每一组合播种约几十株。自花授粉品种间杂交的 F_1 及异花授粉自交系间杂交的 F_1 性状表现都整齐一致，因此只根据组合表现淘汰很不理想的组合，中选组合内一般不进行株选，只淘汰假杂交种和个别显著不良的植株，其余的植株按组合采收种子。由于隐性的优良性状和各种基因的重组类型在 F_1 还未出现，故对组合的选择不能过严。

多系杂交的 F_1，异花授粉植物间杂交的 F_1 选择，与自花授粉植物单交的 F_2 相同，不仅播种的株数要多，而且从 F_1 起在优良组合内就应进行单株选择。

(2) 杂种第2代(F_2)

将 F_1 的种子按组合分别播种。F_2 是性状强烈分离的世代，这一世代种植的株数要多，尤其是对数量性状的获得，以保证 F_2 能分离出育种目标期望的个体。理论上 F_2 的种植株数可作如下估算：

若控制目标性状的基因为1对隐性基因，且具相对性状的亲本基因型为纯合时，F_2 出现具有目标性状个体的比率为1/4；若控制目标性状的基因为1对显性基因，则 F_2 出现具目标性状个体的比率为3/4。若控制目标性状的隐性基因为 r 对，显性基因 d 对，而无连锁时，则 F_2 出现具有目标性状个体的比率为：

$$p=\left(\frac{1}{4}\right)^r\times\left(\frac{3}{4}\right)^d$$

当几率为 a 时出现1株具有目标性状个体所需种植的株数要满足：$(1-p)^n<1-a$，即至少种植的株数应为：

$$n=\lg(1-a)/\lg(1-p)$$

式中：n——F_2 需种植的株数；

a——具目标性状个体出现的几率；

p——F_2 具目标性状个体的比率。

假设目标性状由3对主效显、隐性基因控制，基因又不连锁，为保证有99%的几率($a=0.99$)，出现1株符合目标性状的个体，则 F_2 种植株数应为：

$$n=\lg(1-a)/\lg(1-p)=\lg(1-0.99)/\lg[1-(1/4)^3\times(3/4)^3]$$
$$=494.4\text{(株)}$$

也就是说 F_2 至少应种植495株。一般在育种的实际工作中，由于受到各方面条件的限制，难以种植太多的株数，但每一组合的杂种 F_2 种植株数不应少于几百株。株数太少，理想个体可能分离不出来。在下述情况下 F_2 群体应较大些(每组合不少于1 000~2 000株)：育种目标要求的性状较多或连续时；某些目标性状是由多基因控制时；多系杂交或远缘杂交后代；优良组合的 F_2。在育种工作中，应预先根据选育目标和 F_2 及以后世代可能种植的总株数，拟定配制的组合数和选留的组合数。

对 F_2 先进行组合间比较，淘汰一部分主要性状平均值较低，而又没有突出优良单株的组合。适当播种对照品种(标准品种)，据此从入选的优良组合中选择优良单株。F_2 是一个关键的世代，其株选工作至关重要。后继世代的表现决定于 F_2 入选的原始单株，选择得当，后继世代的选择可继续使性状得到改进提高，否则后继世代的选择难以改进提高。因此，F_2 的选择要谨慎，选择标准也不要过严，以免丢失优良基因型。因显性效应和环境条件影响，对数量性状，尤其是遗传力较低的性状（如产量、营养成分含量等）不宜进行选择，而应主要针对质量性状和遗传力高的性状（如植株生长习性、产品器官的形态色泽、成熟期等）进行单株选择。在入选的优良组合内多选一些优良单株，但也不宜过多，否则会影响后继世代的工作量，一般入选株数约为本组合群体总数的5% ~ 10%，次优组合入选率可适当少些。原则上，下一代种植的株系数可多些，而株系内的株数可少些。

异花授粉品种间或多系杂交的 F_2，如果属于同一组合的株系较多，可根据株系表现选留少数优良株系，再从中选择较多单株继续自交留种。

(3) 杂种第3代（F_3）

F_2 入选的优良单株分别播种一个小区，这样每一单株的后代成为一个株系，每一株系种植几十株。每隔5 ~ 10个株系设一对照小区。从 F_2 选出的优良单株内，有些可能是多数性状符合要求，但还有一些性状没有达到目标水平；有些表面看来各性状都符合要求，但其后发现有些性状属环境饰变，不能遗传或继续分离而未能稳定遗传。所以 F_3 和以后世代的培育选择任务是：在继续进行株系间和个体间比较鉴定的基础上，迅速选出具有综合优良性状的稳定纯系。F_3 也是对产量等遗传力低的数量性状开始进行株系间比较选择的世代，故从 F_3 起要注意比较株系间的优劣，按主要性状和一致性选择优良株系，然后在入选株系内针对仍分离的性状进行单株选择。入选株系可多些，每一株系内入选的单株数可少些（每株系内一般入选6 ~ 10个单株），以防优良株系漏选。

如在 F_3 中发现比较整齐一致而又优良的株系（这种情况比较少见），对于自花授粉植物可去劣后混合留种，下代升级鉴定；对于异花授粉植物则在去劣后进行人工控制的株系内株间授粉，然后混合留种。若在决定淘汰的株系内发现个别单株表现突出，也可选留，但不宜过多。

(4) 杂种第4代（F_4）

F_3 入选的优良单株分别播种一个小区，每一小区即每一单株后代又成为一个株系，来自 F_3 同一株系（即同属于 F_2 一个单株的后代）的 F_4 株系为一株系群，同一株系群内各株系为姐妹系。不同株系群的差异往往较同一株系群内姐妹系的差异为大，各姐妹系的综合性状往往表现相近。因此，F_4 应首先比较株系群间的优劣，从优良株系群中选择优良株系，再从优良株系中选择优良单株。

F_4 的小区面积应比 F_3 大。每小区种植约60株，设2次重复，以便较准确地比较产量、品质和抗病性等性状。F_4 中如开始出现主要性状表现整齐一致的稳定株系，那么优良株系可以去劣后混收，升级鉴定。优良稳定的株系群中若各姐妹系表现一致，也可按株系群去劣后混收，升级鉴定。这样选得的品种较同一株系选得的品种的遗传基础广泛，对异花授粉植物还可防止生活力衰退，有可能获得较高的产量和较强的适应性。F_4 升级鉴定的株系内若发现个别特优的单株可以继续单株选择，下代单播成系，继续选择提高。

(5) 杂种第5代 (F_5) 及其以后世代

F_5 及其以后世代入选的单株分别播种，各自成为一个株系。种植方式和选择方法基本与 F_4 相似，但小区面积要适当增大，尽量应用可靠的方法直接鉴定性状。F_5 多数株系已稳定，所以主要是进行株系的比较和选择。随着杂种世代的推进，优良基因型越来越集中于少数优良株系群，而不是停留于分散状态。在 F_5 后一般以株系群为单位进行比较和选择。首先选出优良株系群，再从优良株系群中选出优良株系混合留种，升级鉴定。同一株系群表现一致的姐妹系，可以混合留种，升级鉴定。如果在 F_4 或 F_5 发现突出的优良株系，可在继续进行比较选择的同时，分一部分种子进行品种比较试验，以加速新品种的育成。

F_5 还不稳定的材料需继续单株选择，直到选出整齐一致的株系为止。应该指出：纯是相对的，即主要性状表现基本上整齐一致，能为生产所接受。过分要求纯而又纯，不但延长育种年限，而且还会导致群体的遗传基础贫乏，往往会使生活力和适应性降低。因此，当得到主要性状整齐一致的优良株系时，就应停止单株选择，按株系或株系群混合留种成为优良品系。优良品系经品种比较试验、区域试验和生产试验等品种试验程序肯定后，即可成为新品种在生产上推广应用。

常异花授粉、异花授粉的园林植物杂种后代进行系谱选择时，需分株套袋防止因杂交而达不到系谱选择的效果。异花授粉植物除套袋外，还要进行人工自交，才能得到 F_2 及其以后世代的种子。

异花授粉植物一方面套袋自交纯化，另一方面又要防止生活力衰退。为了防止生活力衰退，可采用连续2~3代单株自交后，在同一株系内进行株间异交或相似的姐妹系交配。此外，还可采用母系选株法，既不套袋，也不人工强迫自交，让其株系内植株自由传粉，再从株系内选出优良的单株。该选择法其选择效果要比系谱法差，因为它只是根据所选单株的表现型来决定，不能控制其所选单株的遗传背景。

6.5.1.2 混合法

这种方法又称混合—单株法，该法适用于株行距小的自花授粉植物的杂交后代的处理。其程序如图6-6，从 F_1 开始分组合（或不分组合）混合种植，一直到 F_4 或 F_5。对于繁殖系数低的园林植物，最初几代可以把上一代植株上所收种子全部种植以加速扩大群体。群体至少也应有4 000~5 000株，有时在 F_4 或 F_5 之前完全不加选择，但通常是在这些世代中针对质量性状和遗传力高的性状进行混合选择。到 F_4 或 F_5 进行一次单株选择，入选的株数约几百株，尽可能包括各种类型。F_5 或 F_6 按株系种植，每一株系的株数较少，10~20株，最好设2~3次重复。严格入选少数优良株系（约5%），升级鉴定。

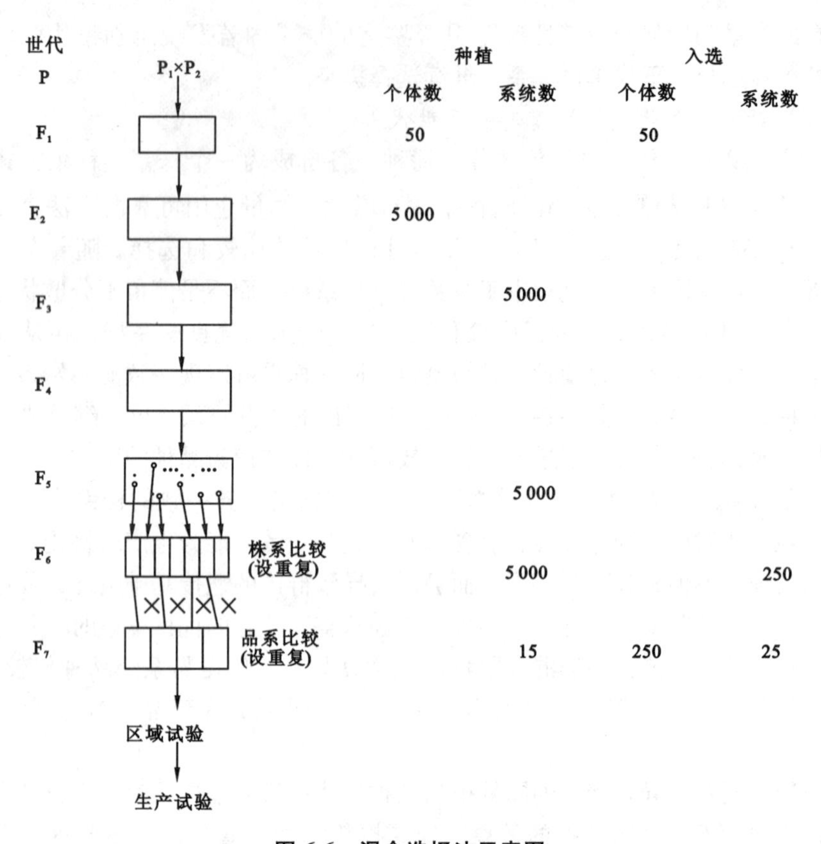

图 6-6　混合选择法示意图

这种方法的理论依据是：自花授粉植物的杂交后代经几代繁殖后，群体内大多数个体的基因型已近于纯合，在分离世代保持较大的群体，为各种重组基因型的出现提供了机会。此法的优点为：

① 由于分离世代的群体大，到 F_4 或 F_5 进行一次单株选择，不会丢失最优良的基因型，又可以只经一次单株选择，就得到不再分离的株系。

② 选择效果有时不低于系谱法。

③ 方法简便易行。

④ 大群体处于自然选择下，易获得对植物有利性状的改良。

⑤ 对分离世代长、分离幅度大的多系杂种的选择效果较好。

此法的缺点为：

① 不同基因型个体的繁殖率和后代成活率是不同的。实际上，经过几代混合种植后，群体内各种纯合基因型的频率并不是均等的，必然是那些对当时当地自然条件和栽培条件适应性最强的基因型所占的比例最大。因此这种选择法对于那些人工选择目标和自然选择目标不一致的性状，就有在混合种植过程中丢失的可能。

② 未加选择地过渡分离世代，后代中存在许多不良类型。

③ 杂种种植的群体必须相当大，选择世代所选的株数要多（下代的株系数

也就很多)，所以试验规模大，如规模缩小，就会使优良基因丢失。

④ 对入选株系的历史、亲缘关系无法考察，缺乏历史表现和亲族佐证，因而株系配合较系谱法难。但这种方法往往易得到非育种目标的意外优良重组类型。

6.5.2 木本园林植物杂种后代的选择

这类植物对杂种的选择处理与上述一、二年生草本园林植物有显著的差别。主要表现在两个方面：一是由于这类园林植物多为异花授粉，其品种的遗传组成也比较复杂，杂交后基因重组，杂种会出现多种多样的类型，往往 F_1 就出现了分离，故选择在 F_1 就应进行，并用无性繁殖固定下来；二是由于这类园林植物的生长周期较长，多样性的性状不可能在幼年阶段全部表现出来，要经过一段生长过程才能逐渐出现，所以杂种植株至少要经过 3 ~5 年，甚至 10 年以上的观察记载分析比较，才能作出鉴定，故选择的年限较长。木本园林植物杂种选择的一些基本原则和方法如下。

6.5.2.1 杂种选择的基本原则

(1) 选择贯穿于杂种培育的全过程

对杂种的选择，应从种子开始，历经种子发芽、实生苗生长、植株发育、开花结果，直到确定优良的单株成为新品系的整个过程，都要根据育种目标进行正确的选择。

(2) 侧重综合性状，兼顾重点性状

杂种必须在综合性状上表现优良，才有可能成为生产上有价值的品种。此外，有些杂种虽然综合性状表现一般，但个别性状如抗性、品质等表现十分突出，这样的杂种材料也应选留，作为进一步育种的材料。

(3) 直接选择和间接选择相结合

杂种实生苗生长早期的某些性状往往与结果期的某些性状存在相关，若相关的性状能早期鉴定分析，这样就能在结果期之前进行间接的选择。但迄今间接选择的局限性还较大，因此应在杂种进入结果期后着重进行直接选择。

(4) 经常观察与集中鉴定相结合

杂种在生长发育过程中，不同时期有特定的性状表现，因此，必须经常观察鉴定，尤其对于所需记载的性状更是如此。但是根据具体要求进行集中鉴定，更能有效地提高选择效率。比如期待抗性强的品种，在病害或冻害发生时期集中选择，就能起到很好的效果。

6.5.2.2 选择方法

对这类杂种的选择可分为两个时期，一是幼龄期的选择，该期选择主要是根据一些表现型和某些相关性状进行选择，初步淘汰一些表现不良的杂种，以减少杂种数，节省土地和劳力；二是成龄期的选择，该时期的选择可直接根据观赏和经济性状进行选择，这一时期的选择具有决定性的意义。

(1) 杂交种子的选择

不同园林植物的种子形态是不同的，一般选择那些充实饱满、色泽好、充分成熟、生活力强的种子，种子的特征与未来花果特性有一定相关性，要求所选的种子在一定程度上可以预示将来能发育成优良栽培性状的植株。

(2) 杂种幼苗的选择

杂交种子播种后，可以观察到杂种苗个体间在发芽和发芽势上的差异。这种差异可由生理上或遗传上的不同而引起。如种子发育不良而延迟发芽的，一般可以淘汰，但对某些由于在遗传型上具有迟萌芽特性的幼苗则应该选留，因为种子萌芽迟者，一般其实生苗萌芽也迟，就观花观果而言，这与开花和结实晚的特性呈相关性。

在幼苗阶段应淘汰那些生长弱、发育差、畸形和感病的幼苗。根据幼苗的生长情况和形态特征，选择子叶大而厚、下胚轴粗壮，生长健壮的植株移植到苗圃，并分等级依次移栽。对特殊优异的小苗应该做出记号分别栽植。此时不能进行过严的淘汰。

(3) 杂种实生苗的早期选择

对杂种实生苗的选择，主要是在定植前的育种苗圃阶段进行。育种苗圃是播种苗床到选育圃之间的过渡阶段。不同树种从播种到定植所需年份不同。在杂种苗圃内的选择可分为生长期和休眠期选择，选择主要依据器官的形态特征和某些生长特征，应特别注意对抗病性和抗寒性的选择。

(4) 杂种实生苗的相关性状选择

为了提高对实生苗的选择效率，在成龄前的生长发育过程中，除了根据苗期直接表现的性状进行选择外，还必须根据苗期的某些性状与成龄期的相关性进行早期选择鉴定。苗期选择可为预先选择有希望的类型、淘汰不良的类型提供依据，以减少供选的杂种数量，有利于加强管理和加深研究，提高育种效率。

(5) 杂种幼树的选择

从育种苗圃选出的实生苗，栽培定植后，就应开始对杂种幼树的一系列选择。主要包括生长势、对各种病虫害的抵抗性以及其他抗逆性，根据需要还可以鉴定物候期和其他特性。对于一些有特殊性状表现的单株应加强记录，作为重点观测对象。

(6) 杂种实生树花果期的选择

园林树木的花和果是主要的观赏部位，因此这一时期的选择也是关键的。花果期选择的主要内容包括实生树初花的年龄、初花期、末花期、单花寿命、花期长短、花型、花色、花的重瓣性、花的大小等；果实的外观性状，生长结实习性以及生长势、抗病性和其他抗逆性等，以及某些育种目标中提出的特殊育种性状都是选择的内容。

经过 3～4 年的研究鉴定，获得主要性状的比较确切的资料后，就可以反映出单株间在遗传上的差异。挑选优良单株，并与同期成熟的标准品种比较，用来衡量杂种的利用价值，再结合生长势、抗病性等重要经济性状，选出在综合性状上优良的单株作进一步的比较试验，特别优异的单株可以先行高接繁殖鉴定。

6.6 回交育种

杂交第一代及其以后世代与其亲本之一再进行杂交称为回交，可用简式（A ×B）×B 表示。应用多次回交方法育成新品种（系）称为回交育种。一般在第一次杂交时选具有优良特性的品种作母本，而在以后各次回交时作父本，这个亲本在回交时称为轮回亲本，只参加一次杂交的亲本的为非轮回亲本或称供体。一次回交的杂种为 BC 或 BC_1F_1，二次回交的杂种为 BC_2 或 BC_2F_1，依次类推。回交与自交一样，随着世代增进，后代中纯合体比率按$\left(\frac{2^r-1}{2^r}\right)^n$增加。其中：$r$ 为自交世代或回交世代数；n 为独立基因对数。涉及的基因对数越多，则回交和自交相比后代群体内某种纯合基因型所占的比率相差越大（表 6-2）。故回交杂种分离世代种植的群体无需很大。

表 6-2 F_1 自交和回交后代群体内某种纯合基因型出现的频率

交配方式	基因对数							
	1	2	3	4	5	6	7	n
F_1 自交	1/4	1/10	1/64	1/256	1/1 024	1/4 096	1/16 284	$(1/4)^n$
F_1 × 纯合亲本	1/2	1/4	1/8	1/16	1/32	1/64	1/128	$(1/2)^n$

6.6.1 回交育种的应用

回交的目的主要在于使杂种加强轮回亲本的优良性状表现，以至将轮回亲本中全部优良性状转移至杂种中，并保留供体少数优良性状（或称输出性状、被转移性状），所以回交育种的作用只是改良轮回亲本一两个性状，是常规杂交育种中的一种辅助手段。

育种实践表明，回交育种对转移供体少数基因控制的、遗传力高的性状比较容易，而且能保持其强度；而对于转移遗传力低的性状则不易保持其强度，以致丢失，所以成功的实例很少。输出性状保持的强度决定于被转移后的遗传背景。当供体亲本与轮回亲本的基因型差别较小时，则易于保持输出性状。轮回亲本是否能完全恢复，不同作物或同一作物的不同组合表现不同。因此，在回交育种中，要按育种目标，选择不同品种作为轮回亲本，多配几个组合。回交育种法主要用途有：

(1) 提高优良品种的抗病性、抗逆性

一些近缘野生类型的植物在长期自然选择下形成了对病害、逆境的高度抗性，它们与栽培品种杂交的后代，抗性虽显著改善，但优良栽培性状被削弱，用栽培品种作轮回亲本进行多次回交，可使优良性状得以恢复并具有抗性。一些抗逆性是受主基因控制的，因而抗性育种应用回交法成功的事例较多。

(2) 转育雄性不育系

自然发现或人工诱变的雄性不育株往往经济性状或配合力并不优良。运用回交转育的方法将雄性不育性转移到优良品种（系）中，育成优良雄性不育系。雄性不育性多为一对或少数主效基因控制，所以，雄性不育性的强度易在回交后代中保持，回交转育的效果很好。

(3) 改善杂交材料的性状

单交或多系杂种中某一亲本的目标性状表现不理想时，可用具有该目标性状的亲本作为轮回亲本进行回交改良，然后用系谱育种法或其他方法选择培育成品种。

(4) 改良远缘杂种

远缘杂交是创造新种质的重要途径，但远缘杂交的后代往往表现不稳定，经济性状变劣，而用回交法可以改善远缘杂种的结实性和经济性状，育成新种质，供育种学家利用。

6.6.2 回交育种方法

6.6.2.1 亲本选择选配的原则

前面提出的亲本选择选配原则同样适用于回交育种。但是在回交育种工作中，还需注意以下几点：

① 轮回亲本综合性状要优良，只有少数性状需要改进，缺点较多的品种不宜作轮回亲本，因为轮回亲本在回交过程中要参加多次交配，如果它的缺点较多，则回交后代也具有较多的缺点。

② 供体亲本的优良性状（即育种计划所要求改进的性状）表现突出，是由少数主基因控制的。如要求改良对某种病害的抗性，供体亲本必须是高抗的，甚至是免疫的；要提高现有品种的抗寒性，供体亲本必须是高度抗寒的，至于其他经济性状不必过分考虑，因为回交育种法的本身就决定了将通过不断回交按照轮回亲本的综合优良性状来改进。如果供体亲本的输出性状不突出，将会在多次回交中被逐渐削弱以至消失，那就不能实现育种目标的要求了。

③ 轮回亲本品种在回交育种期内不至于被新的品种所更换。因为回交育成品种的性状基本与轮回亲本相似，只有某一两个性状不同。如轮回亲本品种被更换，则用它回交育成的品种在生产上就没有什么意义了。

④ 为了保持轮回亲本综合优良性状在回交后代中的强度，也可选用同类型的其他品种作为轮回亲本。

6.6.2.2 F_1 及回交子代选育程序

当输出性状是完全显性时，从 F_1 和每次回交子代中选择具有输出性状的个体，直接与轮回亲本回交，回交的程序见图 6-7。

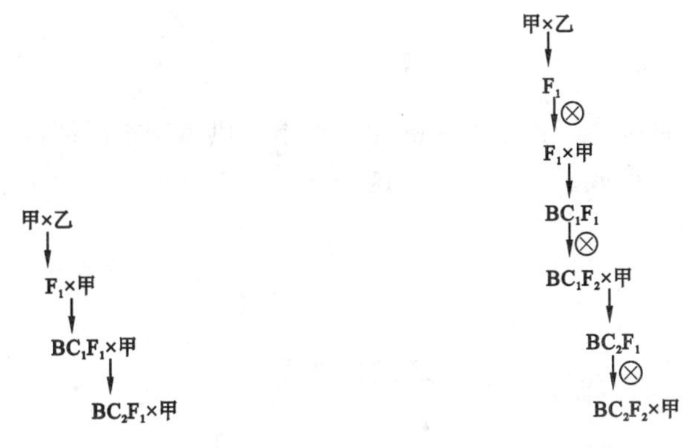

图 6-7 输出性状是完全显性时的回交程序

图 6-8 输出性状是完全隐性时的回交程序

如果输出性状是隐性性状，就要将 F_1 和每次回交的子代分别自交一次，使输出性状表现出来，选择具有该优良性状的个体继续回交，具体步骤见图 6-8。可见，非轮回亲本的优良性状是隐性时，回交育种所需的时间就延长了一倍。

6.6.2.3 回交的次数

在回交育种中，当输出性状为不完全显性时，或存在修饰基因，或为少数基因控制的数量性状时，回交次数不宜过多，以免使输出性状受到削弱，或甚至还原为轮回亲本。在这种情况下，有时可以在进行少数几次回交后，转而采用自交分离的方法，即所谓有限回交。有限回交的次数通常是 1～3 次。转育雄性不育系时需进行“饱和回交”，即连续回交一直到出现具有雄性不育性，使其成为具有轮回亲本全部优良性状的个体。饱和回交通常约需回交 4～6 次。

6.6.2.4 回交子代需种植的群体规模

回交子代所需群体规模主要决定于轮回亲本优良性状所涉及的基因对数，因为输出性状多是少数主基因控制的，在回交子代不大的群体内就能有较多具有这种性状的个体出现。源自轮回亲本的是许多优良性状，而且这些性状大多都是数量性状，虽涉及的基因对数很多，但经多代回交后，群体内类似轮回亲本纯合体的比例迅速提高。为此每代种植 100 株左右，若控制输出性状的基因与不良基因连锁时，种植的株数可增至约 200 株。经 4～6 代回交就能得到所需要的类型。这种规模比自交或系内株间交配产生后代再加选育的方法就小得多了。

6.6.2.5 自交

虽然源自轮回亲本的基因通过回交而渐趋于纯合，但源自供体亲本的基因则总是处于杂合状态。因此，当回交停止后应该把具有综合双亲优良性状的个体进行一两次自交，使源自供体亲本的优良基因型也达到纯合。

6.6.2.6 比较鉴定

通常的回交育种由于选用不同的轮回亲本和供体亲本而产生若干回交系，再经一两次自交，就形成了许多株系，这些株系可以进行以轮回亲本为标准品种的品种比较试验。

（季孔庶　唐前瑞）

复习思考题

1. 试述有性杂交育种在园林植物育种中的地位。
2. 杂交育种过程中亲本选择和选配应遵循哪些原则？
3. 有性杂交主要有哪些方式？
4. 如何开展有性杂交？并简述提高杂交效率的方法。
5. 根据不同园林植物的特点，谈谈怎样开展杂交后代的选择和培育？
6. 阐述回交育种的具体方法和主要用途。

本章推荐阅读书目

园林植物遗传育种学．程金水．中国林业出版社，2000.
园艺植物遗传育种．季孔庶，李际红．高等教育出版社，2005.
相对遗传力理论与杂交育种．裴新澍．湖南科学技术出版社，1983.
观赏植物育种学．孙振雷．民族出版社，1999.
园艺植物育种学总论．景士西．中国农业大学出版社，2000.

第7章　远缘杂交育种

[本章提要] 远缘杂交是实现园林植物种质创新的有效途径，许多园林植物新品种（系）的产生均与远缘杂交育种分不开。本章将介绍远缘杂交育种的概念、地位，远缘杂交的类别，并着重介绍远缘杂交育种的主要困难，克服远缘杂交困难的技术措施，远缘杂种后代选育的方法。

人们在育种实践中发现自然界不同种植物间天然授粉可以产生具不同表型的后代，并可从中获得人类所需的植物优良新种质。育种学家们经过多年的实践和探索，使远缘杂交育种技术发展成为经典的、行之有效的植物种质创新的途径。由于这一技术在种质创新上极为有效并且简便易行，因此一直受到育种学家们的高度关注。在园林植物育种中，这项技术也是极为有效的育种手段。

7.1　远缘杂交的概念和特点

7.1.1　远缘杂交的概念

通常将植物分类学上属于不同种（species）、属（genus）或亲缘关系更远的植物类群间所进行的杂交，称为远缘杂交（wide cross 或 distant hybridization）。所产生的杂种称远缘杂种。根据杂交亲本亲缘关系的不同，远缘杂交可以分为：种间杂交和属间杂交；根据远缘杂种的类型可以将远缘杂交分为：精卵结合型和非精卵结合型，精卵结合型的远缘杂种是通过受精过程，合子继承了精核和卵的全部遗传信息，是真正的杂种，它具有父母本的整套染色体，非精卵结合型的远缘杂种是卵获得父本部分遗传信息发育成的，这部分遗传信息可能来源于父本配子细胞质内的 DNA 或 mRNA 等；此外远缘杂交还可分为有性远缘杂交和无性远缘杂交两种方式，近年来正在发展的体细胞杂交（原生质体融合）为无性远缘杂交开辟了崭新的道路。

由于种间、属间的植物类群亲缘关系较远，不仅在形态结构和生理生化上具有明显的差异，而且在遗传组成上也有很大的差别。这种差异主要是由于各种隔离因素（如生态、季节、地理、性器官、杂种不孕等）尤其是长期性隔离造成的。因此，一般来说，种、属之间不像种内的变种或品种那样容易进行杂交，由于种、属间存在生殖隔离，从而也保证了物种在遗传上的相对稳定性。然而，植物的种、属之间并不是完全孤立的，它们之间还存在着一定程度的可杂交性。例如在自然界也会产生一些自然的远缘杂种，如杏（*Prunus armeniaca*）与梅的杂种杏梅（*P. mume* var. *bungo*）；人工也获得了杉木与柳杉（*Cryptomeria fortunei*）的属间杂种，山茶属的远缘杂种：'新黄' 和 '金背丹心'，紫叶李与宫粉型梅（Form Pink Double）的杂种：'美人' 梅（*Prunus mume* 'Meiren'）等。远缘杂交一旦成功，则可产生自然界没有的新的植物类型。因此，远缘杂交在育种上主要用于培育植物新品种。

7.1.2　远缘杂交的特点

远缘杂交具有以下特点：

（1）亲本选择和选配难度大

远缘杂交的亲本选择和选配除了遵循一般的原则外，还必须着重研究不同植物类群种间、属间杂交亲和性的差异。某些类群如杏属（*Armeniaca*）、核桃属（*Carya*）内几乎所有的种间都不存在杂交不亲和性。少数类群如仙人掌科（Cactaceae）、柑橘类（*Citrus* spp.，广义的 *Citrus*）不同属间都具有较好的亲和性。多数类群如悬钩子属、鸢尾属、樱属（*Cerasus*）、李属（*Prunus*，狭义的 *Prunus*）等种间都存在不同程度的不亲和性，但其表现形式又有很大差异。在远缘杂交中必须考虑这些类群种、属亲和性的特点，这样有利于亲本的选择和选配。

（2）远缘杂交的不亲和性

种内杂交一般都比较容易成功。但种、属间的远缘杂交，尤其是属以上的杂交，由于亲缘关系较远，在长期的进化过程中，形成了各种隔离机制，受精过程很难进行，致使杂交不能正常结实和获得种子。这是远缘杂交首先遇到的障碍。例如兰科（Orchidaceae）植物不同种属间杂交，结实率很低（表 7-1）。

表 7-1　兰花远缘杂交结果统计

杂交组合	杂交总产数	结实率（%）	杂交组合	杂交总产数	结实率（%）
墨兰×大花蕙兰	30	83	寒兰×建兰	11	81
大花蕙兰×墨兰	20	0	建兰×蝴蝶兰	10	10
墨兰×文心兰	40	0	墨兰×蝴蝶兰	19	0

（引自张志胜等，2001）

（3）远缘杂种的不育性

远缘杂交除常出现杂交的不亲和性外，还常常表现杂种的不育。所谓杂种不育，指一些远缘杂交得到的种子不能发芽或幼苗早期夭折，一些杂种虽能成活，但不能开花结实，或虽能开花，但配子败育，因而不能延续后代。

如攸县油茶（*Camellia yuhsienensis*）×金花茶，杂交花朵数 4 054 朵，获得杂交果实 105 个，结实率为 20%，共得种子 39 枚，出苗 11 棵，出苗率为 28%。

（4）远缘杂交后代分离的广泛性

远缘杂交由于亲本间的基因组成存在着较大差异，杂种的染色体组型也往往有所不同，因而造成杂种后代不规则的分离。远缘杂种从 F_1 起就可能出现分离，F_2 分离的范围更为广泛，分离的后代中不仅有杂种类型，与亲本相似的类型，还有亲本祖先类型，以及亲本所没有的新类型。同时由于孤雌和孤雄生殖现象的存在还可能出现假杂种，这种分离的多样性往往可以延续许多世代，从而为选择育种提供宝贵机遇，但同时也带来不少困难。

例如黑刺李（*Prunus spinosa*，$2n=32$）和桃（$2n=16$）之间的种间杂种，发现其后代的染色体具有不同倍数水平，有 $2n=32$，$2n=24$，$2n=16$ 等。具有 $2n=32$ 的实生苗，性状与黑刺李相似，而 $2n=24$ 的实生苗，则有很多的变异，有些与一个亲本相似，有些又与另一个亲本相似，甚至有的与李属的其他种相似。

在多父本混合授粉的情况下，远缘杂种后代的变异更大，分离更为广泛。这可能是由于：第一，有多种花粉参与受精；第二，发生了多重受精，因而产生多父本现象；第三，某些花粉虽未真正参与受精过程，但花粉管所带的物质有可能进入胚内，对胚内的生化过程有所影响，起到类似父本的作用。

（5）远缘杂种的杂种优势

远缘杂种常常由于遗传上或生理上的不协调，而表现生活力衰弱。但也有些远缘杂种却表现得生活力特别强，具有树势强健、抗逆性强等诸多优良特性。如中国原产的兴安落叶松（*Larix gmelinii*）、长白落叶松（*L. olgensis*）干形通直，材质良好，但对早期落叶病较为敏感，而日本落叶松抗病性强，但干形普遍弯曲，易受霜害。东北林业大学和中国科学院林业土壤研究所于 1973～1974 年分别用日本落叶松和中国原产的落叶松类树种杂交，日本落叶松 × 兴安落叶松的 2 年生杂种树高为母本的 196%，为父本的 136%，日本落叶松和长白落叶松的杂种也有明显的优势。这些杂种在辽宁东部和黑龙江林江地区均表现抗病抗霜的特性，并且长势显著超过亲本。

7.2 远缘杂交的作用和意义

7.2.1 远缘杂交的作用

（1）提高园林植物的抗病性和抗逆性

野生花卉在长期自然选择下，具有高度的抗病性，形成了对恶劣气候条件（寒冷、干旱、炎热等）的抵抗能力。而现在的许多栽培品种是经长期的人工选择形成的，在人类长期栽培下，许多花卉对不良条件的抗性削弱了。可通过与其野生的祖先进行远缘杂交，提高现有品种的抗病性与抗逆性。如为了提高牡丹的抗病性，可以用牡丹品种和野生的黄牡丹（*Paeonia delavayi* var. *lutea*）进行杂交；又如采用现代月季品种和东北的野生蔷薇类杂交，提高了现代月季的抗寒性。

（2）创造园林植物新类型

远缘杂交是创造植物新类型和新品种的重要途径。通过远缘杂交，打破种、属间的隔离，把两个或多个物种经过自然界长期进化积累起来的有益特性，在试验条件下进行重新组合，使之形成新的类型和品种，这些新类型和新品种，可能具有近缘杂交所不能获得的优良特性。例如，当利用植物的野生种与栽培品种杂交时，特别是在仅有个别染色带发生替换，或染色体片断发生属间易位的情况下，可能产生突出的优良性状，如抗寒性、抗旱性以及抗病虫害等。同时，在某些情况下，又可以避免将野生亲本的其他不良性状带给杂种。因此，通过远缘杂交，可以丰富育种材料的遗传基础，为创造新品种开辟新的途径。

布尔班克用杏和李（*Prunus salicina*）进行种间杂交，创造了十几个有价值的远缘杂种，其中有些结出了硕大且品质、风味良好的果实，有些则开花较迟，能避春霜和抗病等。欧美的仙人掌科育种学家利用远缘杂交已创造了 19 个观赏价值很高的新杂交属，如用昙花（*Epiphyllum oxypetalum*）和令箭荷花（*Nopalxochia ackermannii*）杂交创造的昙箭荷花等。

(3) 利用杂种优势

某些园林植物种间的远缘杂交种具有强大的杂种优势。如二球悬铃木为一球悬铃木（*Platanus occidentalis*）和三球悬铃木（*P. orientalis*）的杂交种，其植株表现为冠大荫浓，生长健壮，适应性强，在我国北至旅顺、大连，南至两广，东至上海，西至成都、昆明都有栽培，为我国长江流域各城市的主要行道树种。又如南京林业大学利用鹅掌楸和北美鹅掌楸育成的杂种鹅掌楸，具有比双亲适生范围广、速生、花期长、花色艳丽等优点，已成为绿化和用材兼备的优良树种。

(4) 丰富作物的变异类型

通过种、属间杂交可显著丰富园艺植物变异的多样性。以花卉的色泽为例，由单一物种起源的花卉如香豌豆、翠菊、旱金莲、牵牛花等花色往往比较单调，而由若干个野生种杂交起源的花卉如唐菖蒲、香石竹、大丽花、蔷薇类则花色丰富多彩。日本蔬菜茶业试验场久留米支场通过种间杂交把黄毛草莓的抗性和果实的特殊香味整合到凤梨草莓中，$10x$ 的 IH 1 号果实大小已接近栽培品种；通过属间杂交将红花性状转到栽培草莓中，育成了红、粉红和淡红花而花期很长的观赏品系，其中一个已用于商品生产。因此远缘杂交是丰富作物多样性的重要手段。

(5) 创造新的雄性不育

利用雄性不育系制种是简化育种程序的重要手段。现代育种学利用远缘杂交的手段导入胞质不育基因或破坏原来的核质协调关系育成番茄、南瓜、白菜等多种作物核质不育的雄性不育系和保持系。

7.2.2 远缘杂交的意义

远缘杂交除了具有实践意义外，在物种的形成、进化、系统发育、引种、遗传等生物学问题上，具有很重要的理论意义。

远缘杂交的后代中，可以重新出现物种进化历程中的一系列中间类型，出现一些近缘物种的特征特性，同时还可能出现一些自然界以前失去了的物种和类型，也可能出现一些以前没有出现过的新类型（新种类型）。通过对这些中间类型和新类型的研究，不但可以了解物种的进化史，确定种、属之间的亲缘关系和自然界物种形成的途径，建立科学的分类系统等，而且还可以为人工控制新种形成的过程和方法提供依据，这就可能获得具有良好综合性状的杂种。

例如，以黑刺李与樱李（*P. cerasifera*）杂交，F_1 加倍后得到双二倍体，其特征与欧洲李（*P. domestica*）相似，而且和欧洲李杂交亲和性良好，育种学家据此提出了关于欧洲李起源于上述种间杂交种的假设。

7.3 远缘杂交的障碍及其克服

7.3.1 受精前的杂交障碍及其克服方法

7.3.1.1 受精前杂交障碍的表现及原因

植物间的远缘杂交是可能进行的，但不像种内杂交那样容易做到。亲缘关系愈远，杂交障碍就愈明显。据目前研究所知，受精前杂交障碍的主要表现有：第一，由于异种植物柱头环境和柱头分泌物差异太大，致使花粉在异种植物的柱头上不能萌发；第二，即使花粉在柱头上萌发，但花粉管不能进入柱头；第三，花粉管生长缓慢，不能进入子房到达胚囊中；第四，花粉管虽能进入子房，到达胚囊，但不能受精。

远缘杂交受精前杂交障碍的原因是极为复杂的，它的遗传机制并未完全揭开，为了进一步弄清这些原因，必须从遗传学、细胞学、生理学和生物化学等方面继续深入研究。

7.3.1.2 受精前杂交障碍的克服方法

（1）注意亲本的选择选配

大量事实证明，当两个物种进行杂交时，利用两个物种的不同变种或品种测交，并进行正反交，确定适当的母本是克服远缘杂交障碍的一项有效措施。

①选择亲和性较好的种类作为杂交亲本　远缘杂交实践证明，经选定作母本的某一物种，对于接受不同物种的雄配子和它的卵核、极核的融合能力有很大的遗传差异。例如，用防城茶（*Camellia fangchengensis*）作母本，分别用‘七星白’、‘五宝’、连蕊茶（*C. fraterna*）、‘早桃红’和‘狮子头’为父本，其结实率差别较大，分别为0、1.6%、4.3%、5.5%和2.5%。

②远缘杂交还常常出现正反交结果不同的现象　例如，东方百合杂种类（the Oriental Hybrids）品种‘Sorbonne’（简称O）和亚洲百合杂种类（the Asiatic Hybrids）品种‘Connecticut King’（简称A）的正反交，其花粉管进入胚珠的穿透率存在较大差异（表7-2）。因此，在选配亲本时，还必须注意正反交亲和性的差异。

表 7-2　百合杂交结果

杂交组合	温度处理（℃）	胚珠数（个）	有花粉管进入的胚珠数（个）	穿透率（%）
AO	30	608	0	0
AO	34	384	0	0
OA	30	515	2	0.4
OA	34	837	9	1.1

（引自 J. M. van Tugl, 2000）

③采用染色体数较多或染色体倍性高的种作为母本　当杂交所选用的亲本具有染色体数目的差别时，一般以染色体数目较多或倍性高的物种作母本进行杂交较易成功。例如，北京林业大学在茶花远缘杂交育种中，以六倍体的云南山茶（*Camellia reticulata*，$2n=6x=90$）为母本，二倍体山茶（$2n=2x=30$）为父本时结实率为 8.7%，其反交的结实率只有 2.7%。对于这一现象，有人从染色体比例上进行解释，认为在正常情况下，雄配子与其周围的花柱组织的染色体数的比例为 1∶2。当雄配子的染色体数目增加，与花柱组织的染色体比例超过 1∶2 时，常使花粉管的生长受到严重的抑制。种子的形成情况也与此类似，在正常情况下，胚和胚乳间染色体比例为 2∶3，当胚和胚乳间染色体数目的比例大于 2∶3 时，种子的形成也较为困难。另一种看法认为以染色体数目较多的物种作母本，能够有更多的营养物质供应种子的发育。因此，必要时还可把双亲或某一亲本类型转变为较高的多倍体水平，有可能提高其结实率。

④选择第一次开花的幼龄杂种实生苗作母本　这是米丘林长期从事果树育种工作的经验总结，他认为这样有利于克服远缘杂交的不亲和性，并认为，若双亲均是第一次开花的幼龄杂种，则更为有利。

（2）混合授粉和多次重复授粉

① 混合授粉　就是在选定的父本花粉内，掺入少量其他品种甚至包括母本的花粉，然后授于母本花朵的柱头上。这是米丘林克服果树远缘杂交不亲和性常用的一种方法。利用不同种类花粉间的相互影响，改变授粉的生理环境，可以解除母本柱头上分泌的妨碍异种花粉萌发的特殊物质的影响。混合花粉可以是若干种远缘花粉的混合物，也可混入经杀死的母本花粉以及未经杀死的母本花粉。当混合未经杀死的母本花粉时，应对杂交后代进行鉴定，以确定是否为远缘杂种。北京林业大学（1986）在茶花远缘杂交中，用山茶‘五宝’和‘星桃’两个品种的花粉，外加部分经高剂量射线杀死的‘防城茶花’的花粉给‘防城茶花’授粉，效果良好。在金花茶（*Camellia nitidissima*）的远缘杂交中，用山茶品种‘五宝’和‘松子’授粉，结果率分别为 1.6% 和 0，而两个品种的花粉混合后再给金花茶授粉，其结实率增加到 12%。混合花粉有时还可能使杂种后代获得多父本的优良性状，并表现出更为广泛的分离。在应用混合花粉授粉时，应注意避免盲目地增加混合花粉成员的数目，并应注意控制混合花粉的数量。因为混合的成员过多，以及混入的花粉量过多，会影响主要品种的花粉数量。这不但会增

加非目标性状杂交后代的出现率，而且不同种类的花粉间产生相互抑制的可能性也会增大。因此，对于混合花粉的组成，最好能预先做花粉萌发试验，以避免因混合而产生不良的后果。具体的混合成员数，一般认为以不超过3~5个为宜。

② 重复授粉　是指在同一母本花的蕾期、开放期和花朵即将凋谢等不同的时期，进行多次重复授粉。由于雌蕊发育成熟度不同，生理性状有所差异，受精选择性也就有所不同，在这几个不同时期中究竟哪一个时期授粉效果最好，不同种类或品种有所差异。有的认为以蕾期柱头尚未完全成熟时授粉易成功，有的认为在花朵凋谢期，柱头处于衰老阶段，授粉易成功，关于哪一时期效果最好，有待于进一步研究。

(3) 柱头移植和花柱短截法

柱头移植的方法通常有两种，一是将父本花粉先授于同种植物柱头上，在花粉管尚未完全伸长前，切下柱头，移植到异种的母本花柱上；二是先进行异种柱头嫁接，待一两天接口处愈合后再行授粉。花柱短截法是把母本花柱切除或剪短，把父本花粉直接授在切面上，或将花粉的悬浮液注入子房，使花粉不需要通过柱头和花柱直接使胚珠受精。但采用这些方法时，操作必须细致，通常在具有较大柱头的植物中使用。如荷兰的 Plant Research International 育种公司在百合的远缘杂交中，应用切短母本柱头和父本柱头移植等方法，使远缘杂交获得了成功。

(4) 媒介法

当甲与乙两物种直接杂交不能成功时，可以用两亲之一先与第三类型丙进行杂交，将杂交得到的杂种再与另一亲本杂交，这种媒介的方法，有时较易获得成功。例如，米丘林为了获得抗寒性强的桃品种，曾用矮扁桃（*Prunus nana*）与桃进行杂交，但未能成功。于是他又用矮扁桃和山桃（*P. davidiana*）先进行杂交，获得了媒介植物，再利用媒介植物与桃进行杂交，从而取得了成功。试验表明，在樱属和李属（狭义）间的远缘杂交中，沙樱桃（*Cerasus besseyi* = *Prunus besseyi*）可作为理想的媒介植物。

(5) 试管受精

从母本花朵中取出带胎座或不带胎座的胚珠，置于试管中培养，并在试管中进行人工受精，以克服远缘杂交中花粉不萌发、花粉管不能伸长或伸长过慢等障碍，这一技术称为试管受精。试管受精技术，已在芸薹属（*Brassica*）、石竹属、烟草属（*Nicotiana*）、碧冬茄属（*Petunia*）等的远缘杂交中获得成功。有时为避免受精后的子房早期脱落，也可在母本花药未开裂前切取花蕾剥去花冠、花萼和雄蕊，消毒后将雌蕊接种在培养基上进行人工授粉和培养。

(6) 化学药剂处理

应用赤霉酸、萘乙酸、硼酸等化学药剂，涂抹或喷洒处理母本雌蕊，能促进花粉萌发和花粉管的伸长，有利于完成受精作用。试验表明，赤霉酸可以促进花粉管伸长数倍，萘乙酸可以克服苹果和梨杂交的困难。在梅花远缘杂交中用50~100mg/L 的 GA_3 处理梅花柱头，使杂交结实率提高了3~10倍。又如在百合远缘杂交中，用 0.1% ~1.0% 生长素羊毛酯涂抹子房基部，也使结实率得到增加。

据研究，喷洒外源激素之所以能克服种间杂交的障碍，除对花粉发芽的影响外，主要是由于外源激素的施用补充了内源激素代谢的缺陷，促进了胚乳的发育，从而为胚胎发育提供了必须的生理条件。

（7）应用温室或保护地杂交，改善授粉受精条件

杂交时的气候条件对授粉受精有很大影响。例如，在金花茶与山茶的远缘杂交中，2 月份如果温暖少雨，结实率显著提高；如低温多雨，结实率下降，甚至不结实。百合 OA 远缘杂交中，杂交时的气温为 30℃时，花粉管在胚珠中的穿透率仅为 0.4%，当气温为 34℃时，穿透率提高到 1.1%（表 7-2）。

（8）花粉预先用低剂量辐射处理，再进行杂交

花粉用低剂量射线处理后，由于低剂量的刺激效应，花粉的活性增加，萌发率提高，花粉管生长迅速。

例如用低剂量的 γ-射线处理泡桐的花粉，其花粉萌发率和座果率都有所增加（表 7-3）。

表 7-3　γ-射线对泡桐花较萌发率及座果率的影响

处理	花粉萌发率（%）	座果率（%）	受精率（%）
对照	28.90	15.00	77.00
0.5 千伦琴（kR）处理花粉	46.70	22.40	80.80
1 千伦琴（kR）处理花粉	35.88	21.40	92.50

（9）体细胞融合技术

体细胞融合是 20 世纪 60 年代以后才开始发展起来的一项崭新技术，无论在遗传学理论研究方面或在育种实践上均有重大价值，它可以克服远缘种属因生殖隔离而造成的障碍，从而绕过有性生殖过程使亲本基因进行广泛地重组，创造自然界没有的新类型。目前，体细胞融合技术的研究，还处于萌芽阶段，许多问题还有待进一步研究解决。但是，可以肯定，随着体细胞融合技术的发展，将为遗传学和育种学工作提供更为广阔的前景。

（10）外源 DNA 导入技术

近些年来发展起来的外源 DNA 导入技术（如花粉管导入法等），也可以促进远缘基因的交流。花粉管导入法是一种将外源 DNA 导入植物的遗传转化方法。即利用花粉管通道，使外源 DNA 进入胚囊，转化受精卵或其前后的细胞（卵、早期胚细胞），使其自然发育成种子。花粉管通道法不仅可以用于外源总 DNA 的导入，也可以用于特定基因的导入，且更具目的性，效率高。例如胡张华等（1999）利用花粉管导入法获得转反义 *PEP* 基因的大豆植株；吴爱忠等（1999）用花粉管通道法培育出抗除草剂的转基因水稻等。

7.3.2 远缘杂交受精后胚败育及其克服方法

7.3.2.1 受精后胚败育的表现及原因

远缘杂交受精后杂种胚败育的主要表现有：第一，受精后的幼胚不发育，发育不正常或中途停止发育；第二，杂种幼胚、胚乳和子房组织之间缺乏协调性，特别是胚乳发育不正常，影响胚的正常发育，致使杂种胚部分或全部坏死；第三，虽能得到包含杂种胚的种子，但种子不能发芽；或虽能发芽，但在苗期或成株前夭亡。这些现象发生在受精之后，因此又称为杂种衰亡。

造成种胚败育或幼苗早夭现象的原因主要有：第一，由于两亲的遗传差异大，引起受精过程不正常和幼胚细胞分裂的高度不规则，因而使胚胎发育中途停顿死亡；第二，由于小苗在生理上的不协调，因而影响了杂种的成苗成株。例如在金花茶与山茶、攸县油茶的远缘杂交中，有的杂种种子根本不能发芽，有的发芽后开始生长正常，但不久后逐渐枯死。

7.3.2.2 受精后胚败育的克服方法

可根据产生受精后胚败育的不同原因，分别采取下列方法加以克服：

(1) 杂种胚的离体培养

有些杂种幼胚在未发育形成有生活力的种子以前就半途夭折。可采用幼胚离体培养的方法，获得杂种苗。该方法是将杂交所得的不饱满种子或未成熟种子，于幼胚发育中期，在无菌条件下，接种在一定的培养基上培养，直至长出根和叶。由于具有适宜的营养条件和优良的培养条件，杂种幼胚的出苗率大大提高。J. M. van Tuyl（2001）、张启翔（1992）、刘青林（1996）、施季森（2002）分别通过培养百合类杂种、‘北京玉蝶’梅（*Prunus mume*‘Beijing Yüdie’）与山桃的杂种、毛樱桃（*P. tomentosa*）与梅花杂种、鹅掌楸与北美鹅掌楸的幼胚，获得了杂种苗。

(2) 嫁接

应用嫁接的方法，把杂种芽条嫁接在亲本或第三种类型的成年砧木上。这是改善杂种的营养条件，促进杂种生理机能协调的一种特殊方式。尤其是一些因幼苗的根系发育不良而引起早期衰亡，以及在一些杂种只开花而不结实的情况下，应用嫁接方法加以克服，是一种行之有效的方法。例如，米丘林的斑叶稠李（*Prunus maackii*）×酸樱桃（*P. cerasus*）的杂种，起初只能开花而不结实，后来他将杂种嫁接于甜樱桃（*P. avium*）上，在嫁接后的第二年便结出了果实。

(3) 改善营养条件

远缘杂种由于生理机能不协调，当提供优良的生长条件时，可以逐步恢复正常。因此，必须加强栽培管理，从幼苗开始的各个生育阶段，都应加以精心培养。远缘杂交种子发芽能力弱时，可刺破种皮以利幼胚吸水和促进呼吸。可用经过消毒的、腐殖质含量高的土壤在温室内盆栽，为种子发芽生长创造良好的条件。开花结实期间，还可用根外追肥的方法，喷施磷、钾等，以及具有高度生理活性的微量元素——硼、锰等，以促进杂种生理机能的逐渐恢复。

(4) 人工辅助授粉

采用混合花粉的人工辅助授粉，将使杂种受精选择性得到更大满足，往往可以提高远缘杂种的结实率。利用蜜蜂进行授粉，比人工强制授粉更有利于结实性的提高。

7.3.3　远缘杂种难稳性及其克服途径

7.3.3.1　远缘杂种的难稳性

远缘杂种难稳性的主要表现有：第一，杂种营养体虽生长繁茂，但不能正常开花；第二，能正常开花但其构造、功能不正常、不能产生有生活力的雌、雄配子；第三，配子虽有活力，但不能完成正常的受精过程，不能结籽。难稳性主要由基因或染色体的变异引起，或由二者的综合作用造成。

对于雌雄配子的不育，主要由于杂种基因间的不和谐或染色体的不同源性，在减数分裂时，常出现染色体的不联会，以及随之而产生的不规则分配，因而不能产生有生活力的配子，或配子虽有生活力，但不能进行正常的受精过程，甚至受精后合子因发育不良而中途死亡。更有一些远缘杂种其生殖器官发育不全，完全不能形成雌雄配子。因此，一些染色体数目虽然相等的种、属间的杂种，由于减数分裂不正常以及基因的不和谐，仍然可能是高度不育的。例如美人茶（*Camellia* ×*uraku*，即冬红山茶）的花粉是完全败育的，因此不能正常结实。

7.3.3.2　远缘杂种不稳性的克服方法

(1) 杂种染色体的加倍

对于亲缘关系较远的二倍体杂种，在种子发芽的初期或苗期，用 0.1% ~ 0.3% 的秋水仙素溶液处理若干时间，使体细胞染色体数加倍，获得异源四倍体（即双二倍体）。异源四倍体在减数分裂过程中，每个染色体都有相应的同源染色体可以正常进行配对联会，产生具有二重染色体组的有生活力的配子，从而大大提高结实率。

此外，杂交亲本间系统发育的联系越少，双亲间同源性也越小，其 F_1 在减数分裂时，来自双亲的能配对联会的染色体就越少，加倍后的双二倍体的减数分裂则能趋于正常，能育性大大提高。

(2) 回交法

在亲本染色体数不同和减数分裂不规则的情况下，杂交种产生的雌配子的染色体数一般是不平衡的，但仍有部分可以接受正常雄配子而结实，并且通过多次回交，其结实能力逐渐得到加强。

(3) 延长选择世代

远缘杂种的难稳性在个体间存在差异，同时在不同世代或同一世代的不同发育时期也有差异，所以采取逐代选择可提高稔性。欧洲红树莓（*Rubus idaeus*）与黑树莓（*R. fruticosus*）的种间杂种，大多数只开花不结实，只有少数能结少量的果实，但经4个世代的连续选择，终于获得优质丰产的新品种‘奇异’。米丘林曾用高加索百合（*Lilium monadelphium*）和山牵牛百合（*L. thunbergianum*）杂交并获得了种间杂种，此杂种在第1、2年只开花不结实，第3、4年得到了一些空瘪的种子，而在第7年则能产生少数能发芽的种子。

7.4 远缘杂种的分离和杂种后代的选育

7.4.1 远缘杂种的分离

在远缘杂交工作中，除了必须克服种间隔离带来的不亲和或不育的问题外，另一重要问题是使杂种后代以最快速度稳定下来，成为生产上有利用价值的种质资源。这一问题，涉及到怎样使通过基因重组、分离、杂交得来的变异在新个体中稳定下来，并形成新的遗传隔离。

远缘杂种的分离没有任何规律，有的从第1代就开始分离，有的到第3代、第4代才开始分离，而且到第5、第6代还不能稳定。远缘杂种的分离比品种间杂交具有更大的多样性和复杂性，其分离无论是在形态特征上还是变异幅度上远非种内品种间杂种所能比拟的。根据目前有关的研究报道，远缘杂种性状分离的复杂性和它的染色体组型的变化关系十分密切，尤其在属间的远缘杂种中，有时是双亲整个染色体组的合并，有时则是个别染色体的代换或添补，个别染色体节段的易位也常常出现等。这些原因，造成了远缘杂种后代比种内杂交的后代具有更为复杂的分离现象。

远缘杂种后代的分离，大致可归纳为如下几个类型：

① 综合性状类型　杂种具有两个杂交亲本的综合性状，但是不稳定，随着有性繁殖代数的增加，将继续发生分离，有的可能向两亲性状分化，也有的形成新种类型。

② 亲本性状类型　杂种的性状倾向于原始种或亲本，甚至与母本完全一致。其中包括由于受精过程的刺激形成无融合生殖而产生的非杂种，或者母性遗传等原因所产生的杂种。

③ 新物种类型　杂种发生了突变性质的变异，产生了新性状，成为另一新种植物。

远缘杂种的分离现象极为复杂，目前对分离的规律性还不是很了解，深入研究远缘杂交的遗传机制，对于控制远缘杂种的分离、选择、培育等具有重要的实践意义。

7.4.2　远缘杂种的选择与鉴定

7.4.2.1　远缘杂种的选择

由于远缘杂种的分离十分复杂，因此，在远缘杂交工作中，加强对杂种后代的选择和培育，以获得具有优良性状的稳定的新类型，就显得尤为重要。根据远缘杂种的若干特点，选择必须掌握以下几个原则：

①扩大杂种的群体数量　远缘杂交的后代，比种内杂交的后代具有更为复杂的分离。一些质量性状的显隐性关系常常发生变化，呈现出一种连续变异状态，而且其分离世代也更长。一般而言，杂种中具有优良的新性状的组合所占的比例不会很多，同时，由于杂交时常渗入野生亲本的基因，也会伴随一些不利的野生性状出现。因此，必须尽可能提供较大的群体，以增加更多的选择机会。

②增加杂种的繁殖世代　远缘杂种往往分离世代较长，有些 F_1 虽不出现变异，但在以后的世代中仍然可能出现性状分离，因此，一般不宜过早淘汰。但是，对于那些经过鉴定，证明是由于发生无融合生殖，胚胎是从母本胚囊内卵核以外的细胞以及珠心层细胞发育而成，或由于卵细胞在精核的刺激作用下单独发育为胚，因而长成的植株完全与母本一样。这样的植株就不能作为远缘杂种，应加以淘汰。

③不断进行杂交选择　远缘杂种后代分离延续世代较长，因此，对于 F_1，除了一些比较优良的类型可以直接利用外，还可以进行杂种单株间的再杂交或回交，并对以后的世代继续进行选择。随着选择世代的增加，优良类型的出现率也将会提高。特别是在利用野生资源作杂交亲本时，野生亲本往往带来一些不良性状，因此，还常将 F_1 与某一栽培亲本回交，以加强某种特殊性状，并去除野生亲本伴随而来的一些不良性状，以达到品种改良的目的。

④培育与选择相结合　对于远缘杂种，应该注意培育与选择相结合。例如，给予杂种充足的营养和优越的生育条件，选择适合的优良砧木，以及与多倍体育种等手段结合起来，将有助于加速杂种性状的稳定，促进杂种优良性状的充分发育。

⑤有性繁殖的草本园林植物远缘杂种的选择　上述所介绍的几种原则主要适用于无性繁殖的木本园林植物。对于有性繁殖的草本园林植物远缘杂种后代的选择，其基本原则与近缘种杂种后代的选择相似，但也有其不同的地方。主要有：第一，F_2 的种植群体应更大，因 F_2 的分离更为广泛；第二，由于远缘杂种后代性状不易稳定，一般选择的代数更多，选择的年限更长；第三，应进行自交或用栽培品种回交再进行选择，一般不宜进行株间异交，否则优良性状难以稳定。

7.4.2.2　远缘杂种的鉴定

由于远缘杂种的分离具多样性，对杂种及其后代进行早期鉴定与选择是十分重要的。鉴定远缘杂种的真伪，除采用形态学的方法进行比较外，还应进一步采用现代技术手段，如电镜技术、核型分析技术、同工酶分析技术、分子标记技术等，通过综合多方面的分析结果，才能比较准确地鉴别杂种的真伪。如赵世伟等（1992）应用电子显微技术成功地对金花茶×茶梅的远缘杂种进行了鉴定。在柚（*Citrus maxima*）与酸橙（*C. aurantium*）的远缘杂交中，可以通过 GOT 同工酶的分析对杂种加以鉴别，GOT－1 的 *F* 等位基因为柚类所具有，橙类中不存在，而 GOT－1 的 *S* 等位基因则存在于橙类和橘类，真正的柚橙杂种，其 GOT－1 的基因型应为 *FS*。

通过远缘杂交获得的远缘杂种，特别是野生种和栽培（品）种间的远缘杂种，常伴随着一些野生性状，影响了杂种的利用价值。对此，可采用回交、辐射处理等措施，使野生种和栽培（品）种的染色体组成发生改变，或发生相互易位，再结合细胞学的方法，严格进行后代的选择，消除杂种株系中由野生种转移过来的染色体片段所带来的不良性状，以获得具有丰产、抗病、抗逆等优良特性的杂种后代。这在小麦（*Triticum aestivum*）的远缘杂交育种中，已取得了良好的效果。

（唐前瑞　季孔庶）

复习思考题

1. 什么是远缘杂交？远缘杂交的意义和作用是什么？
2. 远缘杂交胚败育的原因是什么？如何克服？
3. 远缘杂交中受精前杂交障碍的表现及其克服方法？
4. 如何鉴定远缘杂种？

本章推荐阅读书目

园林植物遗传育种学．程金水．中国林业出版社，2000.
园艺植物育种学总论．景士西．中国农业出版社，2000.
植物远缘杂交概说．李振声．陕西人民出版社，1980.

第8章　杂种优势的利用

［**本章提要**］目前，利用杂种优势已成为培育园林植物新品种（系）的有效途径之一。本章介绍杂种优势的相关概念，杂种优势的度量方法，杂种优势的早期预测与固定，杂种优势的利用程序，杂种种子生产，雄性不育系的利用等。

杂种优势（heterosis，hybrid vigor）现象在生物界广泛存在，它是基因重组的产物，为园林植物种质创新提供了一条有效的途径。目前，园林植物育种中通过优势育种途径选育的杂交新品种（系）愈来愈多，这一方法在草本园林植物育种中具有广阔的应用前景和不可忽视的作用。

8.1　杂种优势的概念、特点和利用概况

8.1.1　杂种优势的概念、特点及表现

8.1.1.1　杂种优势的概念

两个不同基因型的亲本杂交所产生的 F_1 植株在生长势、生活力、繁殖能力、抗逆性、产量、品质等方面优于双亲的现象，称为杂种优势（也叫杂交优势）。杂种优势表现的程度因杂交亲本组合的不同而不同，其优势有强有弱，数值上有正有负。这意味着不是所有 F_1 都存在杂种优势，也就是说杂种劣势同样存在，此时其值为负；另一方面，同一组合（同一 F_1）在不同环境条件下种植，优势的表现也不同，这是环境因子与基因互作的结果。

与杂种优势相对应的是自交衰退（inbreeding depression），自交衰退也是生物界普遍存在的现象。对于异花授粉植物来说，一般自交后都会发生不同程度的衰退，衰退的程度因种类不同而异。在自交的初期阶段，衰退较快，随着自交代数的增加，衰退有变慢的趋势。而自花授粉植物在长期的进化过程中，不适应自交的植株已被自然淘汰，因此自交衰退不明显或基本上不衰退。自交衰退是与纯合基因型同时产生的，自交后代群体中的纯合率可用下式估算：

$$X = \left(\frac{2^r - 1}{2^r}\right)^n \times 100\%$$

式中：r——自交代数；

n——异质基因数。

8.1.1.2 杂种优势的特点

杂种优势具有以下特点：

第一，杂种优势不是某一两个性状单独地表现突出，而是许多性状综合地表现优良。

第二，杂种优势的大小，取决于双亲的遗传差异和互补程度。

第三，亲本基因型的纯合程度不同，杂种优势的强弱也不同。

第四，杂种优势在 F_1 代表现最明显，F_2 代以后逐渐减弱。

8.1.1.3 杂种优势的各种表现

(1) 杂种劣势

杂种的生存能力比亲本减退的现象。

(2) 杂种旺势 (假杂种优势)

常常出现在某些远缘杂交子代中的杂种优势只表现为个体或某些器官的增大，而它的生存和繁殖能力并没有提高。这种杂种优势可能有利于生产，但在进化上不一定有适应意义。

(3) 真正的杂种优势

杂种的生存和繁殖能力提高，但个体生长上不一定超过亲本。这种杂种优势有进化的适应意义。

8.1.2 杂交优势育种

优势杂交育种与常规杂交育种相比较既有相同之处，也有很大的不同。优势育种与常规杂交育种都需要大量收集种质资源，选配亲本，进行有性杂交、进行品种的比较试验、区域试验、生产试验、申请品种审定和进行品种登录。对于木本园林植物两种育种方法大体相同；而对于多数草本园林植物而言，两者不同之处有以下几点：

① 从育种理论上看，常规杂交育种利用的只是加性效应和部分上位效应，是可以固定遗传的部分；优势杂交育种利用的是加性效应和不能固定遗传的非加性效应。

② 从育种程序上看，常规杂交育种是先杂交后纯合，即先进行杂交，然后自交分离选择，最后得到基因型纯合的品种；优势杂交育种是先纯合后杂交，通常首先选育自交系，经过配合力分析和选择，最后选育出优良的基因型杂合的杂交新品种。

③ 在种子生产上，常规杂交育种比较简单，每年从生产田或者种子田内的植株上收获种子，既可供下一年生产播种之用；优势杂交育种选育的杂交品种不能在生产田中留种，必须每年设立专门的亲本繁殖区和制种区。

8.1.3　杂种优势利用的概况

我国早在 1 400 多年前，就有关于对杂种优势认识和利用的记载，后魏贾思勰所著《齐民要术》中有关于马和驴杂交产生骡子的记载。在 1637 年，人们开始利用家蚕的杂种优势现象。18 世纪中期，欧洲人首先在烟草（*Nicotiana* sp.）中发现了植物杂种优势现象。1866 ~ 1876 年，达尔文用了整整 10 年时间，研究植物自花和异花受精现象，通过对玉米（*Zea mays*）的研究得出结论："异花受精一般对后代是有益的，而自花受精常常对后代是有害的。"沙尔（G. H. Shall, 1914）首次提出"杂种优势"的术语。随着利用自交不亲和系与细胞质雄性不育材料来生产 F_1 为生产提供良种的实施，在育种界掀起了杂种优势利用的热潮，并使之成为现代育种中深入研究且成就突出的领域。目前在园林植物，尤其是采用种子繁殖的花卉中取得了显著进展。近年来，国内外有关金鱼草、秋海棠类、海棠（*Malus spectabilis*）、香石竹、百合类、矮牵牛和万寿菊等花卉的杂种优势利用成绩显著。园林树木，如桉属（*Eucalyptus*）、鹅掌楸属（*Liriodendron*）、泡桐属（*Paulownia*）、松属、杨属（*Populus*）、柳属（*Salix*）、榆属（*Ulmus*）等的杂种优势利用也取得了喜人的成就，并呈现出极大的挖掘潜力。

8.1.4　影响杂种优势的因素

影响杂种优势的主要因素为杂交亲本的选择，主要表现在以下三个方面：

(1) 杂交亲本的纯合性

杂交亲本应当是高产、优良、血统纯的品种，提高杂种优势的根本途径是提高杂交亲本的纯度。无论是父本还是母本，在一定的范围内，亲本越纯杂交效果越好，这样能使杂种表现出较高的杂种优势，产生的杂种群体整齐一致。亲本纯到一定程度就使新陈代谢的同化和异化过程减慢，因此会造成生活力下降，这种表现称为新陈代谢负反馈作用。具有新陈代谢负反馈作用的高纯度的个体与有遗传差异的品种杂交，两性生殖细胞彼此获得新的物质，促使新陈代谢负反馈抑制作用解除，而产生新陈代谢正反馈作用得到促进；促使新陈代谢同化和异化作用加快，从而提高了生活力和杂种优势。为了提高杂交亲本的纯度，需要进行制种工作。亲缘交配（五代以内有亲缘关系的个体间交配）的后代具有很高的纯度。

(2) 杂交亲本间的差异

杂交亲本遗传差异越大，血缘关系越远，其杂交后代的杂种优势越强。在选择和确定杂交组合时，应当选择那些遗传性和经济类型差异比较大的，产地距离较远的和起源关系不同的品种作杂交亲本。

(3) 杂交组合的方式

在确定杂交组合时，应选择遗传性和生产水平高的品种作亲本，杂交后代的生产水平才能提高。

8.1.5 优势育种与重组育种的异同点

（1）相同点

优势育种与重组育种的相同点是都需要选配亲本，进行有性杂交。

（2）不同点

其一，重组育种先进行亲本的杂交，然后使杂种后代纯化成为定型的品种用于生产，此时重要的性状基本上不再分离。而优势育种则先使亲本纯化成为自交系，然后使纯化的自交系杂交获得杂种 F_1 用于生产。因此，重组育种是"先杂后纯"，优势育种是"先纯后杂"。

其二，优势育种供生产上播种的每年都是一代杂种，不能用 F_1 留种，因而需要专门设立亲本繁殖区和制种田，每年生产 F_1 种子以供生产播种用。

8.2 杂种优势的机理

8.2.1 显性假说（dominance hypothesis）

由布鲁斯（A. V. Bruce）于 1901 年提出，其主要内容是：显性基因有利于个体生长和发育，相对的隐性基因不利于生长和发育。杂交能够把双亲的显性基因集合于一个个体，增加杂种个体含显性基因的座位数，因此出现杂种优势。如

$$AAbbCCdd \times aaBBccDD \rightarrow AaBbCcDd$$

在现实中，F_1 的杂种优势明显，二代衰退，Bruce 的假说不能很好地解释杂种优势难于进一步固定的问题。为此，琼斯（D. F. Jonse，1910）提出了连锁假设：由于杂种优势涉及许多基因，而有害的隐性基因和有利的显性基因难免相连锁，所以要把为数较多的有利基因全部以纯合状态集中到一个自交后代个体中的概率微乎其微，这就使得杂种优势无法固定。

8.2.2 超显性假说（super overdominance hypothesis）

是由依斯特（E . M. East，1918），沙尔（G. H. Shall，1910）分别提出的，又叫等位基因异质结合假说。这一理论认为，等位基因间无显隐关系，等位基因的杂合状态优于任何一种纯合状态。这是因为异质的等位基因之间存在有利的互作，即 $A_1A_1 < A_1A_2 > A_2A_2$。这种异质等位基因座位越多，杂种优势越大。如 $a_1a_1b_1b_1c_1c_1 \times a_2a_2b_2b_2c_2c_2 \rightarrow a_1a_2b_1b_2c_1c_2$；杂种优势还取决于每对等位基因作用的差异程度，差异越大，子一代的优势越明显。

8.2.3 上位互作（效应）说

不同座位的非等位基因之间的互作也可能导致杂种优势。如番茄杂交的结果：P_1 果实大但果数少，P_2 果数多但果实小，F_1 介于两者之间，但产量则明显超于两亲。

从杂种优势的种种表现来看，以上几种假说都能说明一些问题，其中显性假说把杂种优势归为显性基因位点的增加，超显性假说强调等位基因间的互作，而上位假说强调了非等位基因间的互作，它们既非相互排斥，又不能概括一切。实际上，根据数量性状的遗传分析，杂种优势的遗传实质在于显性效应、超显性效应、上位效应及其他效应等共同作用，而且还可能与细胞质基因有关。

8.3 杂种优势的度量方法

杂种优势的强弱可以通过测算配合力来估计，比较简便而粗放的估计可直接用亲代和 F_1 的平均值来计算。对杂种优势强弱进行简单度量是为了在不同组合和不同性状之间，比较它们的基因效应中可以利用但不易固定部分的大小，以评价开展优势利用的价值，并为选择亲本提供依据。通常所用的简便度量法根据衡量优势强度所用的基数不同可分为：中亲值优势（或超中优势）、高亲值优势（或超亲优势）、标准值优势（或超标优势）和离中值优势（或离中优势）。

8.3.1 中亲值优势

中亲值优势（mid-parent heterosis）以中亲值（某一性状的双亲平均值）作为度量单位，用以度量 F_1 平均值与中亲值之差的度量法。用公式表示如下：

$$H = \frac{F_1 - \frac{1}{2}(P_1 + P_2)}{\frac{1}{2}(P_1 + P_2)}$$

按上式，当 F_1 等于中亲值 $MP = \frac{1}{2}(P_1 + P_2)$ 时，$H = 0$，为无优势。这种度量法所得到的 H 值通常都在 0 ~ 1 范围内，只有当 $F_1 \geqslant 2MP$，$H \geqslant 1$ 时才称为优势。这种度量法的主要缺点是：它与根据配合力或遗传估算的显性度相比往往偏低。

8.3.2 高亲值优势

高亲值优势（over-parent heterosis）这种度量方法是将双亲中较优良者的平均值（P_h）作为度量单位，用以度量 F_1 平均值与高亲平均值之差的度量法。用公式表示如下：

$$H = (F_1 - P_h)/P_h$$

主张运用这种度量法的理由是：如果 F_1 不超过优良亲本就没有必要用杂种。这种度量法适用于对组合优势的评价，主要决定于某一种性状（如产量）的情况。如果用这种方法对多种性状进行综合评价，则当选的将是 F_1 中超亲性状最多的组合。但是即使某组合有多个性状超亲，只要一个重要性状很差，就不一定适用于实际生产。使用这种度量法，当 $F_1 = P_h$ 时，$H = 0$，即无优势，因而不能用以度量不超亲的优势。

8.3.3 标准值优势

标准值优势（over-standard heterosis）是以标准种（生产上现在还应用的最优品种）的平均值（*CK*）作为度量单位，用以度量 F_1 与标准种数值之差的度量法。用公式表示如下：

$$H = (F_1 - CK)/CK$$

主张用这种度量法的理由是：F_1 必须超过标准种才有推广价值。这种度量法的适用范围和存在的缺点，基本上与高亲值优势度量法相似。但这种度量法在与一般品种的比较试验中，与对品种性状优势的评价一样，而不是对杂种优势的度量，它不能提供任何与亲本有关的遗传信息。因为即使对同一组合同一性状来讲，一旦所用标准种不同，*H* 值也就不同。

8.3.4 离中值优势

离中值优势（Heterosis from mid-parent value）以双亲平均之差作为度量单位，用以度量 F_1 和中亲值之差的度量法，用公式表示如下：

$$H = \frac{F_1 - \frac{1}{2}(P_1 + P_2)}{\frac{1}{2}(P_1 - P_2)}$$

本公式中以双亲平均之差作为优势的度量单位。这种度量法能直接从 *H* 值读出优势的强度达到某种水平，便于在各种组合和各种性状之间进行单独的或综合的比较。这种度量法反映了 *H* 值与双亲值之差呈负相关，就双亲值相差愈大的组合愈不易出现超亲优势来讲，是得到育种实践证实的；但是另一方面，双亲值相差愈小则杂种优势愈强，而且当 $P_1 = P_2$ 时，按公式 *H* 值将变成 $\propto$，这就完全不符合实际了。

8.4 杂种优势的早期预测与固定

8.4.1 杂种优势的早期预测

在田间检测杂种优势，需要耗费大量的人力、物力和时间，而且限于实际条件，一次很难测定大量组合，因此育种工作者一直试图利用亲本材料在实验室内进行杂种优势的早期预测。目前已经报道的早期预测方法主要有如下几种：

8.4.1.1 酵母测定法

马兹科夫等（Matzkov *et al.*，1961）分别用单一亲本、两亲本混合和杂种植株的浸提液培养酵母，结果 76% 的两亲本混合浸提液促进酵母生长的效果与杂种浸提液相似，而优于单一亲本，据此提出利用酵母测定法来预测杂种优势。其具体方法是以热水浸煮法，从植物组织（叶子、种子或幼芽）中得到提取液

（干物质和水分比例为 1∶50）。测定时，先在试管中放入啤酒酵母菌悬浮液 20mL，然后加入 0.5mL 植物组织提取液，将试管在 28～30℃ 温箱中培养 24h。用比浊法测定酵母菌的增长情况，根据生长情况来判断杂种优势的大小及有无。

8.4.1.2　线粒体、叶绿体和匀浆互补法

线粒体互补法认为两亲本线粒体混合物的呼吸率高于两亲本单独线粒体的呼吸率时，则相应的 F_1 往往表现为有较强的杂交优势。叶绿体互补法是指双亲叶绿体混合物表面光合活性的互补作用。细胞匀浆互补是杨福愉（1978）提出的，并在水稻（*Oryza sativa*）杂种优势预测上达到了 85% 的准确率。上述方法获得较多试验的支持，但也有部分试验结果与其相悖。

8.4.1.3　同工酶分析法

酯酶和过氧化物酶是杂种优势预测研究中报道最多的。许多试验证明，弱优势组合亲本之间同工酶谱同源性强，F_1 酶谱也与亲本同源性强；而强优势组合亲本酶谱差异大，同源性弱，F_1 出现一些新谱带，其光密度较高，因此认为杂种新谱带的出现是强优势的预示。此方法的优点是快速、简便、重复性好，取样少，不伤植株。

8.4.1.4　分子遗传学方法

利用 DNA 分子标记研究表明，杂种优势与分子标记位点的杂合度相关显著，但相关程度随材料不同而不一致。也有人用 mRNA 差异显示法试验，认为亲本与 F_1 基因表达差异明显。分子遗传学方法预测杂种优势虽有一定局限性，但为在分子水平上揭示杂种优势的形成机制提供了有价值的途径。

8.4.2　杂种优势的固定

杂种优势到 F_2 代一般都会大幅度下降，且 F_2 个体间的一致性差，因而生产上一般只采用 F_1。为了避免每年生产一代杂种种子的麻烦，提高杂种优势的利用价值，育种学家曾做了大量尝试，希望找到固定杂种优势使之代代相传而不衰退的方法。现介绍如下：

8.4.2.1　无性繁殖法

凡是生产上习惯用无性方法繁殖而又能结种子的花卉，都可用无性繁殖法使杂种优势固定下来。可将优良 F_1 的器官、组织或体细胞分离培养成株，年年生产大量 F_1 无性系种苗供生产上栽植以代替年年制种。如南京林业大学利用鹅掌楸与北美鹅掌楸杂交的未成熟胚作为外植体，开展体细胞胚胎发生的研究，达到年产 50 万株杂种鹅掌楸体细胞胚胎苗的规模，实现工厂化育苗，大大提高了繁殖速度。

8.4.2.2 二倍体无融合生殖

无融合生殖（apomixis）是指不通过雌雄配子的核融合而产生后代的一类繁殖方式。无融合生殖可以分为3类：第一，营养体的无融合生殖，就是无性生殖；第二，无融合结籽，能产生种子的无融合生殖；第三，单性结实，不能产生种子的无融合生殖。一般情况下是由二倍体的胚胎，未经减数分裂的珠心、珠被的二倍体细胞发育而成；或由胚囊中的助细胞或反足细胞无融合生殖，形成二倍体的胚和种子。从形态学讲是种子，而实际上发育而成的是二倍体的体细胞，是一种无性繁殖的方式。像柑橘类、无花果、玫瑰以及多种花卉的无融合生殖较为常见。例如，柑橘（*Citrus reticulata*）种子内常常有几个胚，而多数只有一个胚是有性的，其余的胚则是由无性的体细胞组成的。这种无融合性可以通过选择进一步提高，还可以通过杂交转育与其他经济性状结合起来。如果使一个优良的一代杂种具备较强的二倍体无融合生殖能力，就可以比较容易地通过种子繁殖来保持杂种优势了。

8.4.2.3 双二倍体法

将远缘杂交形成的具有强大杂种优势的 F_1 染色体加倍，使来自双亲的每套染色体成双，减数分裂时实现“同源配对”，获得后代不再分离的“永久杂种”。如英国邱园培育成功的邱园报春（*Primula kewensis*）即使用该方法。

8.4.2.4 平衡致死法

通过染色体结构变异，在减数分裂时形成两种基因型不同的配子，在受精时，基因同质结合时会致死，即产生所谓“平衡致死”，而只有异质结合形成的杂合体具有生活力，可以发育成种子，形成“永久杂合体”，这种杂合体在有性生殖后代中能保持杂种优势。

8.5 杂种优势利用的程序

杂种优势利用主要是指利用 F_1，F_1 就其亲本性质而言，大致可分为品种间、自交系间、品种和自交系间杂交3种类型。品种间 F_1 主要用于自花授粉植物，对于异花授粉植物，选育 F_1 的工作应该从选育自交系开始。自花授粉植物由于一个品种近似一个自交系，因而可以省略这一工作过程。

8.5.1 选育优良自交系

自交系是指从某品种的一个单株连续自交多代，结合选择而产生的性状整齐一致，遗传性相对稳定的自交后代系统。一个优良的自交系应该具备以下特性：配合力高；抗病性强；观赏价值高；产量高（包括选配的杂交组合有较高的产量优势和自交系本身生长发育健壮、产量高、种子产量也高）；多数性状是可遗传的。

8. 5. 1. 1　选育自交系的一般方法和步骤

(1) 基础材料的选择

一般应选优良的品种或杂交种作为留种单株的基础材料。尤其是注意选用最新推广的品种或优良的地方品种作为基础材料。农艺性状很差的品种除利用其特殊基因外，一般不宜选用。如已知现有品种或杂种的配合力，则应重视选用配合力高的材料。选用的基础材料不宜过多，一般为 10 个。否则工作量过大，难以承受。

从基础材料中选择出来用于自交的植株叫“基本株”，由基本株组成 S_0 代；由其中筛选出的优良单株自交得到的下一代即为 S_1 代；依此类推，S_2、S_3、……（图 8-1）。

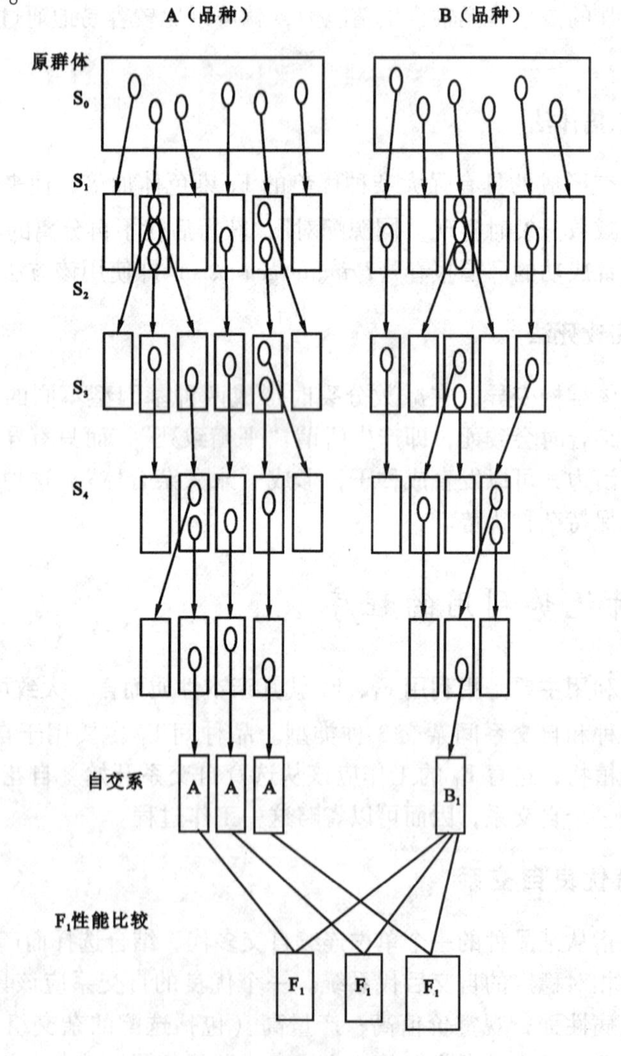

图 8-1　自交系培育和单交种选育

(2) 选择优良的单株进行自交

在选定的优良品种或杂种内选择优良的单株分别进行自交。每一品种或杂种内所选择的自交的株数和每一自交株系应种植的后代株数，是随试材的具体情况而定的，通常约选数株至数十株。一般对品种材料应多选一些单株进行自交，而每一自交株后代可种植相对较少的株数；对杂种则可相对少选一些植株自交，每一自交后代应种植相对较多的株数。对于较纯的品种可少选单株自交，反之则可多选一些具代表性的单株。通常每一个 S_1 株系种植 50～200 株，S_1 株系的数量一般在几个至 200 个之间。

(3) 逐代选择淘汰

根据选育的目标性状比较鉴定各 S_1 代，先淘汰一部分不良自交系，再在入选系中各选几株至几十株继续进行自交，总计约在几百至几千株之间。每个 S_2 代株系种植 20～100 株。以后继续选择淘汰，最后剩几十个，每个株系种植株数，可随株系减少而稍稍增多。自交一般进行 4～6 代，直至获得纯度很高，主要性状不再分离，生活力不再明显衰退的自交系为止。以后以各自交系为单位分别在各隔离区播种繁殖，任其系内自由授粉采种，但应严格防止与其他株系或品种的花粉杂交。

在整个自交系选育过程中，一般采用下列方式编号。例如 $A_1-10-3-8$ 代表品种 A 的 S_0 代第 1 株，S_1 代第 10 株，S_2 代第 3 株，S_3 代第 8 株。

(4) 配合力测定

通过以上自交和选择过程获得不同的自交株系后，还应对其配合力进行测定以筛选出配合力高的优良自交系。配合力是指作为亲本杂交后，F_1 代表现优良与否的能力。又分为一般配合力（general combining ability，gca）和特殊配合力（specific combining ability，sca）。

8.5.1.2 轮回选择法选育自交系

轮回选择法是通过反复选择和杂交，将所需要的基因集中于一体的育种方法。具体做法为：从杂合型群体中选出优良个体，在自交一次后的后代系统间进行多系杂交，得到下一次进行选择的群体（图 8-2）。

这与从杂合型群体中选出优良个体后进行反复自交与选择的一般自交系选育不同。采用轮回选择法可将分散存在于杂合群体中的各个个体和各条染色体上的基因集中，尽量增加基因重组的机会。在起始世代，由于植株的杂合程度较高，对其进行选择，效果也较好。用作轮回选择的原始材料可以是自然授粉品种、混合品种，选择相当数量的自交系进行相互杂交的后代、双交种和单交种等。遗传基础狭窄的材料不宜用于轮回选择法，因为这类材料不易得到改良。根据有无测交、测交种的不同种类以及改良遗传内容的目标等，可将轮回选择法分为 4 种类型，现简要分述于下：

(1) 单轮回选择法

如图 8-2 所示，选择优良单株自交，单株留种，按株系播种，再进行多系相

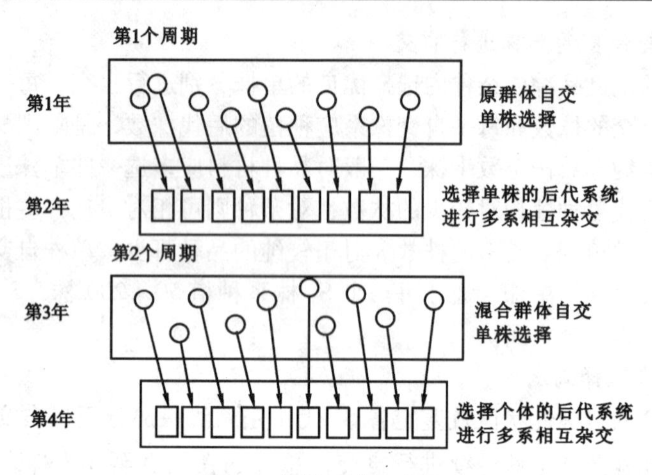

图 8-2　单轮回选择法图示

互杂交，混合留种，完成第 1 周期（轮）。根据育种目标鉴定入选群的优劣，可进行第 2 甚至更多周期的选择。此法根据表型进行选择，故适于选择遗传力高的性状（如株高、抗病和抗虫性等）。

（2）配合力轮回选择法

从原始群体中选出优良单株，进行两种交配：一种是选株自交；另一种是以所选株为母本与一杂合群体或复合杂交种等检测种测交。自交是为了保留优良单株后代，并逐步纯合基因型；测交是为了鉴定入选单株的一般配合力。通过第二代比较测交得到的 F_1 的生产性能和其他性状，评选出适宜数量（约 10%）的优良组合，将这些优良组合的母本株自交后代在隔离区随机交配，再组合成一个改良群体，完成第 1 个选择周期，根据选择群体的优劣还可进行若干轮回的选择（图 8-3）。这种选择法是用一个杂合群体或复合杂交种作测验种与优良单株测交。因测验种的基因型是杂合的，故测交组合鉴定的结果能提供一个加性效应的尺度，反映所选自交系的一般配合力。此法适于选育一般配合力高的自交系；也

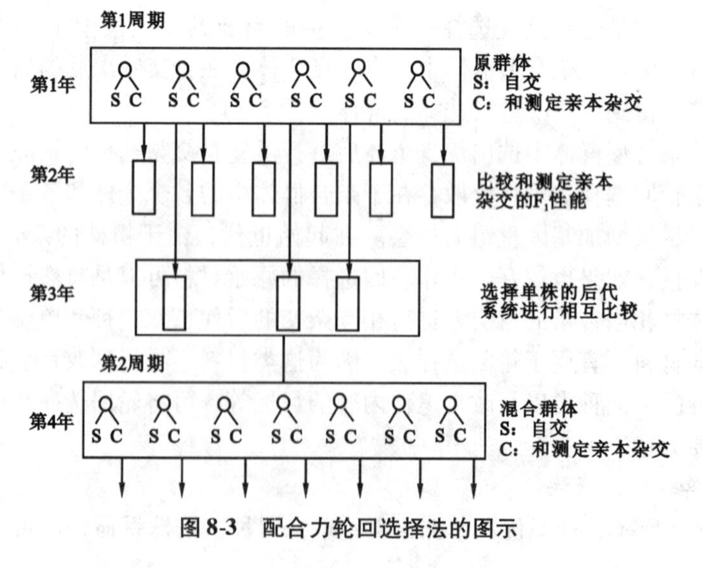

图 8-3　配合力轮回选择法的图示

可用于提高原群体的生产性能。

(3) 交互轮回选择法

这是一种事先准备 A、B 两个群体作为原群体，用从 B 群体中随机选择的相当数量的单株作为提高 A 群体配合力的测定亲本，相反用从 A 群体随机选出相当数量的单株作为 B 群体的测定亲本，互相提高配合力，同时改良 A、B 两群体的方法。这种方法是由库姆斯塔克（R. E. Comstock）、鲁滨森（H. F. Robinson）以及哈菲（P. H. Harvey）于 1949 年提出的。改良过的 A、B 两群体可以直接杂交，或者从各个群体中选出自交系进行（$A_1 \times A_2$） ×（$B_1 \times B_2$）类型杂交或者培育 A、B 两者之间的各种类型的杂交种（图 8-4）。

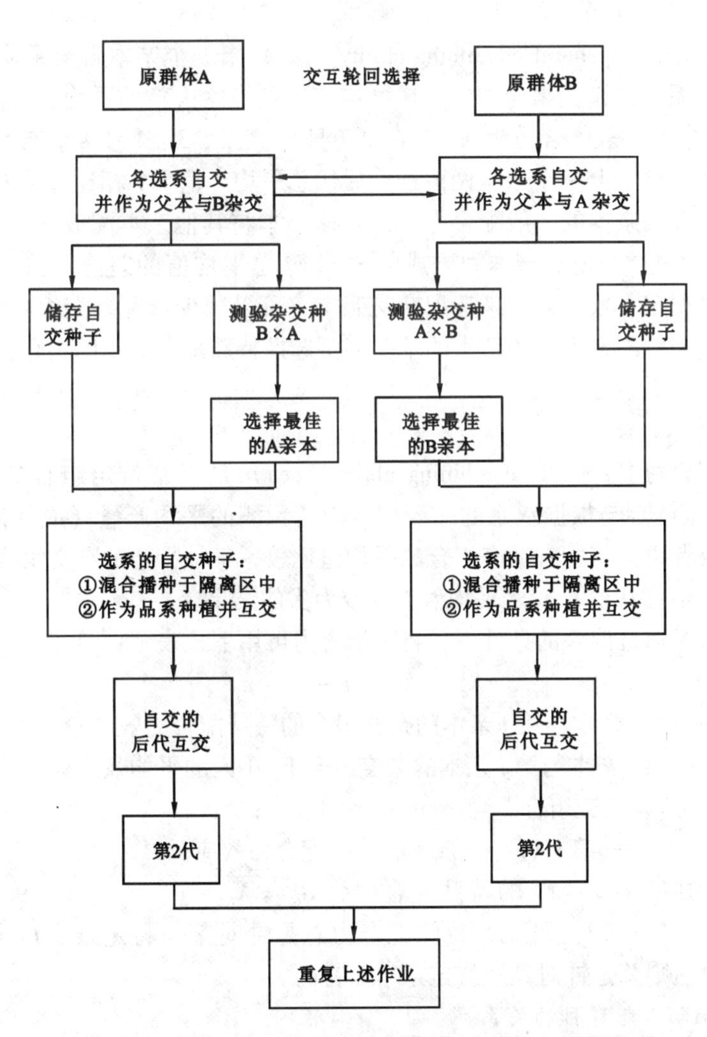

图 8-4　交互轮回选择自由授粉群体改良方法示意图

8.5.2　配合力的测定

8.5.2.1　配合力的概念

育种实践证明，外观长势好、产量高的亲本，其杂种产量不一定有较高的水平；而有些亲本并不是特别优良，但与另一亲本交配后，后代却非常优良，究其原因是与亲本的配合力高低有关。配合力又称组合力，是斯杯莱古（Sprague）和坦塔姆（Tatum）于 1942 年提出的，他们根据玉米杂交育种的研究结果，把配合力分为一般配合力和特殊配合力两种。

（1）一般配合力

一般配合力（general combining ability，gca）指一个亲本自交系或品种（纯合体）在一系列的杂交组合中的产量（或其他经济性状）的平均表现。如表 8-1 中，7 号亲本的一般配合力为 0.3，它是 7 号与 1、2、3、4 号 4 个亲本杂交产生 F_1 的平均产量 9.2 与 9 个亲本两两杂交后代总平均产量 8.9 相比较的差值。因此确切地说，某一亲本的一般配合力，即是该亲本与其他亲本配成 F_1 的平均产量（或其他性状值）与所有亲本间配成的全部 F_1 总平均值的差值。在杂种优势利用中，通过测定一般配合力来选配杂交亲本，可以减少选配杂交组合的盲目性，并且只有在一般配合力高的亲本的基础上再选择特殊配合力高的组合，才能获得最为理想的杂交组合。

（2）特殊配合力

特殊配合力（specific combining ability，sca）是指某特定组合的实际产量（或其他性状值）与根据双亲的一般配合力所预测的平均产量（或其他性状值）的差值。或者说，与所有杂交组合的平均值比较，某一特定的杂交组合中表现的产量（或其他性状值）较之平均值为优或为劣的结果。

在不考虑随机误差的条件下，特殊配合力可用下式表示：

$$S_{ij} = X_{ij} - \mu - g_i - g_j$$

式中：S_{ij}——第 i 亲本与第 j 亲本的杂交组合的特殊配合力效应；

X_{ij}——第 i 亲本与第 j 亲本的杂交组合 F_1 小区的平均效应；

μ——所有杂交组合 F_1 群体的总平均效应；

g_i（g_j）——第 i（j）个亲本的一般配合力效应。

表 8-1 中（6×2）F_1 的特殊配合力为 $S_{62} = X_{62} - \mu - g_6 - g_2 = 9.1 - 8.9 - (-0.3) - 0.2 = 0.3$。可见，特殊配合力总是针对某一特定杂交组合而言的，而一般配合力则总是针对某一特定亲本而言的。

（3）配合力与育种的关系

一般配合力主要是由亲本的基因加性效应决定的，加性效应决定于基因位点数目。对某一固定亲本来说基因位点数目是个定值，不会因杂交组合的不同而变化。所以基因的加性效应是可以稳定遗传的。因此，对于主要取决于一般配合力的性状可以通过常规杂交育种育成定型品种，免去年年制种的麻烦。特殊配合力

表 8-1 4 个父本和 5 个母本的产量性状一般配合力

亲本	1	2	3	4	平均	一般配合力
5	9.2	8.9	9.0	8.5	8.9	0.0
6	8.4	9.1	8.7	8.2	8.6	-0.3
7	9.0	9.4	9.6	8.8	9.2	+0.3
8	9.1	9.3	9.2	8.8	9.1	+0.2
9	8.8	8.8	9.0	8.2	8.7	-0.2
平均	8.9	9.1	9.1	8.5	8.9	
一般配合力	0.0	+0.2	+0.2	-0.4		

则是受基因的显性效应和非等位基因互作效应控制的。杂种优势主要是由显性效应和非等位基因互作效应导致的，这就是说某一组合优势的强弱主要取决于该组合的特殊配合力。对于主要取决于特殊配合力，或一般配合力和特殊配合力都有很大影响的性状，就应该充分利用 F_1 的杂种优势。

由于基因的加性效应和显性及上位性效应之间并无直接相关，因而可能两个一般配合力都不很高的亲本，由于杂交后的特殊配合力很高，因而 F_1 的性状值很高；另一对亲本则一般配合力较高，特殊配合力较低，因而 F_1 的性状值也较高。这就是说，虽然在具有高一般配合力或高特殊配合力的组合内，都可能获得高产组合，但是只有在选择一般配合力高的亲本基础上，再选择特殊配合力高的组合，才能获得性状值最高的组合。

8.5.2.2 配合力的测定方法

(1) 顶交法

以普通品种（包括杂种）作为测验种与各个被测自交系（或品种）配组杂交，比较下一代各个测交种产量（或某种性状值）的高低。测交种产量高的组合，其被测自交系（或品种）的配合力高；反之，其被测自交系（或品种）的配合力低。顶交法的优点是需配制和比较的组合数少，而试验结果便于被测自交系（或品种）间相互比较。此法的缺点是不能分别测算一般配合力和特殊配合力，所得数据为两种配合力混在一起的配合力；此外，所得数据的代表性较差，换一个测验者，结果可能会不同。因此此法适用于早期世代（如 S_0 或 S_1）的配合力测试比较，以及时淘汰一些配合力相对较低的株系；也适用于测验者为最后配制 F_1 时选择亲本系统之一的情况。例如，用一个雄性不育系或自交不亲和系作测验者，就有可能从大量自交系中选择配合力最高的自交系，得到优良的杂交组合。

(2) 不等配组法

又称无规则配组法或简单配组法。是指用育成的自交系，按亲本选择选配的原则配成若干个组合。通常的做法是将优良的自交系多配一些组合，不突出的自交系少配一些组合，从而使得各个自交系实际配成的组合数不相等，故称不等配组法。此法较简单，只要每个亲本配制两个以上组合，就可按定义式计算各亲本的一般配合力和各组合的特殊配合力。但由于有些自交系所配组合数目过少，使配合力的计算结果可靠性较差。因此，此法适于亲本材料较多并希望直接从中选出优良组合，而由于条件限制只能在少数组合间进行比较的情况；此外，在收集到育种原始材料，开始进行自交系选育时，也多采用此法测验各育种材料配合力的情况，可以为重点育种材料自交系的选育提供依据。

（3）半轮配组法

又叫半双列杂交法。是指将每一个自交系（或品种）与其他自交系（或品种）一一相配，但不包括自交和反交组合。交配组合数可按公式

$$n = P(P-1)/2 \text{ 计算}$$

式中：n——组合数；

P——亲本自交系（或品种）数。

若有 10 个自交系，就需配制 45 个组合。所配制的组合按试验设计进行田间试验，将每组合各次重复的结果统计分析和验证，算出平均值，按下式计算一般配合力（gca）和特殊配合力（sca）。

$$gca_j = \frac{X_{i\cdot}}{P-2} - \frac{\sum X_{\cdot\cdot}}{P(P-2)}$$

$$sca_{ij} = \bar{X}_{ij} - \frac{X_{i\cdot} + X_{j\cdot}}{P-2} + \frac{\sum X_{\cdot\cdot}}{(P-1)(P-2)}$$

式中：$X_{i\cdot}$——以 $i.$ 自交系为亲本的所有组合某性状数值之和；

$X_{j\cdot}$——以 j 自交系为亲本的所有组合某性状数值之和；

$\sum X_{\cdot\cdot}$—— 该试验全部组合某性状数值总和；

P——亲本数；

$\bar{X}_{ij}$——以 i 为母本 j 为父本所配制 F_1 的某性状数值的平均值。

用半轮配组法的优点在于：了解某种性状的配合力究竟主要决定于一般配合力还是特殊配合力；使育种工作者较准确地选出优良组合。主要缺点为：所配组合数较多，工作量大。当有些组合的正反交在个别性状上有差异时，半轮配组法无法测出配合力。

8.5.2.3　自交系间配组方式的确定

经过配合力测验选出优良杂交组合及其亲本自交系后，还需要进一步确定各自交系的最优组合方式，以期获得生产力最高的杂种。根据配制 F_1 所用的亲本自交系数，可分为单交种、双交种和三交种。双交种和三交种都是为了降低杂种种子的生产成本而采用的制种方式。

（1）单交种的选育

用两个自交系配成的一代杂种称为单交种。单交种的优点是杂种优势强，植株整齐一致，制种手续较简单，双亲可以作为稳定系统保持，每年可以生产出相同基因的杂种。缺点是某些自交系生育不良，种子量少，成本高。单交种可用下列几种方法选育：

① 优良自交系轮交配制单交种　经过一般配合力测定的优良自交系，用套袋授粉方法，将它们配成可能的单交组合。经过鉴定比较、区域试验等，表现优异者就可在生产上推广应用；

② 用“骨干系”作测验种配制单交种　在自交系数目很多时，机械地轮配也能组合，但工作量太大。因此，可选取一般配合力高而特别优良的自交系作“骨干系”，分别与其他系杂交，进行产量鉴定，选出符合育种目标要求的杂交种，就可以进一步示范推广。这样，不仅选育了新单交种，而且测定了自交系的配合力。

③ 改良现有单交种　原有推广的单交种栽培到一定年限以后，由于新自交系的育成，就可能使之相形见拙，有改良的必要，方法就是把有缺点的自交系替换成另一个新自交系，使其 F_1 代更符合生产的需要。近年来美国还采用姊妹交配改良单交种，例如 A×B 可改成（A×A）×B 或（$B\times B_1$）×A 及（$A\times A_1$）×（$B\times B_1$）等均为 A×B 的改良单交种。

(2) 双交种的选育

双交种是由 4 个自交系先配成两个单交种，再用两个单交种配成用于生产的 F_1，即：(A×B)×(C×D)。双交种的优点是可使亲本自交系的种子用量显著减少，杂种种子产量显著提高，从而降低制种成本。同时双交种的遗传组成不像单交种那样单纯，虽然植株整齐度稍差一点，但适应性更强，因此虽说产量比单交种稍低，但却更加稳产。缺点是制种比较复杂，杂种的增产率和一致性不如单交种，生产中使用较少。

(3) 三交种的选育

用 3 个自交系配成的 F_1 称为三交种，即：(A×B)×C。三系杂交通常用单交系作母本，用另一自交系作父本，这是由于单交系生活力强，结实率高，有效地利用了杂种优势以降低种子生产成本。对于三交种的生产力预测可按双交种同样的原理和程序进行。

8.5.2.4　品种比较试验、生产试验和区域试验

经过上述一系列过程育成一个或数个优良杂交组合后，尚不能马上在生产中推广应用，还必须进行品种的比较试验、生产试验和区域性试验，才能根据其各方面的表现确定是否具有推广价值，或适合在哪些地方推广，有无上报全国区域性试验的价值。衡量优劣的标准就是对照种（包括统一对照种和地方对照种），一般而言产量比对照增产 15% 以上，或产量增加不明显，而其他主要经济性状有 1~2 个显著优于对照种，均可认定该品种有推广价值，否则就应予以否定。

8.6　杂种种子的生产

经过一系列试验育出优良杂交组合之后，便需要生产 F_1 种子供生产上应用。其主要工作包括两个方面：一是亲本的繁殖及自交系纯度的保持；另一方面就是

设置隔离区种植组合亲本，生产 F_1 种子。生产 F_1 的原则是杂种种子的杂交率高（最好是 100%），种子生产成本尽可能低。这样生产出来的种子才有竞争力。生产 F_1 的方法很多，归纳起来大致可分为以下几种。

8.6.1　人工去雄制种法

人工去雄制种法也称简易制种法。它是用人工的方法除去母本中的雄株，或去掉母株上的雄花或雄蕊，再任其与父本自然授粉或人工辅助授粉，母株上所结种子即为 F_1 杂交种。从原则上讲，人工去雄制种法适用于所有有性生殖的植物，而实际则并非如此，因为 F_1 能否推广和制种难易与种子价格有密切关系。

对于雌雄异株植物，父母本自交系相邻种植，等雌雄株刚能辨认时，拔除母本系统中能产生花粉的雄株，仅留雌株，一般每 2 ~ 3d 检查拔除一次，尽可能保证母本中无产生花粉者。而实际操作中很难做到，因此也降低了 F_1 的种子纯度。杂种优势利用中主要是用雌株系或高度雌花性的二性株系作母本，与另一父本配制 F_1 用于生产。

对于父、母本隔离区内种植的雌雄异花植物，只要在雌花开放前摘去母本上的雄花，所得种子即为 F_1 种子。对于雌雄同花植物，可利用人工去雄法制种。

对于那些花器官小、或单花结实率低和繁殖系数低的植物，如十字花科（Cruciferae）、豆科（Leguminosae）、伞形花科（Umbelliferae）等，用人工去雄法生产 F_1 则是不可取的。

对于那些去雄困难的异花授粉作物，也可以利用简易制种法生产 F_1，父母本按 1∶1 种植时，其真杂种率往往只有 50% ~70%，所以增产幅度有限。如再增加父本比例，则从母本上所得种子更少，这样的 F_1 种子生产困难，缺乏竞争力，很难获得推广。

8.6.2　利用苗期标记性状的制种法

利用双亲和 F_1 苗期表现的某些植物学性状的差异，在苗期可以较准确地鉴别出杂种苗或亲本苗（即假杂种），这样容易目测的植物学性状称为“标记性状”或“指示性状”，标记性状应具备两个条件：这种植物学性状必须在苗期就表现出明显差异，而且容易目测识别；这个性状的遗传表现必须稳定。利用苗期标记性状的制种法，就是选用具有苗期隐性性状的品系作母本，与具有相对应的显性性状的父本进行不去雄的人工杂交或自然杂交，在杂种幼苗中通过间苗淘汰那些表现隐性性状的假杂种。此法的优点是亲本繁殖和杂交制种简单易行，可省去去雄环节，降低制种成本，且能在较短的时间内生产出大量的 F_1。其缺点是间苗和定苗工作较复杂，需要掌握苗期标记性状，熟练间苗、定苗技术，而且有些园林植物的具体杂交组合尚未掌握典型和明显的苗期标志性状，有些性状虽然较明显，但遗传性比较复杂，也不便于应用。

8.6.3　利用化学去雄剂的制种法

化学去雄作为制种的方法是节省人工的一条途径。近几十年来，随着新药剂的发现和合成，去雄剂在不断增加，迄今报道过的主要去雄剂有：二氯乙酸、二氯丙酸钠（达拉明）、三氯丙酸、二氯异丁酸钠（FW450）、三碘苯甲酸（TIBA）、二氯乙基磷酸（乙烯利）、顺丁烯二酸联胺（MH）、二氯苯氧乙酸（2,4-D）、核酸钠、萘乙酸（NAA）、二氯乙基三甲基氯化铵（矮壮素，即CCC）等。施用方法一般都采用水溶液喷雾法，喷雾时期一般在花芽开始分化前，为了产生持久的效果，需要间隔适宜时日重复喷药多次。

利用化学药剂去雄制种时，必须要求药剂具有以下特性：第一，处理母本后仅杀伤雄蕊使花粉不育，不影响雌蕊正常的生长发育；第二，处理后不会引起遗传性变异；第三，处理方法简便，药剂便宜，效果稳定；第四，对人、畜无害。

除上述制种法外，还可采用雄性不育系和自交不亲和系制种法来生产 F_1 的种子。

8.7　雄性不育系及其利用

两性花植物中，雄性器官退化畸形或丧失功能的现象，称为雄性不育。雄性不育有多种表现形式，目前尚缺乏公认的命名和分类方法。根据雄性器官的形态及功能的表现，可分为：

① 雄蕊不育、雄蕊畸形或退化，如花药瘦小，干瘪、萎缩，不外露，甚至花药缺失；

② 无花粉或花粉不育，雄蕊虽接近正常，但不产生花粉，或花粉极少，或花粉无生活力；

③ 功能不育，雄蕊和花粉基本正常或花粉极少，但由于花药不能自然开裂散粉，或迟熟迟裂，因而阻碍了自花授粉；

④ 部位不育，为功能不育的一种表现，它的雄蕊、花粉都正常，但因雌雄异常（如柱头高、雄蕊低）而不能自花授粉。

上述归类只是相对的，实际上雄性不育的表现更为复杂多样。按其不育程度可分为“全不育”及“半不育”，按其稳定性又可分为稳定不育和不稳定不育两种。同一个不育株（系）也会兼有多种不育的特征，而且在同一株，同一花枝，甚至同一花内，还存在从能育到不育的种种表现类型，后一种情况称为“嵌合型不育”。实践上以稳定的全不育最有价值。

雄性不育性变异普遍存在于各类植物中，据安特欧德森（J. R. Edwardson，1970）统计，已经在22科、51属、153种植物的种内发现核质互作雄性不育。一个优良的雄性不育系应能将不育性稳定地遗传下去并不易受环境条件的影响，具有较好的雄性可恢复性，便于繁殖和制种。按照雄性不育的遗传方式，一般将可遗传的雄性不育性分为核雄性不育型和细胞质雄性不育型等类型。

8.7.1　雄性不育系的选育

8.7.1.1　细胞质雄性不育系的选育

选育雄性不育系的程序一般分为获得雄性不育原始材料、雄性不育株的繁殖保存和选育雄性不育系及保持系等。

(1) *原始雄性不育材料的获得*

可通过下述几个途径获得原始不育材料：

① 利用自然变异　雄性不育是生物界的普遍现象，不育株出现频率因植物种类及品种不同而异，从千分之几到万分之几。一般来讲，经过多年选择育成的新品种或品系内的频率较低，在老品种与异花授粉植物内，往往频率高；

② 人工诱变　通过电离辐射和化学诱变剂处理种子、花粉及其他器官，在处理当代往往出现不育株、不育花序和不育花。但是，这种变异往往不稳定，在后代中往往又表现出育性恢复的现象，但有时有些植株的自交后代可能会出现能遗传的不育株；

③ 远缘杂交　在远缘杂种内经常出现雄性不育株。在杂交能获得杂种的范围内，亲本的亲缘关系越远，F_1 的不育株率和不育程度越高。但是，亲缘关系过远的杂种并不是经常有利的，因为不仅要消除由远缘种类带来的其他不利性状，而且往往还需要克服同时出现的 F_1 雌性不育或胚败育的障碍；

④ 自交和品种间杂交　由于雄性不育多属隐性性状，因此，在自然群体中出现几率很低，通过自交可使其隐性基因纯合，可使不育株的出现几率显著提高；

⑤ 引种　引进外地不育系直接利用，或通过转育培育符合当地需要的不育系。

(2) *选育雄性不育系和保持系的方法*

获得雄性不育株并不等于获得雄性不育系，前者比较容易，后者比较复杂。雄性不育系是对原始雄性不育株经过一系列的选育过程之后，所获得的具有稳定不育性的系统，而雄性不育系能否育成，首先取决于有无相应的稳定保持系，所以保持系是选育雄性不育系的关键。选育保持系常用的方法有：

①选定单株成对测交及连续回交　该法为目前选育保持系最常用、最主要的筛选方法，即以雄性不育株作母本，选用准备作为一代杂种亲本之一的品种中若干正常能育株作父本（原品种或异品种），进行成对人工杂交，同时将每一父本的植株进行人工控制自交以稳定其性状。对每一杂交组合和父本自交株都分别编号挂牌，若一雄性不育株上有几个花序分枝，则可把每一花枝与一个不同父本植株进行杂交，分别挂牌，以便于找出保持系，牌上注明父、母本和授粉日期等。从雄性不育株花序上和父本株上收获的种子要分组合、分系统单收、单脱粒。下一年将杂交组合的种子和父本的自交种子，按编号顺序栽种，在这一代中（F_1）要对每个杂交组合的植株进行观察，鉴定其育性及其对雄性不育株的保持能力，

如发现某一杂交组合的植株都是不育株，则这一组合就是一个不育系，同时这一组合的父本自交系就是它的保持系。以后只要每一代用这个保持系作父本，用不育系植株作母本进行回交，同时父本自交，就能把不育系和保持系代代传递繁殖下去。这种只经一次筛选就找到保持系的情况较少，一般在第一代里往往只发现某些组合里有不育株，这样就应选择不育株比例最高的组合，不育程度最高的植株作母本，用该组合的父本自交后代植株作父本，继续进行回交。回交双亲的性状要尽量相似，以减轻后代分离，加速选育过程。各回交组合的父本自交的种子同样要单收、单脱粒、单保存并重新编号。至第3代仍按上一代方法，继续进行后代育性的鉴定、选择、回交和自交。对于遗传规律比较简单的不育性，一般在第3、4代里就可选出保持系，以后的保持系繁殖方法是将不育系和保持系按一定比例（经试验测定）栽植在有隔离条件的不育系繁殖区内，任其自由授粉，从不育系行上收获的种子仍为不育系，小部分供下一年不育系繁殖区之用，大部分供下一年 F_1 制种区作母本，从保持系上收获的种子仍为保持系，供下一年不育系繁殖区之用。

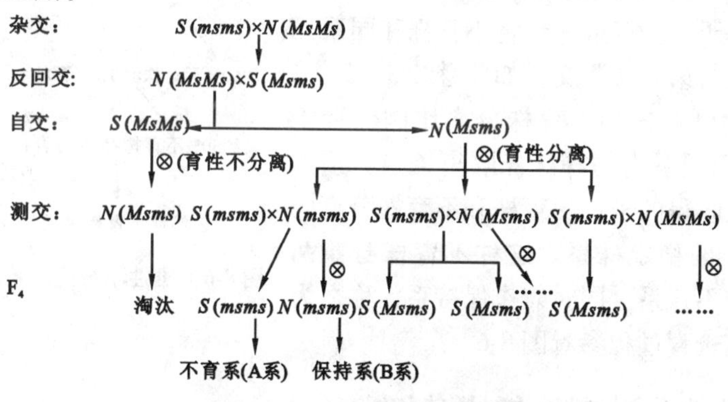

图 8-5　人工合成保持系示意图

图中 *S* 为细胞质雄性不育；*N* 为细胞质雄性可育；*Ms* 为细胞核雄性可育；*ms* 为细胞核雄性不育。

选育雄性不育系和它的保持系是为了节省 F_1 制种时对母本的去雄操作，故在选育出不育系及相应保持系后，必须进行配合力测定，选出与该雄性不育系相配的后代具有最后经济性状和配合力的父本系统，方法与一般 F_1 配合力测定相同。

② 人工合成保持系　是根据“核胞质”型遗传理论制定的选育方法。即用不育株（系）与不同品种、不同单株进行杂交，然后通过测交、自交等一系列环节，人工合成 N（msms）基因型，即为理想的保持系（图 8-5）。

人工合成保持系比较麻烦，故只有当其他途径得不到保持系时，才考虑使用。

8.7.1.2　核不育两用系

两用系的选育方法与选育细胞质雄性不育系方法基本一致。其原始不育株也是利用自然变异、人工诱变、远缘杂交、引种及转育等途径获得。具体选育方法如下：

(1) 选株

依据核不育的特点，应在花期参照花器不育形态（花药黄褐色或灰白色，花药干瘪、扁平呈披针状）选株。同时将入选株花器进行镜检，选留无花粉或花粉粒变形的不育株。

(2) 测交得到不育株

应选择几个父本品种测交，以期获得子一代育性分离，比例为可育株∶不可育株 =1∶1。具体做法是用选中的不育株和某些品种测交（最好选用产生不育株原始品种的可育株作父本），同时将测交父本进行自交保存。

(3) 测交后代观察

当年秋季将测交种播种，在翌年花期进行育性分离时观察。测交一代能育株与不育株分离比例接近 1∶1 的组合，应属核质不育类型，择优保存。于下一年进一步将不育株和同系兄妹可育株进行第 2 次测交，如此继续 3 ~ 5 代，若测交子代可育株和不育株分离比例仍近于 1∶1，则可用同系内的姊妹株隔离繁殖，预测在不育株上收得的子代，育株和不育株分离的比例为 1∶1 的稳定株系。这种不育株身兼两用，一是作不育系，同时兼作保持系，称之为两用系。其选育过程参看图 8-6。

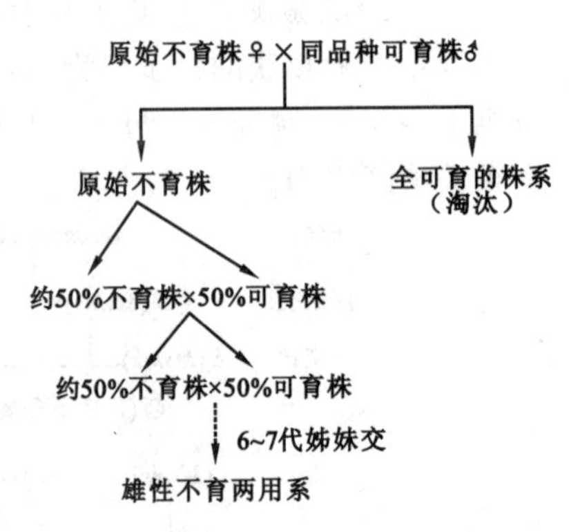

图 8-6　雄性不育两用系的选育方法

8.7.1.3　雄性不育材料的临时繁殖和保存

育成稳定的雄性不育系和保持系，通常需经历一个比较复杂的选育过程，在此之前为使原始不育株不致绝种，可选用以下方法进行临时繁殖保存。

(1) 无性繁殖

只适用于能用扦插、分株等方法繁殖的种类，获得不育株后可采用枝条、侧芽扦插进行临时保存。

(2) 自交

适用于部分功能不育或部位不育株。用同株的能育花给不育花授粉，或由不能自由开裂的花药中人工取出花粉进行人工自交，一般也能在后代分离出不育株。

(3) 杂交后自交

适用于全不育株，也可用于其他类型的不育株，用能育株给不育株授粉，F_1 如果全部是能育的，可将其进行自交，则在下一代（F_2）中可能分离出不育株来。这种不育性通常称为“核质型”遗传。

(4) 隔离区内自由授粉

在不育株上连续采收种子，只适用于异花授粉作物，从原始不育株上采收自然授粉的种子，再播于隔离区内使其株间自由授粉。对自花授粉作物如采用此法需进行人工辅助授粉，以防不育株上结籽过少。

一般情况下，采用自由授粉法不如有目的地选择一定父本进行人工控制杂交，但在不育系选育过程中材料很多，来不及每株都进行人工杂交时，可采用此法临时保存一部分不育材料，但不育株必须分别编号、分别采收。

(5) 两亲回交法

适用于远缘杂交获得的原始不育株，通常用所需要的亲本类型进行回交，但也要用另一亲本做少量的回交比较，以免前者得不到种子，使雄性不育材料损失掉。此外对 F_1 回交时，最好采用几个起源不同、类型不同的栽培品种，以增加成功的机会。

不论采用上述哪种方法，在不育系的临时繁殖保存过程中，都要通过连续的选择，以不断提高后代的不育株率、不育程度和不育株性状。

8.7.1.4 雄性不育系的转育

通过上述用筛选或引种等方法获得的雄性不育系，如其他性状不符合要求或配合力不高时，就需要把雄性不育系的不育性转移到配合力高的系统中，并要保持原有的优良性状，成为一个新的雄性不育系，这一工作叫“雄性不育系的转育”。雄性不育系转育方法，主要是采用连续回交和反复选择的方法。具体步骤因植物雄性不育性的遗传类型不同而有所区别。

(1) 核不育型

这种类型的雄性不育性是由细胞核起主导作用的，不育性为隐性性状，用同质结合的雄性不育系作母本与配合力优良的能育性品种作父本（即欲转育的亲本品种）交配，F_1 都是能育的。将 F_1 进行自交，后代约 75% 的植株是能育的，25% 的植株是不育的，这时它已具有 50% 转育亲本性状。这样连续回交一代，自交一代，每回交一代转育亲本性状约加强一半，每自交一代可分离出约 25% 的雄性不育株，这样连续回交四代左右，并通过反复选择，即可将转育品种育成不育系，而又基本上保持它原来的经济性状和配合力。以后年年用同样方法保持和繁殖雄性不育系。

(2) 细胞质不育型

这一类型的雄性不育性为细胞核与细胞质相互作用的结果。转育方法是，如果转育品种对该不育性有保持能力，则只要连续回交 4 ~ 5 代，就能育成经济性状和配合力与转育亲本相似的不育系。

8.7.2 利用雄性不育系生产 F_1

8.7.2.1 利用细胞质不育系的制种法

利用雄性不育系配制 F_1 种子，每年需要有两个隔离区，即一个不育系繁殖区和一个制种区。在不育系繁殖区内栽植不育系和保持系，目的是扩大繁殖不育系种子，为制种区提供制种的母本。不育系繁殖区同时也是不育系和保持系的保存繁殖区，即从不育系上所收种子除大量供播种下一年制种区用之外，少量供下一年不育系繁殖区之用，而从保持系上收获的种子仍为保持系，可供下一年不育系繁殖区内保持系之用。在制种区内栽植不育系和父本系，从不育系上收获的种子为 F_1，从父本系上收获的种子仍为父本系，可供下一年制种区内父本行之用，故制种区同时也是父本系的繁殖保存区。

应注意不育系繁殖区的隔离距离应按繁殖超级原种或原种的距离设置，制种区应按照繁殖一级良种的距离，保障制种过程中不会发生非计划授粉。制种区和不育系繁殖区，在生长期间至少应进行 2 ~ 3 次繁殖。为了提高种子产量，父母本应盛花期相同，可根据父母本生育期长短，调节播种和定植期，开花期如遇天气不好或昆虫少，可采用人工辅助授粉以增加种子产量。至于父母本的栽植行比例，因植物的种类、品种、系统、地区等而异，需经过实际测验确定，原则上是既能保证充分授粉又能增加种子产量。栽植方式，一般可采用 1∶2、1∶3 或 1∶4 等方式。

利用雄性不育系生产 F_1，其优点是杂种率高，隔离条件好，若彻底去掉可育株，杂种率可达 100%，特别适用于异花授粉、花器官小、每果结籽少的作物的制种。对于自花授粉作物中每个单果结籽数量多的植物也是适用的，至少可省掉去雄时间、减少人工、降低生产成本，田间制种也比较简单，易于推广。其缺点是选育雄性不育系比较麻烦，要求技术和设备条件均较高，且理想的细胞质雄性不育系不易育成；此外制种时只能从不育系上采种，因此种子产量相对较低，通常仅为正反交均可制种的方法所得种子的 1/2 或是 1/4。

8.7.2.2 利用两用系制种法

所谓“两用系”就是同一系统既作不育系，又作保持系，其表现由一对核基因控制。用不育株作母本，杂交能育株作父本，杂交后从不育株上收获的种子播种后，群体内能育株和不育株约成 1∶1 分离。这样的系统在隔离区内繁殖，每代只播种不育株上的种子，就能稳定 1∶1 的分离，故可作为两用系用。利用两用系制种时要按照一定的行的比例栽植两用系和父本系，但两用系的株距应缩小，使栽植的株数约增加一倍，在初花期拔除两用系的能育株，以后从剩下的不育株上收获的种子就是 F_1。如果在制种区同时繁殖父本系，则应在完全拔除两用系能育株后，把父本系上已开花朵和果实全部摘除。在繁殖两用系的隔离区播种的是上一代两用系繁殖区内不育株上收获的种子。为了便于采种，应在花期每隔 1

行拔掉相邻3～4行中的能育株，以后只从这3～4行上收获种子。

两用系制种法虽然增加了拔除能育株这一工序带来的麻烦，但对于在初花期极易区别能育株和不育株而且花期长、花数多的作物来讲，增加种子生产的成本是有限的。对于那些还没有育成切实可用的细胞质不育型不育系的种类，是一种值得推广的利用杂种优势的制种法，因为育成两用系比育成不育系和保持系简易得多。如果有与雄性不育基因紧密连锁的或一因多效的苗期标记性状可利用，则在苗期就可淘汰可育株，这样的两用系就更便于利用。

（季孔庶　唐前瑞）

复习思考题

1. 什么是杂种优势？如何对其进行度量？
2. 如何进行杂种优势的预测和固定？
3. 根据不同园林植物的特点论述杂种优势利用的具体方法。
4. 简述选育自交系的方法。
5. 什么是一般配合力和特殊配合力？配合力的测定方法有哪些？
6. 怎样开展杂种种子生产？
7. 针对不同雄性不育类型，怎样开展雄性不育系选育？
8. 请简述雄性不育材料的繁殖保存方法。
9. 如何利用雄性不育系来生产 F_1？

本章推荐阅读书目

园林植物遗传育种学．程金水．中国林业出版社，2000.

园艺植物遗传育种．季孔庶，李际红．高等教育出版社，2005.

杂交优势利用原理和方法．秦泰辰．江苏科学技术出版社，1981.

植物育种的杂种优势．［匈］杨诺西，［英］勒普顿．北京农业大学农学系译．农业出版社，1981.

园艺植物育种学总论．景士西．中国农业出版社，2000.

第9章　诱变育种

[**本章提要**] 诱变育种对于园林植物的育种具有非常重要的意义。本章分别从诱变育种的概念与特点、诱变种类、诱变的作用机理、诱变方法等方面，重点论述了辐射诱变育种和化学诱变育种。然后简要介绍了空间诱变和低能重离子诱变育种的基本理论和基本方法。最后论述了诱变后代的选育，并概述了园林植物诱变育种的成就。

诱变育种是指人为地采用物理和化学的因素，诱发生物体产生遗传物质的突变，经分离、选择、培育成新品种的途径。与其他育种方法相比，诱变育种的特点在于通过基因的点突变和染色体结构的变异，诱发新的基因突变，突破原有基因库的限制，丰富种质资源并创造新品种。对于园林植物来说，诱变育种有特别重要的意义。因为园林植物的观赏（经济）性状是多方面的，花、叶、果、枝均可观赏，而且观赏性状在不同时期有不同的要求，因此不论是叶形、花型、花色或株型的突变都能构成观赏性状。同时性状的变异具有多方向性，花色可深可浅、花径可大可小、株型可高可矮、枝条可直可曲。这种观赏性状的多样性和变异的多方向性为开展诱变育种提供了很好的前提条件。

9.1　诱变育种的意义和特点

(1) 丰富植物原有的基因库，创造新的基因型

人工诱发的突变有些是自然界中已经存在的，有些则是罕见的，个别是本来不存在的全新变异。这些变异是自发突变或应用有性杂交不易获得的稀有变异类型。诱变育种可诱发生物体出现某些“新”、“奇”的变异，使人们可以不依靠原有的基因库进行品种培育，这对园林植物具有特殊的价值。如四川核能研究所用γ射线处理菊花，选出每年开花两次的菊花新品种。

(2) 提高突变频率

人工诱发突变可大幅度地提高突变频率。据研究各种射线处理后，人工诱导的突变频率比自然突变频率高几百倍，甚至上千倍。植物接受诱变后高突变频率和广泛的变异，为选择提供了丰富的材料。Latap（1980）利用人工诱变获得了当时自然界罕见的攀缘型月季。

(3) 改良单一性状

现有优良品种，往往还存在个别不良性状，正确选择诱变材料和剂量进行诱变处理，产生某种“点突变”，可以只改变品种的某一缺点，而不致损害或改变品种的其他优良性状。避免了杂交育种中因基因重组而造成原有优良性状组合的解体，或因基因连锁遗传而带来的不良性状。在抗病育种中，可利用诱变育种方法，获得保持原品种优良性状的抗性突变体，从而无需利用野生种进行杂交以获得抗性基因，也无需进行多次回交以消除野生亲本带来的不良性状，保证原有的观赏品质。采用辐射诱变的方法，特别对园林植物，可以保持其他性状不变而只改变某一两个性状，如在原花色、花型的基础上诱变，使某些性状发生改变，就可获得一系列的花色、花型的突变体，这样可丰富植物的观赏类型。

(4) 缩短育种年限

园林树木等多年生营养系或品种，经诱变育种处理营养器官，获得的优良突变体经分离、繁殖，可较快地将优良性状固定下来而成为新品种，从而大大缩短育种年限。因此对某些园林植物，诱变育种显得特别有利。当诱变发现某些优良性状时，即可进行嫁接繁殖，及早鉴定，把优良的突变迅速固定下来。

(5) 克服远缘杂交不亲和性，改变自交亲和性

用适宜的剂量辐射花粉，可克服某些远缘杂交不亲和的困难、促进受精结实。辐照还可使某些异花授粉植物的自交不亲和变为自交亲和；反之辐射也可以使某些正常可育的植物变成不育而获得雄性不育系、孤雌生殖等育种材料。

(6) 诱变育种是园林植物育种的重要方法

①园林植物育种目标要求新颖、奇特，只要有突变而非致死即可；

②需要改良的往往是单一性状，如花色、花径、皮刺等；

③大多可无性繁殖，而与结实力无关。

(7) 变异方向和性质不易控制

目前，人们对诱变机制方面知道得很少，诱变后代多数是劣变，有利突变只是少数，变异方向和性质很难进行有效的预测和控制。因此如何提高突变频率，定向改良品种特性，创造优良品种，还需要进行大量的深入研究。

9.2 辐射诱变育种

9.2.1 射线的种类及其特性

射线按其性质可以分为电磁波辐射和粒子辐射两大类。用电磁波辐射传递和转移能量常用的有 X 射线、γ 射线等，这些射线能量较高，能引起照射物质的离子化，所以又称电离辐射。粒子辐射是一种粒子流，可分带电的如 α、β 射线和不带电的（如中子）两类，它们也能引起照射物质的离子化。在辐射育种中，目前应用比较多的是 γ 射线、X 射线、中子（快中子和热中子），也有用 α 射线、β 射线、紫外线、激光的。现将这些射线的主要特性分述如下：

9.2.1.1　X 射线

X 射线又称阴极射线，是一种电磁辐射，它是不带电荷的中性射线。X 射线按波长可分为软 X 射线（波长 0.1 ~ 1nm）和硬 X 射线（波长 0.01 ~ 0.001nm），前者穿透力较弱，后者穿透力较强。一般育种中，希望用硬 X 射线，因其穿透力强。

产生 X 射线的装置为 X 光机，作为育种利用的多为工业用 X 光机。因为它发射强度大，较适合长时间照射。X 射线在早期的诱变育种中广泛使用。

9.2.1.2　γ 射线

辐射源是^{60}Co和^{137}Cs及核反应堆。γ 射线也是一种不带电荷的中性射线，它的波长为 0.001 ~ 0.000 1nm，比 X 射线更短，穿透力很强。应用于植物育种的 γ 射线照射装置有 γ 照射室和 γ 圃场，前者用于急性照射，后者用于较长时期的慢性照射。照射室和照射圃场四周均应按放射源的强度要求设置防护墙，以免人畜受伤。

9.2.1.3　β 射线

辐射源为放射性同位素^{32}P和^{35}S。β 射线是一束电子流，每一个粒子就是一个电子、带一个负电荷，其穿透力低。使用时通常将同位素药剂配成溶液进行植物材料处理，直接深入到细胞核中发生作用，即进行内照射。由于这些同位素渗入到细胞核中，作用部位比较集中，可获得具有某些特点的突变谱。其辐照量用 mCi/g 表示，也有用浸种后每粒种子中放射性强度（μCi）来表示。

9.2.1.4　中子

辐射源为核反应堆、加速器或中子发生器。中子是一种不带电荷的粒子流，在自然界中并不单独存在，只有在原子核受到外来粒子的攻击而产生核反应时，才能从原子核里释放出来。根据其能量大小分为：超快中子，能量 21MeV（百万电子伏）以上；快中子，能量 1 ~ 20MeV；中能中子，能量 0.1 ~ 1MeV；慢中子，能量 0.1keV（千电子伏） ~ 0.1MeV；热中子，能量小于 1eV（电子伏）。应用最多的是热中子和快中子。中子的诱变力比较强，在植物育种中应用日益增多。

9.2.1.5　激光

激光是由激光器产生的光，目前使用较多的激光器有二氧化碳激光器、钇铝石榴石激光器、钕玻璃激光器、红宝石激光器、氦氖激光器、氩离子激光器和氮分子激光器，上述各种激光器产生的光波长从 10.6μm 的远红外线到 0.377 1μm 的紫外线不等。激光具有方向性好，单色性好（波长完全一致）等特点。除光效应外，还伴有热效应、压力效应、电磁场效应，是一种新的诱变因素。在辐射诱变中主要利用波长为 2 000～10 000Å 的激光。因为这段波长较易被生物体吸收而发生激发作用。激光引起突变的机理目前还不是十分清楚，一般是从光效应、热效应、压力效应和电磁场效应几个方面解释。

9.2.1.6 紫外线

紫外线是波长为 200～390nm 的非电离射线，可由紫外灯产生。诱变育种的波长多为 250～290nm，常用于花粉或微生物的照射。虽然紫外线的穿透能力很弱，但因与 DNA 的吸收光谱（260nm）吻合，容易被 DNA 吸收而引发变异。

上述几种常用辐射种类的辐射源和性质可归纳如表 9-1。

表 9-1 常用辐射种类一览表

辐射种类	辐射源	亚类	波长或能量	性质
X 射线	X 光机	软 X 射线	0.1～1nm	电磁辐射
		硬 X 射线	0.001～1nm	中性射线
γ 射线	^{60}Co、^{37}Cs、核反应堆		0.001～0.000 1nm	中性射线
β 射线	^{32}P 和 ^{35}S			电子流，带负电荷
中子	核反应堆、加速器或中子发生器	快中子	21MeV（百万电子伏）以上	粒子，不带电荷
		快中子	1～20MeV	
		中能中子	0.1～1MeV	
		慢中子	0.1keV（千电子伏）～0.1MeV	
		热中子	小于 1eV（电子伏）	
激光	激光器		10 600nm（远红外线） 377nm（紫外线）	
紫外线	紫外灯		200～390nm	

9.2.2 辐射剂量和剂量单位

对于不同的辐射种类，需要用不同的剂量单位来度量。对辐射度量的方式大致有 3 类。一类是对辐射源本身的度量，如放射性单位强度；一类是对辐射在空气中的效应的度量，如辐射剂量；还有一类是对被照射物质所吸收能量的度量，即吸收剂量。剂量率则是单位时间所辐射或吸收的剂量。

9.2.2.1 辐射剂量和辐射剂量率

辐射剂量是对辐射能的度量，符号为 X，只适用于 X 射线和 γ 射线。是指 X 和 γ 射线在空气中任意一点处产生电离本领大小的一个物理量。辐射剂量的法定计量单位是 C/kg（库伦/千克），与它暂时并用的单位是 R（伦琴）。二者的换算关系是：$1R = 2.58 \times 10^{-4}$C/kg。

辐射剂量率是指单位时间内的辐射量，其单位是 C/（kg·s）[库伦/（千克·秒）]，R/h（伦琴/小时），R/min（伦琴/分）、R/s（伦琴/秒）等。

9.2.2.2　吸收剂量和吸收剂量率

吸收剂量是指受照射物体某一点上单位质量中所吸收的能量值。符号为 D，它适用于 γ、β、中子等任何电离辐射。吸收剂量的法定计量单位是 Gy（戈瑞），其定义为 1kg 任何物体吸收电离辐射 1J（焦耳）的能量称为 1Gy，1Gy = 1J/kg。与法定计量单位暂时并用的是原专用单位 rad（拉德），rad 与 Gy 的换算关系是 1rad = 0.01Gy，即 1Gy = 100rad。

吸收剂量率 P 是指单位时间（t）内的吸收剂量 D，$P = D/t$。其单位有 Gy/h、Gy/min、Gy/s，或 rad/h、rad/min、rad/s。

9.2.2.3　粒子的注量（积分流量）和注量率

采用中子照射植物材料时，有的用吸收剂量 Gy、rad 表示，有的则以在某一中子“注量”之下照射多少时间表示。所谓注量是单位截面积内所通过的中子数，通常以 n/cm^2（中子数/平方厘米）表示。

注量率是指单位时间内进入单位截面积的中子数。

9.2.2.4　放射性强度单位

放射性强度是以放射性物质在单位时间内发生的核衰变数目来表示，即放射性物质在单位时间内发生的核衰变数目愈多，其放射强度就愈大。辐射育种时将放射性同位素引入植物体内进行内照射，通常就以引入体内的放射性同位素的强度来表示剂量的大小。

放射性强度的法定计量单位是 Bq（贝可），其定义是放射性核衰变每秒衰变一次为 1Bq。与 Bq 暂时并用的原专用单位是 Ci（居里），其定义是任何放射性同位素每秒钟有 3.7×10^{10} Bq 核衰变。由于这个单位太大，通常用 mCi（毫居里）和 μCi（微居里）来表示。Bq 与 Ci 的换算关系是：$1Bq = 2.7 \times 10^{-11}Ci$。

9.2.3　辐射诱变的作用机理

9.2.3.1　辐射生物学作用的时相阶段

（1）物理阶段

辐射能量使生物体内各种分子发生电离和激发；

（2）物理－化学阶段

电离后的分子重排产生许多化学性质很活泼的自由基；

（3）生物化学阶段

自由基的继发作用与生物大分子发生反应，使 DNA 发生损伤性变化；

（4）生物学阶段

细胞内生物化学过程发生改变，从而导致各种细胞器的结构及其组成发生变化，包括染色体畸变和基因突变，产生遗传效应。

9.2.3.2 辐射对细胞、染色体及 DNA 的作用

(1) 直接效应和间接效应

辐射对生物体的效应包括直接效应和间接效应。直接效应是指射线直接击中生物大分子，使其产生电离或激发所引起的原发反应。间接效应是射线作用于水，引起水的解离，并进一步反应产生自由基、过氧化氢、过氧基，再作用于生物大分子，从而导致突变的发生。无论是直接效应，还是间接效应，最后都是通过对细胞、染色体 DNA 的作用而实现诱变功能的。

(2) 辐射对细胞的作用

首先表现为细胞分裂活动受抑制或在分裂早期死亡，有机体生长缓慢。辐射引起细胞膜的破损，是细胞失去活力的一个重要原因。辐射会使细胞质结构、成分发生物理、化学性质的变化，使细胞新陈代谢所需的一些酶“失活”，从而引起细胞功能的丧失。辐射后细胞核显著增大，染色体成团，核仁和染色质出现空泡化，核质分解为染色质块，正在分裂的细胞中会出现染色质黏合、断裂和其他结构变异以及染色体桥、断片等，使正常的有丝分裂过程遭到破坏。

(3) 辐射对染色体的作用

辐射的遗传效应主要是引起染色体畸变和基因突变。辐射后在显微镜下可看到的染色体畸变有缺失、倒位、易位、重复等；辐射也可引起染色体数目的改变而出现非整倍体。细胞学研究证明：电离密度与染色体结构改变有关，能量小而电离密度大的辐射在引起染色体结构变异方面比较有效。各种电离辐射引起的染色体变化在有丝分裂中自我复制，并在以后的细胞分裂中保持下来。

(4) 辐射对 DNA 的作用

DNA 是重要的遗传物质。电离辐射的遗传效应，从分子水平来说是引起基因突变，即 DNA 分子在辐射作用下发生了变化，包括氢键的断裂、糖与磷酸基之间的断裂、在一个键上相邻的胸腺嘧啶碱基之间形成新键而构成二聚物以及各种交联现象。上述 DNA 结构上的变化、紊乱，使遗传信息贮存和补偿系统发生转录错误，最后导致生物体的突变。

9.2.3.3 辐射生物学作用的特点

① 生物分子的损伤是导致最终生物效应的关键。其中重要的是生物大分子，尤其是核酸的损伤。DNA 双链的断裂是决定性的损伤类型；

② 代谢是分子损伤发展到最终生物学效应的必由之路。生物体的代谢是有严格的时空顺序的，辐射只要使其中一个环节受损，整个代谢过程就会出现问题。代谢对辐射损伤起着“放大”作用；

③ 最终生物学效应是辐射损伤与修复的统一。修复在整个辐射生物学效应中起着重要作用，突变的产生实际上是对 DNA 损伤错误修复的结果。

9.2.3.4 辐射敏感性

植物不同的种类或不同的品种对辐射的敏感性不同。植物的辐射敏感性与分

生组织细胞中间期染色体体积（Interphase cell volume，ICV）有关，植物的间期染色体越大就越敏感。由于间期染色体与细胞内 DNA 含量成正相关，所以染色体的 DNA 含量决定植物的敏感性，DNA 含量越多就越敏感。DNA 是辐射诱变的靶分子，靶分子越多，越容易被“击中”。

在同种不同倍数之间，辐射敏感性的一般表现为多倍体比二倍体更弱，对此有不同的解释。小麦属（*Triticum*）中多余的遗传物质是使多倍体更抗辐射的原因，而菊属多倍体的辐射抗性弱是由于染色体体积的减少。

植物组织器官、发育阶段和生理状态不同，对辐射的敏感性存在很大的差异。细胞辐射敏感性的定律说明，“细胞对辐射的敏感性与它们的分裂能力成正比，而与它们的分化程度成反比。”一般来说，根部比枝干敏感，枝条比种子敏感，性细胞比体细胞敏感，生长中的绿枝比休眠枝敏感，幼龄植株比老龄植株敏感等。

9. 2. 4 辐射诱变的方法

9. 2. 4. 1 辐射诱变材料的选择

辐射材料的正确选择是辐射育种成功的基础。对此应考虑以下原则：

①首先必须根据育种目标选择辐射材料，为了实现不同的育种目标，应选用不同特点的亲本材料进行诱变处理，如在花色育种中，选粉色花辐照突变谱宽，突变率高。

②辐射材料必须是综合性状优良而只具有一二个需要改进的缺点，而不应该是缺点很多但具有少数突出的优点的材料。因为辐射育种的主要特点之一就是它适宜于改善某一品种的个别不利特性（即产生单个突变基因的突变）。

③为了增加辐射育种成功的机会，选用的处理材料应避免单一化，因为不同的品种或类型，其内在的遗传基础存在着差异，它们对辐射的敏感性也不同，因而诱变产生的突变频率、突变类型、优良变异出现的机会和优良程度也有很大差别。

④适当选用单倍体、多倍体作诱变材料：用单倍体作诱变材料，发生突变后易于识别和选择。突变一经选出，将染色体加倍后即可使突变固化和纯化，故可缩短育种年限。此外也可适当选用多倍体物种作为诱变材料，因多倍体比二倍体适应性强。

9. 2. 4. 2 适宜剂量（率）的确定

在辐射育种中选用适宜剂量和剂量率是提高诱变效率的重要因素。在一定范围内增加剂量可提高突变频率和拓宽突变谱，但当超过一定范围之后再增加剂量，就会降低成活率和增加不利突变。照射剂量相同而照射率不同时，其诱变效果也不一样。选用适宜剂量可根据“活、变、优”三原则灵活掌握。活是指后代有一定的成活率；变是指在成活个体中有较大的变异效应；优是指产生的变异中有较多的有利突变。

(1) 几个常用的参数

一般认为照射种子或枝条，最好的剂量应选择在临界剂量附近，即被照射材料的存活率为对照的40%的剂量值（lethal dose 60，LD60）；或半致死剂量（lethal dose 50，LD50），即辐照后存活率为对照的50%的剂量值。

照射种子时也可以采用活力指数（vigor index dose，VID）。将VID50值，活力指数下降为50%的剂量值作测定指标较适宜，其优点是可以不需要到生长结束，而是在生长期内可随时进行比较测定。

若辐照的材料为整株苗木，亦有提出辐射剂量可选择半致矮剂量（GD50），即辐射后生长量减少至对照的50%左右。

(2) 确定辐射剂量的原则

高剂量不仅造成大量死亡，导致选择几率降低，而且造成染色体的较大损伤，导致较大比例的有害突变。对园林树木的休眠枝用较高剂量照射，嫁接成活后常会出现一部分盲枝，数年内无生长量而无法进行选择；剂量越大，盲枝率越高。采用LD25～40，即存活率60%～75%的中等剂量照射果树接穗，成活的接穗中盲枝比数低，能获得较多的有利突变。

在确定诱变剂量时，应在参考有关文献的基础上进行预备试验。各种园林植物常用剂量可参考有关文献，如《中国核农学》(2001)。

9.2.4.3 辐照方法

(1) 外照射

外照射是指应用某种辐射源发出的射线，对植物材料进行体外照射。外照射处理过的植物材料不含辐射源，对环境无放射性污染，是辐射育种首选的方法。外照射处理植物的部位和方法：

①植物材料处理的部位

种子：这是有性生殖植物辐射育种使用最普遍的照射材料。射线处理种子具有处理量大、便于运输、操作简单等优点。辐射用种子可采用干种子、湿种子和萌动种子。用射线处理种子可以引起生长点细胞的突变；但由于种胚具有多细胞的结构，辐射后会形成嵌合体。对于无性繁殖的园林植物，辐射处理种子实际上是将诱变育种与实生育种、杂交育种相结合，由于其基因型的高度杂合性，后代变异率高，M_1 代选出的优良变异，即可通过无性繁殖将变异性状传递下去。但对于木本园林植物来说，处理种子的最大缺点是播种后有较长的幼年期，到达开花结果的时间长；和处理营养器官相比，大大延长了育种年限。经辐射处理的种子应及时播种，否则易产生贮存效应。如干燥种子照射后贮存在干燥有氧条件下，会使损伤加剧。

营养器官和植株：用枝条、块茎、鳞茎、球茎等器官照射，是无性繁殖园林植物辐射育种常用的方法。多年生的果树常用枝条进行射线处理，比照射花粉和种子具有结果早、鉴定快等特点。选用的枝条应组织充实、生长健壮、芽眼饱满，照射后嫁接易于成活。作扦插用的枝条，照射时应用铅板防护基部（生根部位），减少其对射线的吸收，以利扦插后生根成活。此外，解剖学研究表明，受照射的芽原基所包含的细胞数越少，照射后可得到的突变体越多。

为使插条或接穗的不同部位能较均匀地接受剂量，照射时材料与辐射源必需保持一定的距离。按李世梅（1975）的计算，当试验允许误差为 1% 时，20cm 长的枝条与源的垂直距离应达到 60cm；当枝条长 40 cm 时，则需保持 120 cm 距离。

小的生长植株可在 ^{60}Co γ 照射室进行整株或局部急性照射，如对生根试管苗可同时进行较大群体的辐射处理。大的生长植株一般在 ^{60}Co γ 圃场进行田间长期慢性照射。在进行局部照射时，不需要照射的部位如试管苗的根部，需用铅板防护。

花粉和子房：辐射花粉和子房的最大优点是很少产生嵌合体，经辐射的花粉或子房一旦产生突变，与卵细胞或精细胞结合所产生的植株即是异质结合子。

照射处理花粉的方法有两种：一种是先将花粉收集于容器中进行照射，或采集带花序的枝条于始花时照射，收集处理过的花粉用于授粉，本法适用于花粉生活力强、寿命长的园林植物；另一种方法是直接照射植株上的花粉，可将开花期的植株移至照射室或照射圃进行照射，也可用于手提式辐射装置进行田间照射。照射花粉的剂量一般较低，有人用 γ 射线对樱桃进行试验，确定发芽种子、休眠枝条、花粉的适宜剂量分别为 4 ~ 6kR（千伦琴）、3 ~ 4 kR、0. 8 ~ 2. 3 kR。另有研究电离辐射对柑橘不同试验诱变效应，发现照射花粉、种子、枝条后诱发的突变率分别为 29% ~ 43%、23% ~ 27%、6% ~ 8%。

辐射处理子房不仅有可能诱发卵细胞突变，而且可能影响受精作用，诱发孤雌生殖。对自花授粉植物进行子房照射时，应先行人工去雄，辐射后用正常花粉授粉。自交不亲合或雄性不育材料照射子房时可不必去雄。

离体培养材料：由于离体培养技术的发展，采用愈伤组织、单细胞、原生质体以及单倍体等离体培养材料进行辐射处理，已日益普遍，可以避免和减少嵌合体的形成。辐射单倍体诱发的突变，无论是显性或隐性突变，都能在细胞水平或个体水平表现出来，经加倍可获得二倍体纯系。

②外照射的类型

急性照射、慢性照射：急性照射是指在短时间（几分钟或几小时）内将所要求的总照射剂量照射完毕，通常在照射室进行，如 ^{60}Co γ 照射室，适用于各种植物材料的照射。慢性照射是指在较长时间（甚至整个生长期）内将所要求的总诱变剂量照射完毕，通常在照射圃场内进行，如 ^{60}Co γ 圃场，适用于对植株照射。在总剂量相同的情况下，急性与慢性照射之间除照射的时间长短不同外，还存在着照射剂量率高低的差异。根据辐射源的半衰期，可计算出某钴源在某一天的剂量率，并随离钴源的距离而减小。一般根据 $t = D/P$ 求出照射时间。如需同时照射完毕，则应将照射材料放在不同的半径处。

采用上述不同照射方法，其生物学效应和突变频率都存在一定程度的差异。

但可能由于修复作用、贮藏效应及其交互作用，射线种类、照射量、观察性状不同等原因，研究结果并不一致。

重复照射：是指在植物几个世代（包括有性或营养世代）中连续照射。重复照射对积累和扩大突变效应具有一定的作用。一般认为重复照射对无性繁殖系作物，不仅能诱导出新的突变体，而且还可能在嵌合体内实现不同的组织重排，产生更有意义的突变体。也有研究表明重复照射有增高不利突变率的倾向，营养系在重复照射的情况下，应尽量采用低照射量，才不会降低有益突变的频率。

（2）内照射

内照射是指把某种放射性同位素引入被处理的植物体内进行内部照射。内照射具有剂量低、持续时间长、多数植物可在生育阶段进行处理等优点。同时，引入植物体内的放射性元素，除本身的放射效应外，还具有由衰变产生的新元素的“蜕变效应”。例如，用^{32}P做内照射时，由于P是DNA的重要组成部分，可通过代谢参加到DNA的分子结构之中；当^{32}P做β衰变时（磷衰变成硫），在DNA主键上会产生核置换，使DNA上的磷酸核糖酯键发生破坏。同时反冲核硫和β粒子也会在DNA上引起各种结构破坏，进而引起突变。常用作内照射的放射性同位素中放射β射线的有^{32}P、^{35}S、^{45}Ca，放射γ射线的有^{65}Zn、^{60}Co、^{59}Fe等。内照射需要一定的防护条件。经处理的材料和用过的废弃溶液，都带有放射性，应妥善处理，否则易造成污染。内照射的处理方法有下述3种：

①浸泡法　将放射性同位素配置成溶液，浸泡种子或枝条，使放射性元素渗入材料内部。处理种子时浸种前先行种子吸水量试验，以确定放射性溶液用量，使种子吸胀时能将溶液吸干。如用$KH_2{}^{32}PO_4$配置成10μCi/mL比强的溶液放于玻璃容器内，将长20cm、顶端有2~3片叶的枝条基部插入溶液内处理7~10h，然后取出上部的芽进行芽接。

②注射或涂抹法　将放射性同位素溶液注射入枝、干、芽、花序内，或涂抹于枝、芽、叶片表面及枝、干刻伤处，由植物吸收而进入体内。

③饲喂法（施肥法）　将放射性同位素施入土壤中（或试管苗的培养基中），通过根系吸收而进入体内。或用叶片吸收$^{14}CO_2$，借助光合作用形成产物。内照射的药液应配加适当的湿润展布剂，如吐温。使用这种方法应该注意环保问题。

9.3 化学诱变育种

9.3.1 化学诱变育种的概念及其特点

化学诱变育种是应用特殊的化学物质诱发基因突变和染色体变异，从而获得突变体，进而选择出符合育种目标的新品种的育种方法。除秋水仙素能诱导多倍体之外，可诱发基因突变和染色体断裂效应，使生物产生遗传性变异的化学药剂种类还有烷化剂类、碱基类似物及其他诱变剂。

辐射诱变和化学诱变虽然均可诱发染色体断裂和基因点突变，但有很大差异（表 9-2）。辐射诱变中用于外照射的 γ 射线、X 射线、中子等均具有较强的穿透力，可深入材料内部组织而击中靶分子，不受材料的组织类型或解剖结构的限制。而化学诱变通常是通过诱变剂溶液渗入、吸收，进入植物组织内部后才能产生作用；由于其穿透性差，对于有鳞片和茸毛包裹严密的芽，诱变效果往往不理想。

表 9-2 辐射诱变和化学诱变的特点比较一览表

项目	辐射诱变	化学诱变
作用方式	射线击中靶分子，不受材料限制	溶液渗入材料，有组织特异性
遗传机理	高能射线引起染色体结构变异	生化反应引起较多基因点突变
诱变效果	变异不定向，变异频率低	一定的专一性，变异频率高，有益突变多
投资费用	需要专门设施，投资较大	成本低廉，使用方便

辐射诱变是靠射线的高能量造成生物体变异，处理后出现较多的是染色体结构变异。化学诱变是靠诱变剂与遗传物质发生一系列生化反应造成的，能诱发更多的基因点突变。

辐射诱变造成的染色体断裂是随机的。而化学诱变研究发现，不同药剂对不同植物、组织或细胞甚至染色体节段或基因的诱变作用有一定的专一性。在同一条件下，某种化学诱变剂可优先获得一定位点的基因突变，如盐酸肼处理番茄较盐酸胲能获得更多的矮生突变。还有报道，以种子为诱变材料，化学诱变的变异频率高于辐射诱变 3 ~ 5 倍，且能产生较多的有益突变。

辐射诱变一般均需一定的设施或专门装置，需较多的投资。化学诱变则具有使用方便、成本低廉的特点。

9.3.2 化学诱变剂的种类及其作用机理

9.3.2.1 烷化剂

烷化剂是诱发作物突变最重要的一类诱变剂。这类药剂都带有一个或多个活泼的烷基。通过烷基置换，取代其他分子的氢原子称为“烷化作用”，这类物质称为烷化剂。烷化剂又分为以下 4 类：

烷基磺酸盐和烷基硫酸盐：属于这类的药剂较多，具有代表性的有甲基硫酸乙酯（EMS）、硫酸二乙酯（DES）；

亚硝基烷基化合物：其代表性药剂种类有亚硝基乙脲（NEH）、N-亚硝基-N-乙基脲烷（NEU）；

次乙亚胺和环氧乙烷：其代表性药剂种类有乙烯亚胺（EI）；

芥子气类：这类药剂种类很多，包括氮芥类和硫芥类。

烷化剂的作用机制是烷化作用，烷化剂对生物系统作用的重点主要是核酸，有关在核酸上的作用点问题，研究表明 DNA 的磷酸基是烷化作用的最初反应位置。反应后形成不稳定的硫酸酯，水解形成磷酸和去氧核糖，导致 DNA 链断裂，从而使有机体发生变异。烷化作用最容易在鸟嘌呤的 N_7 位置上发生，由于烷化使 DNA 的碱基更易受到水解，结果使碱基由 DNA 链上裂解下来，造成 DNA 的缺失及修补，导致遗传物质结构和功能的改变。

9.3.2.2 核酸碱基类似物

这一类化学物质具有与 DNA 碱基类似的结构，常用的有 5-溴尿嘧啶（BU）、5-溴去氧尿核苷（BudR），它们是胸腺嘧啶（T）的类似物；2-氨基嘌呤（AP），是腺嘌呤（A）的类似物；马来酰肼（MH），是尿嘧啶（U）的异构体。

碱基类似物的作用机制与烷化剂不同，它们可以在不妨碍 DNA 复制的情况下，作为 DNA 的组分而渗入到 DNA 分子中去，使 DNA 复制时发生错配，从而引起有机体的变异。

9.3.2.3 其他诱变剂

报道过的药剂种类很多，如亚硝酸（HNO_2）在 pH5 以下的缓冲液中，能使 DNA 分子的嘌呤和嘧啶基脱去氨基，使核酸碱基发生结构和性质改变，造成 DNA 复制紊乱。例如，A 和 C 脱氨后分别生成 H（次黄嘌呤）和 U（尿嘧啶），这些生成物不再具有 A 和 C 的性质，复制时不能相应与 T 和 G 正常配对，遗传密码因此而改变，性状也随之突变。此外，羟胺（NH_2OH）、吖啶（氮蒽）、叠氮化钠（NaN_3）等物质，均能引起染色体畸变和基因突变。尤其是叠氮化物在一定条件下可获得较高的突变频率，而且相当安全，无残毒。

各类化学诱变剂的主要效应可归纳如表 9-3。

表 9-3 几类化学诱变剂的主要效应

诱变剂	对 DNA 的效应	遗传效应
烷化剂	烷化碱基（主要是 G）	A－T→G－C（转换）
	烷化磷酸基团	A－T→T－A（颠换）
	脱烷化嘌呤	G－C→C－G（颠换）
	糖－磷酸骨架的断裂	
碱基类似物	渗入 DNA，取代原来的碱基	A－T→G－C（转换）
亚硝酸	交联 A、G、C 的脱氨基作用	缺失；A－T→G－C（转换）
羟胺	同胞嘧啶反应	G－C→A－T（转换）
丫啶类	碱基之间插入	移码突变（＋、－）

9.3.3　化学诱变的方法

9.3.3.1　操作步骤和处理方法

(1) 药剂配制

通常先将药剂配制成一定浓度的溶液。有些药剂在水中不溶解，如硫酸二乙酯溶于70%的酒精，可先用少量酒精溶解后，再加水配成所需浓度。有些药剂如烷化剂类在水中很不稳定，能与水起“水合作用”，产生不具诱变作用的有毒化合物，应现配现用。最好将它们加入到一定酸碱度的磷酸缓冲液中使用，几种诱变剂所需 0.01mol/L 磷酸缓冲液的 pH 分别为：EMS 和 DES 为 7，NEH 为 8。亚硝酸也不稳定，通常采取在要使用前将亚硝酸钠加入到 pH4.5 的醋酸缓冲液中生成亚硝酸。氮芥在使用时，先配制成一定浓度的氮芥盐水溶液和碳酸氢钠水溶液，然后将二者混合置于密闭瓶中，二者发生反应即放出芥子气。

(2) 材料预处理

在化学诱变剂处理前，干种子需用水预先浸泡，使细胞代谢活跃，提高种子对诱变剂的敏感性；浸泡还可提高细胞膜的透性，加快对诱变剂的吸收速度。

试验表明，当细胞处于 DNA 合成阶段（S）时，对诱变剂最敏感，一般诱变剂处理应在 S 阶段之前进行。所以种子浸泡时间的长短决定于材料到达 S 阶段所需的时间，可通过采用同一诱变剂处理经不同时间浸泡种子来确定。浸泡时温度不宜过高，通常用低温把种子浸入流动的无离子水或蒸馏水中。对一些需经层积处理以打破休眠的种子，药剂处理前可用正常层积处理代替用水浸泡。

(3) 药剂处理

根据诱变材料的特点和药剂的性质，处理方法有以下 5 种：

①浸渍法　将种子、枝条、块茎等浸入一定浓度的诱变剂溶液中，或将枝条基部插入溶液，通过吸收使药剂进入体内；

②涂抹或滴液法　将药剂溶液涂抹或缓慢滴在植株、枝条或块茎等处理材料的生长点或芽眼上；

③注入法　用注射器将药液注入材料内，或先将材料人工刻伤，再用浸有诱变剂溶液的棉团包裹切口，使药液通过切口进入材料内部；

④熏蒸法　在密闭的容器内使诱变剂产生蒸汽，对花粉等材料进行熏蒸处理；

⑤施入法　在培养基中加入低浓度诱变剂溶液，通过根部吸收进入植物体。

(4) 药剂处理后的漂洗

经药剂处理后的材料必须用清水进行反复冲洗，使药剂残留量尽可能地降低以终止药剂处理作用，避免增加生理损伤。一般约需冲洗 10～30min 甚至更长时间。有试验报道在处理后使用化学“清洗剂”，能显著降低种子重新干燥所引起的损伤。常用的清洗剂有硫代硫酸钠等。经漂洗后的材料应立即播种或嫁接；有些不能立即播种而需暂时贮藏的种子，应经干燥后贮藏在0℃左右低温条件下。

9.3.2.2 影响化学诱变效应的因素

影响化学诱变效应的因素较多，除不同诱变剂本身的理化特性和被处理材料的遗传类型及生理状态外，还有以下三点：

（1）药剂浓度和处理时间

通常是高浓度处理时生理损伤相对增大，而在低温下以低浓度长时间处理，则 M_1 植株存活率高，产生的突变频率也高。适宜的处理时间，应是使被处理材料完全被诱变剂所浸透，并有足够药量进入生长点细胞。对于种皮渗透性差的某些果树和观赏树木种子，则应适当延长处理时间。处理时间的长短，还应根据各种诱变剂的水解半衰期而定。对易分解的诱变剂，只能用一定浓度在短时间内处理。而在诱变剂中添加缓冲液和在低温下进行处理，均可延缓诱变剂的水解时间，使处理时间得以延长。在诱变剂分解 1/4 时更换一次新的溶液，可保持相对稳定的浓度。

（2）温度

温度对诱变剂的水解速度有很大的影响，在低温下化学物质能保持其一定的稳定性，从而能与被处理材料发生作用。但温度增高可促进诱变剂在材料体内的反应速度和作用能力。因此适宜的处理方式应是：先在低温（0～10℃）下把种子浸泡在诱变剂中足够的时间，使诱变剂进入胚细胞中，然后把处理的种子转移到新鲜诱变剂溶液内，在 40℃ 下处理以提高诱变剂在种子内的反应速度。

（3）溶液 pH 及缓冲液的作用

烷基磺酸酯和烷基硫酸酯等诱变剂水解后产生强酸，会显著提高对植物的生理损伤，降低 M_1 植株存活率。也有一些诱变剂在不同的 pH 中分解产物不同，从而产生不同的诱变效果。例如亚硝基甲基脲在低 pH 下分解产生亚硝酸，而在碱性条件下则产生重氮甲烷。所以，处理前和处理中都应校正溶液的 pH。使用一定 pH 的磷酸缓冲液，可显著提高诱变剂在溶液中稳定性，但浓度不应超过 0.1mol/L。

9.3.3.3 安全问题

绝大多数化学诱变剂都有极强的毒性，或易燃易爆。如烷化剂中大部分属于致癌物质，氮芥类易造成皮肤溃烂，乙烯亚胺有强烈的腐蚀作用而且易燃，亚硝基甲基脲易爆炸等。因此，操作时必须注意安全。避免药剂接触皮肤、误入口内或熏蒸的气体进入呼吸道。同时要妥善处理残液，避免造成污染。

9.4 空间诱变及离子注入

9.4.1 空间诱变育种概述

（1）概念

空间诱变育种（简称空间育种，又称太空育种、航天育种），是利用卫星、飞船等返回式航天器将植物的种子、组织、器官或个体（如试管苗）搭载到宇宙空间，在太空诱变因子的作用下，使植物材料发生有益的遗传变异，经地面繁殖、栽培、测试，筛选新种质，培育新品种的育种技术。

(2) 空间诱变育种的特点

① 变异幅度大，变异频率高，有益突变多。传统辐射诱变的有益变异率仅为0.1% ~0.5%，而空间诱变的有益变异率高达1% ~5%；

② 生理损伤轻，致死变异少，诱变效率高；

③ 变异性状稳定较快，大多到 SP_4 代即可稳定，而常规辐射诱变则需要 5 ~ 7 代；

④ 可出现一些特殊的变异类型，如特殊的花色、花型等；

⑤ 与基因工程相比，由于没有外源基因的导入，不存在生物安全性的问题，容易被公众认可。

9.4.2　空间诱变的原理

搭载的植物材料受到空间辐射、微重力、超真空、交变磁场、飞行器的机械运动等多种太空诱变因子的综合影响，但空间辐射和微重力是主要的诱变因素。

9.4.2.1　空间辐射

高能粒子是空间的主要辐射源，包括银河宇宙射线、太阳粒子射线、地球辐射带等。植物材料被高能粒子击中后，可引起细胞内 DNA 分子的断裂、损伤，及其与蛋白质分子的交联；也可能引起染色体的畸变。

9.4.2.2　微重力

空间搭载的种子即使未被高能粒子击中，幼苗也有染色体畸变现象；而且空间飞行时间越长，畸变率越高。这说明微重力与染色体畸变的相关性。微重力对植物的向重性、Ca^{2+} 分布、激素分布和细胞结构等均有明显影响。微重力条件下，染色体畸变，细胞分裂紊乱，异染色体增加。微重力也可能增强植物材料对空间诱变的敏感性，或干扰 DNA 损伤修复系统的正常运转，来提高变异率。

9.4.3　空间诱变育种方法

(1) 材料的选择

由于搭载重量的制约，一般应该选择种子、营养繁殖体、愈伤组织或试管苗等单位重量含个体数多的材料。空间诱变育种对植物种类没有特殊的要求，一般选择种子千粒重小、发芽率高、繁殖系数大的物种较好。

(2) 材料的预处理

一是调整种子含水量、愈伤组织或不定芽的生长周期，使植物材料处于最佳的诱变状态。二是为植物材料提供生命保障，如种子的温湿度控制、试管苗的置床与固定等，减少植物材料的意外损伤。

(3) 空间搭载

空间搭载的方式主要有3种：高空气球、返回式卫星、飞船。高空气球的高度一般为30~40km，卫星的高度为200（近地点）~470（远地点）km，飞船的高度为200~300km。

(4) 材料返回后的处理

进行空间诱变的材料在回收后应立即播种或转接。短期贮藏会增加辐射损伤，而对提高变异率无益。

(5) 空间诱变后代的选育

诱变处理的当代称为SP_0代，播种或无性繁殖后为SP_1代，与传统的辐射诱变相似。SP_0代的生理损伤较多，部分隐性突变也表现不出来，一般不在SP_0代选择。选择的重点是SP_1代，SP_2代复选，SP_3代即可决选。对于园林植物来说，既要围绕既定的育种目标，也要密切关注新出现的性状。

9.4.4 园林植物空间育种的研究进展

我国最早于1987年开始搭载园林植物种子，迄今搭载过的有鸡冠花、菊花、兰（*Cymbidium* spp.）、银杏、麦秆菊（*Helichrysum bracteatum*）、百合类、牡丹、矮牵牛、油松、梅花、现代月季、一串红、万寿菊、孔雀草（*Tagetes patula*）、三色堇等27种。并获得不少在地面难得的变异类型，如荷花的多花类型、毛百合的增大鳞茎和种子、菊花的早花类型和超矮化类型等。

9.4.5 离子注入诱变育种概述

离子注入是中国科学院等离子体物理研究所余增亮于20世纪80年代最早应用于作物诱变育种的。主要利用N^+、C^+、Ag^+、Ar^+等低能离子注入生物体内，不仅通过能量传递引起生物组织或细胞的表面溅射，而且慢化离子最终植入生物体内，引起染色体结构的畸变、落后染色体的产生、DNA链的断裂以及碱基缺失，从而产生各种在自然条件下比较罕见的变异。

迄今已在鸡冠花、银杏、凤仙花、荷花、黑心菊（*Rudbeckia hirta*）、一串红等园林植物中进行过离子注入诱变，并取得了阶段性成果。

与其他诱变育种方法一样，空间环境和离子注入所诱发的变异是不定向的，诱变后代的稳定性较差，诱变植物的选择也有一定的盲目性。

9.5 诱变后代的选育

9.5.1 有性繁殖植物诱变后代的选育

9.5.1.1 M_1的种植和采种

诱变处理的种子长成的植株为M_1世代。经诱变处理的种子应及时播种，播种时分别将品种（系）和处理剂量播成小区，并播种未经处理的相同材料作对照。由于诱发突变大多数为隐性性状，纯合品种 M_1 代一般不表现突变性状；除有时出现少数显性突变可根据育种目标进行选择外，M_1 代通常不进行选择淘汰，而应全部留种。此外，因诱变损伤，M_1 代常出现一些形态畸变或生育迟缓，这些损伤效应一般随剂量增加而程度加重，但并不遗传，也不予选择。杂合种子 M_1 代会表现变异，应选择利用。

M_1 植株应实行隔离使自花授粉，以免有利突变基因型因杂交而混杂。M_1 以单株、单果采种，或按处理为单位混合采种，可根据植物的特点和 M_2 的种植方法而定。例如在自花授粉作物的辐射育种中，M_1 代常用的采种方法有：

① 以分蘖、分枝或植株为单位采种种子很多时，可在植株的初生分枝上采取足够的种子；

② 一粒或少粒混收法，即 M_1 每一植株上取一粒或几粒种子，混合种植成 M_2 群体。因为由突变组织发育而来的果实中，其后代突变率要高于总的突变率。可节省土地和费用，但要求 M_1 有较大的群体，而且突变性状易于识别；

③ 混收法，即按群体混合收获种子，全部或取其部分种植成 M_2 代。采收的种子应分别编号。

9.5.1.2 M_2 代的种植和选择

将收获的 M_1 代种子，按 M_1 采种方式种植成相应的 M_2 代小区及对照品种。M_2 代是各种突变性状显现的世代，是最重要的选择世代。自花授粉植物常采用单株选择法，按单株记录并采种留种；异花授粉植物一般采用混合选择法，按处理小区采种。

9.5.1.3 M_3 代的种植和选择

将 M_2 代当选的单株在 M_3 代分别播种成株系，并隔一定行数设对照。由 M_2 代入选单株播成的 M_3 株系，如株系性状优良而表现一致，可按株系采种，下一代进入品种比较和多点试验，进行特性及产量鉴定，决定取舍。如 M_3 株系中继续出现优良变异，应继续进行单株选择和采种留种，直至获得稳定株系。为获得多基因数量性状变异，有人建议延迟至 M_3 ~ M_5 代选择更有实用价值。

异花授粉植物 M_3 代是突变性状分离显现的世代，也是选择突变体的重要世代。M_3 以后世代，优良突变系的筛选、评比试验、区域试验及繁育推广等程序，与杂交育种等相同。

9.5.2 无性繁殖植物诱变后代的选育

无性繁殖植物在诱变育种中存在着如下问题：第一，嵌合体的干扰；第二，与种子繁殖的植物相比，处理群体小；第三，田间评选优良基因型需较长时间。因此，将优良突变体在早期从嵌合体状态中分离出来，是无性繁殖园林植物提高诱变育种效率的关键措施之一。一般园林树木休眠芽的基部叶原基中，叶腋分生组织的细胞数目少，经诱变处理可产生突变谱较宽的扇形突变体；突变的细胞能否有机会通过萌芽而参与枝条形成，是突变体分离的关键。必须采取分离技术使突变体有机会显现、扩大或同型化。

9.5.2.1 分离繁殖法

对诱变处理芽长成的初生枝，取突变频率较高的节位上的芽，通过重复繁殖分离出突变体。不同节位上芽的突变频率是不同的。

9.5.2.2 短截修剪法

短截修剪可使剪口下的芽处于萌发的优势位置，使原基部难以萌发的突变芽有机会生长成枝。对于扇型嵌合体，短截修剪和选择，可使处于扇面内的芽萌发转化为周缘嵌合体，即芽位转换。

9.5.2.3 不定芽技术

不定芽是由某层组织的一个或几个细胞发生，如果这些细胞发生突变，就容易得到同型突变体，在诱变育种中采用射线照射块茎、叶片、去芽枝条或小植株等，均可诱发不定芽。如 S. Broertjes 等用射线处理非洲紫罗兰属（*Saintpaulia*）等植物的叶片，分化不定芽进而长成的植株，30%是同型突变体。

9.5.2.4 组织培养法

组织培养可为不同变异的细胞提供增殖和发育的机会，从而显著提高诱变效率。事实上，组织培养技术已经与诱变育种相结合，形成了广泛应用的离体诱变技术。在准备诱变材料、诱变处理和突变体的分离等诱变育种的各个阶段，组织培养都可起到事半功倍的效果。

9.5.3 诱变育种的成就

目前，大多数诱变育种的新品种是通过辐射诱变获得的。据不完全统计，在1966~1995年的30年中，我国通过诱变育成的作物品种总数为459个，其中园林植物66个，占14%，可见诱变育种对于园林植物育种的特殊作用（表9-4）。

表9-4 中国诱变育成的园艺植物品种数（1966~1995）

中名	学名	直接利用	合计
叶子花	*Bougainvillea spectabilis*	2	2
美人蕉	*Canna generalis*	4	4
菊　花	*Chrysanthemum morifolium*	22	22
大丽花	*Dahlia pinnata*	2	2
荷　花	*Nelumbo nucifera*	1	1
现代月季	—	35	35
小　计	—	66	66

联合国粮农组织和国际原子能机构联合建立的诱变植物品种数据库（FAO/IAEA，MVD），截止 2000 年共收集了官方报道的诱变品种 1 700 个，涉及 175 个种。其中园林植物有 40 个种 552 个品种，占 12.5%（Maluszynski，2001）。

国际原子能机构（IAAE）对 1994 年以前，世界各国利用各种诱变因素育成的 1 251 个品种，按诱变因素作了分析；王琳清也对 1994 年以前中国诱变育成的 271 个品种进行了分析（表 9-5）。

表 9-5　各种诱变因素育成品种一览表

	X 射线	γ 射线		β 射线	中子	激光	电子	化学诱变	复合处理	合计
		急性	慢性							
世界总计	314	667	55	—	54	15	—	146	—	1 251
占百分比（%）	25.1	53.3	4.4	—	4.3	1.2	—	11.7	—	100.0
中国总计	8	216		2	18	14	1	—	12	271
占百分比（%）	2.9	79.7		0.7	6.6	5.2	0.3	—	4.4	100.0
其中：果树林木	—	13		—	—	—	—	146	—	159

从辐射诱变和化学诱变两种方法来看，辐射诱变占 88.3%，远多于化学诱变，后者仅占 11.7%。我国只有理化因素的复合处理，尚无单独通过化学诱变育成的品种。而在各种物理因素中，γ 射线（57.7%）和 X 射线（25.1%）的利用又遥遥领先于其他物理诱变因素，γ 射线在我国的应用更是占绝对优势，达到 79.7%。其他的诱变技术尚在探讨中，尚未大规模用于园林植物育种。

（刘青林　唐前瑞）

复习思考题

1. 请分析和比较诱变育种与常规育种的优点和缺点。
2. 请选择各种辐射源适宜的剂量单位。
3. 辐射诱变的遗传效应是什么？
4. 影响辐射诱变的因素有哪些？
5. 化学诱变与辐射诱变有何异同？
6. 有没有办法确定化学诱变的方向？
7. 以百合类的鳞片为诱变材料，以 ^{60}Co-γ 为辐射源，照射后进行鳞片扦插生根试验，以选择适宜的照射剂量。结果显示，对照、5Gy、10Gy、20Gy、40Gy 照射后，鳞片的生根率分别为 80%、90%、70%、50%、10%。请推算对百合鳞片照射的半致死剂量。

本章推荐阅读书目

植物诱变育种学．徐冠仁．中国农业出版社，1996.

中国核农学．温贤芳．河南科学技术出版社，2001.

园艺植物育种学总论．景士西．中国农业出版社，1999.

园艺植物育种学．曹家树，申书兴．中国农业大学出版社，2001.

第10章　倍性育种

[**本章提要**] 利用染色体数目变化进行育种的方法称为倍性育种。倍性育种包括多倍体育种、单倍体育种和非整倍体育种，是培育园林植物新品种的重要途径。本章主要介绍倍性育种的原理与方法。

染色体是遗传物质的载体，染色体数目的变化常导致植物体在形态、解剖构造、生理、生化等遗传特性上的变异。任何植物的细胞核中都有一定数目的染色体，这些染色体在细胞内是成对存在的，配子中只含有其中一组染色体。我们把配子中所含的大小、形态不同的一组染色体，称为一个染色体组（用 x 表示）。含有一个染色体组的植物称为单倍体，含有两个染色体组以上的植物，则统称为多倍体。不同染色体倍性的植物体在遗传传递过程中有不同的表现，这就是倍性育种的遗传学基础。

10.1　多倍体育种

多倍体育种（polyploid breeding）是指通过人工的方法将植物染色体组进行加倍，或是直接从自然界中选育染色体组加倍的突变体，从而获得新品种的方法。

在同种和同属不同种之间，都有二倍体与多倍体的区别。通常在同一属植物中，以染色体数最少的二倍体种为准，将其配子染色体数作为全属植物的染色体基数，即一个染色体组（x）。这样在同一属之内便出现一连串具有不同倍性的物种，从而排成一个由少到多的“多倍体系列”。如蔷薇属植物的染色体组 $x=7$，其属内的月季（*Rosa chinensis*）与玫瑰（*R. rugosa*）为二倍体（$2n=2x=14$），部分法国蔷薇（*R. gallica*）为三倍体（$2n=3x=21$），突厥蔷薇（*R. damascena*）多为四倍体（$2n=4x=28$），欧洲野蔷薇（*R. canica*）为五倍体（$2n=5x=35$），血蔷薇（*R. moyesii*）为六倍体（$2n=6x=42$），部分针刺蔷薇（*R. acicularis*）为八倍体（$2n=8x=56$）。菊属中野菊（*Chrysanthemum indicum*）、甘菊（*C. lavandulifolium*）、菊花脑（*C. nankingense*）为二倍体（$2n=2x=18$），小红菊（*C. chanetii*）等为四倍体（$2n=4x=36$），毛华菊（*C. vestitum*）、紫花野菊（*C. zawadskii*）为六倍体（$2n=6x=54$），栽培的菊花则因品种不同染色体数目变化极大，栽培小菊类 $2n=45\sim54$，独本菊类有些品种染色

体数目达到 $2n=10x=90$。有些属中不止一个染色体基数，而包括两套以上多倍体系列。如罂粟属（*Papaver*）中便有 $x=6$、7、11 等 3 套多倍体系列；而报春属（*Primula*）中，则有 x=8、9、10、11、12、13 等 6 套多倍体系列。

根据多倍体植物中染色体组的来源和组成不同，可分为同源多倍体和异源多倍体两大类。几组染色体全部来自同一物种的多倍体，或凡由纯种染色体加倍而成的多倍体，它们的各染色体组都是相同的，称之为同源多倍体。一般用图式 AAAA 代表同源四倍体（$4x$），其中每个 A 代表一个染色体组。卷丹（*Lilium lancifolium*，$2n=3x=36$）、蓬蒿菊（*Chrysanthemum frutescens*，$2n=3x=27$）、中国矮香蕉（*Musa* sp.，$2n=3x=33$）等种为同源三倍体（AAA）；还有唐菖蒲类（*Gladiolus hybridus*）、风信子（*Hyacinthus orientalis*）、中国水仙（*Naricissus tazeta*）、梅花（*Prunus mume*）、樱花（*Prunus serrulata*）、郁金香类（*Tulipa gesneriana*）等有不少品种为同源三倍体。

由来自不同种属的染色体组构成的多倍体，或凡以远缘杂种为对象，经染色体加倍而产生的多倍体称为异源多倍体。它们包含了来自父母双方的两种染色体组，如母本体细胞的染色体组为 AA，父本体细胞的染色体组为 BB，杂种染色体组为 AB，则杂种四倍体的染色体可用 AABB 来表示。它仿佛是两个二倍体远缘种的复合物，因此也叫"双二倍体"。例如著名的邱园报春（$2n=4x=36$）是一个染色体自然加倍的异源四倍体（AABB），水仙属（*Narcissus*）品种'金色黎明'（$2n=3x=24$）为异源三倍体品种（AAB）。

10.1.1　多倍体的特点和产生途径

10.1.1.1　多倍体的特点

一般来说，多倍体在遗传表现上有以下几个共同的特点：

(1) 巨大性

巨大性是多倍体最为显著的外部形态特征。多倍体植物由于染色体的成倍增加，细胞显著增大，最后就表现出了组织和器官的巨大性。如茎秆粗壮，叶片肥厚、浓绿，果实、种子重量增大，花粉粒、气孔也相应增大，花冠大、厚实，花瓣较多，花色浓艳等。由于花器官的增大，一般具有较高的观赏价值，对于切花来说，花瓣厚实有利于贮藏运输，并可延长其瓶插寿命。据调查，1956～1957 年培育的自然三倍体欧洲山杨（*Populus tremula*），其干形高大，速生，与同龄的二倍体比较，树高增加 11%、直径增大 10%，材积增多 36%，而且抗心腐病；四倍体黑赤杨（*Alnus glutinosa*）与二倍体黑赤杨杂交所得的三倍体，多数都有速生的性能。陈俊愉（1950）对凤仙花的四倍体枝条与二倍体枝条性状进行了比较，结果表明四倍体凤仙花的叶大而厚、花大、瓣多、色深、果大、种子大而数少、气孔较大，都与二倍体有一定的差异。

花径大小常与染色体数目的多少表现明显的正相关，因此，根据花径大小，就可以把天然产生的多倍体选育出来，如菊属和鸢尾属植物。但事物是一分为二的，也有相反的情况，如在庭荠属（*Alyssum*）、决明属（*Cassia*）等中，其多倍体与二倍体大小相似，甚至更矮小。因此，在选育多倍体时一定要慎重。

（2）品质与产量提高

伴随多倍体的巨大性，其营养成分的含量和产量也显著提高。这是由于多倍体染色体数量增多，有多套基因，新陈代谢旺盛，从而蛋白质、维生素、碳水化合物、植物碱等的合成速率提高。如水稻二倍体蛋白质的含量为6%～8%，四倍体为9%～12%；三倍体甜菜（*Beta vulgaris*）的含糖量比二倍体增加14.9%，同时维生素C含量也显著提高；四倍体橡胶草（*Taraxacum kok-saghyz*）根的重量比二倍体大90%，根中含胶量高25%；四倍体蔷薇类果实中两种维生素含量较二倍体高；三倍体无籽西瓜（*Citrullus lanatus*），更是品质上的一大改进。

（3）生理特性改变

在生理特性方面，一般表现为生长缓慢、发育延迟、呼吸和蒸腾作用减弱、抗性增强等。一些调查认为，多倍体植物比它们的祖先二倍体植物，对极端的环境条件有更大的忍受力，表现出较强的耐寒力和耐旱力以及抗病虫害的能力等，如多倍体的小黑麦属（*Triticosecale*）植物对白粉病是完全免疫的。

（4）遗传变异性

大多数多倍体的遗传性都比较丰富，遗传变异的范围比较广泛。这些特点对于园林植物育种工作来说，常常成为有利因素。但是，这种特性也常因原来二倍体种类的不同而有差异，尤其是异源多倍体更是如此。例如，大丽花（异源八倍体）表现了极大的遗传变异性，而邱园报春（异源四倍体）的性状却相当稳定。这是因为大丽花的两组亲本原为异源二倍体，来源相当复杂，而邱园报春的亲本——多花报春（*Primula floribunda*，$2n=2x=18$）和轮花报春（*P. verticillata*，$2n=2x=18$）都比较纯。

（5）不孕性与可孕性

在一般情况下，同源多倍体大多结实率降低，表现了相当程度的不孕性。在农作物方面，这种情况尤为普遍，从而成为同源多倍体育种道路上的严重障碍。在花卉的多倍体育种工作中，对于用播种繁殖的种类如翠菊、凤仙等，存在同样的困难。可是戈尔达脱（1941）在菊属，哈特曼（Hartman）在甜瓜（*Cucumis melo*）中（1950）发现有些同源四倍体的结实与相应的二倍体相等或几乎相等。

三倍体常表现出高度的不孕性。如蓬蒿菊（*C. frutescens*）、无籽西瓜（*Citrullus lanatus*）、卷丹（*Lilium lancifolium*）、中国矮香蕉（*Musa nana*）、梅花、樱花等三倍体品种即是如此，但也有少数三倍体是高度可孕的，如风信子的三倍体（$2n=24$）即是，其子代具有16～31（32）个染色体，即成为二倍体、三倍体、四倍体以及一系列的异数多倍体。

异源多倍体是高度可孕的。如前面提到的邱园报春，就是一个典型例子。又如齐津做过很多黑麦属（*Secale*）以及冰草属（*Agropyron*）的属间杂交，其远缘杂种一直不孕达13年之久，但当他将杂种染色体设法加倍之后，所得的异源四倍体翌年即抽穗结实。这是由于同源多倍体在减数分裂时，染色体间配对不正常，易出现多价体，致使多数配子含有不正常染色体数，因而表现出育性差，结实率低。而异源多倍体在减数分裂时通常染色体配对正常，不出现多倍体，表现出自交亲和、结实率高。

10.1.1.2 多倍体产生的途径

多倍体主要有以下产生的途径：

①受精以后任何时期的体细胞染色体加倍而成多倍体细胞。在体细胞中，有时由于特殊的条件，使有丝分裂受阻，体细胞变异，染色体复制加倍而细胞核和细胞质不分裂，使染色体产生倍性变化。这种情况多发生在分生组织或愈伤组织的细胞内，结果产生多倍体苗或枝条，这种异常的有丝分裂方式叫内源有丝分裂。

②在生殖细胞中，由于减数分裂异常，未产生正常的 x 配子，而产生未减数的 $2x$ 配子，与正常或异常配子结合而产生了多倍体。未减数的 $2x$ 配子的形成又可分为两种形式，第一次减数分裂重组（first division restitution，FDR）和第二次减数分裂重组（second division restitution，SDR）。分析认为通过未减数分裂形成的多倍体要优于体细胞突变得来的多倍体，因为前者可以有效带来杂合性，体现杂种优势。同时研究也表明在传递杂合性方面，SDR 和 FDR 有明显差别。

③多精受精也可以产生多倍体。这种现象已在向日葵（*Helianthus annuus*）中观察到，黑格拉（Hagerup，1947）在兰科植物中发现过这种情况形成的多倍体，但普遍认为这不是多倍体形成的一种主要途径。

10.1.2 人工诱导多倍体的方法

自从 1937 年勃益克斯里证实秋水仙素可以诱导多倍体以后，人们便开始有计划地人工诱导多倍体，这方面的研究越来越涉及更多的植物，方法也不断地改进和拓展。人工诱变多倍体可采用物理、化学及生物法诱导。

（1）物理方法

最早的物理诱导方式是通过给番茄打顶实现的，后来人们开始使用温度激变、机械创伤、嫁接、电离辐射、非电离辐射、离心力、热冲击、γ 射线、X 射线等方法，第一个合成的双二倍体是一个染色体自然加倍的六倍体普通小麦 × 黑麦（*Secale cereale*）的杂种，是通过热处理方式得来的。

（2）化学方法

人工多倍体诱导通常利用的是化学方式，常用的化学诱变剂有秋水仙素（colchicine）、俄瑞扎林（oryzaline）、萘嵌戊烷、富民农、N－亚硝基－N－二甲脲、一氧化二氮（N_2O）等，近来人们发现除草剂也有此功能。另外人们又找到了一些物质可以提高诱导效率，例如表面活性物质等。瑞茵多夫（Randoph）用 43～45℃高温处理新形成的玉米结合子得到四倍体。

（3）生物法

除基因突变外，人工诱导多倍体还可以仿效天然多倍体由有性阶段通过杂交产生的途径进行。第一，传统杂交。Nilsson-Ehle（1938）最早用三倍体欧洲山杨（*Populus davidiana*）与二倍体进行杂交，得到了多倍体。此后，通过不同倍性体间的杂交途径在杨树、桑树（*Morus alba*）、刺槐（*Robinia pseudoacacia*）等分别获得了成功。第二，组织培养。随着生物技术的发展，组织培养在多倍体诱导中应用较广。最直接的应用是胚乳培养，获得三倍体植株，现在猕猴桃（*Actinidia chinensis*）、枸杞（*Lycium chinense*）、枣（*Zizyphus jujuba*）等物种方面已获得成功。有研究显示，在组培过程中，染色体加倍效果与材料的发育阶段、取材部位、培养基类型、培养条件等密不可分。第三，细胞融合。杂交在细胞水平上发展，主要是进行原生质体融合。1960 年，Cocking 首先运用酶法去除植物细胞壁获得原生质体。此后，随着化学和电融合技术的发展，已在近百种植物种内、种间和属间原生质体融合获得了再生植株。细胞融合克服了植物远缘杂交障碍，是创造多倍体的又一新途径，为多倍体育种开辟了很大的发展空间。

由于用物理方法使染色体加倍的频率低，电离射线又能引起基因突变，因此效果不理想，目前普遍采用的是化学方法。在上述的这些化学诱导剂中，秋水仙素已被证实为诱导多倍体最为有效的化学诱导剂。因此，本节重点介绍秋水仙素的诱导方法。

10.1.2.1 秋水仙素诱发多倍体的原理

秋水仙素是从地中海一带的一种百合科植物秋水仙（*Colchicum autumnale*）的球茎和种子提取出来的一种生物碱，极毒，其分子式为 $C_{22}H_{25}NO_6 \cdot 1.5H_2O$，一般呈淡黄色粉末。纯的秋水仙素是一种极细的针状无色粉末，熔点 155℃，易溶于水、酒精、氯仿和甲醛，而不易溶于乙醚和苯。

秋水仙素的作用：当它与正在分裂的细胞接触后，能抑制纺锤体和膜的形成，使染色体不能排在赤道板上，也不能分向两极，从而使染色体数目加倍。但对染色体结构无显著影响。药剂浓度适合时，对细胞的毒害作用不大，在细胞中扩散后，不致发生严重的毒害，在一定时期内细胞仍可恢复常态，继续分裂，只是染色体数目加倍成为多倍性细胞，在遗传上很少发生其他不利的变异。虽然有时在处理初期的植株上出现茎、叶的变态，但在以后除表现与多倍性相应的性状变化外，变态均能消失。

10.1.2.2 诱发多倍体的原始材料选择

为提高诱变效果，诱变原始材料的选择应遵循以下原则：

① 选用综合性状优良、遗传基础较好的种类。

② 选择染色体组数少的种类。由于染色体组数多的植物材料在进化过程中已利用了它们的特点，经过了加倍过程，进一步再加倍往往是很困难的，因此，诱变处理前要先了解染色体组数以及近缘植物中的多倍体程度。

③ 染色体数目少的植物。由于植物染色体加倍过程是相对的，任何材料都不能无限加倍，对于那些染色体数目本身很少的物种进行加倍处理，往往容易

成功。

④ 最好选用能利用营养器官进行无性繁殖的品种。因多倍化后，常常会使可育性降低。

⑤异花授粉植物。

⑥杂种或杂种后代。杂种程度高的二倍体因其遗传可塑性大，遗传基础丰富，诱导加倍后选育成功的可能性大。尤其是远缘杂种，其染色体加倍后，可形成异源多倍体，这样既克服了远缘杂交的不育性，提高了结实率，又能选育出有利用价值的新物种、新作物或新品种。

10.1.2.3 处理植株部位的选择

秋水仙素的诱变作用，只发生在细胞分裂活跃状态的组织，处理的植物组织应是分裂活跃、旺盛的部位才会有效。如萌动或萌发的种子、幼苗和枝条的生长点、根尖、球根与球茎的萌动芽等。

10.1.2.4 药剂浓度和处理时间的确定

应用秋水仙素处理时，可配成水溶液、羊毛脂制剂、琼脂制剂或甘油乳剂。常用的是秋水仙素水溶液，一般有效浓度为 0.000 6% ~1.6%，而比较适宜的浓度为 0.2% ~0.4%。具体的浓度与作用时间，依植物种类、器官及药品的种类而异。

秋水仙素的有效浓度与处理的持续时间是诱发多倍体的关键。当浓度增高时，应缩短处理时间；浓度降低时，应延长处理时间。若浓度过高，时间过长则对材料产生抑制作用甚至引起伤害；若浓度过低，时间过短则对处理材料不起作用。处理的部位不同，所用浓度也不一样。对柔嫩而细胞分裂快的组织，所用的浓度应该较低。草本植物使用的浓度应低些，木本植物的浓度应高些。处理时可用几种不同浓度和不同时间作为预备试验。一般采用临界范围内的高浓度和短时间处理法。当诱变多倍体的百分率最高，而致死和受害的数目最少时，最为理想。据试验，处理矮牵牛种子的适宜浓度为 0.01% ~0.1%，处理凤仙花种子的适宜浓度为 0.2% ~0.5%。

10.1.2.5 秋水仙素处理的方法

秋水仙素处理的方法很多，但经常使用的方法有以下几种：

(1) *浸渍法*

可浸渍幼苗、新梢、插条、接穗、种子。为避免药液蒸发，应加盖，并使其不见光。一般发芽种子处理时间为数小时至 3d，处理浓度 0.2% ~1.6%。秋水仙素能阻碍根系的发育，处理后要用清水洗净后再播种；发芽种子的胚根，处理后往往受到抑制，发根较慢，这可在药液中加适当生长素，以利于根的生长。插条、接穗一般处理 1 ~2d，处理后也要用清水洗净。处理幼苗时，为避免根系受害，可将盆钵架起来倒置，使茎生长点浸入秋水仙素溶液中。

(2) 涂抹法

把秋水仙素按一定浓度配成羊毛脂制剂或琼脂制剂，涂抹在幼苗和枝条的顶端。处理部位要适当遮盖，以减少蒸发和避免雨水冲洗。处理结束后将乳剂洗去。琼脂和羊毛脂混合剂的配制：先在广口瓶的底部放上1%的秋水仙素原液5mL，而后加入0.8%的熔化琼脂20mL，使凝成秋水仙素浓度为0.2%的琼脂制剂。或将羊毛脂加入秋水仙素液中，凝成半固体。

(3) 滴液法

对较大的植株的顶芽、腋芽处理时，可采用此法。常用的水溶液浓度为0.1%～0.4%，每天1至数次，反复处理数天，使溶液透过表皮渗入组织内起作用。若溶液在上面停不住而下流时，可用小片脱脂棉包裹幼芽，再滴液，使棉花浸湿。

(4) 滤纸培养法

将清水泡软的种子，播于用秋水仙素液浸渍过的滤纸上，放在培养皿内，待种子发芽后，用清水冲洗，移出盆栽。曾有研究者处理美国黄松种子，将其放置于0.2%秋水仙素浸过的滤纸上培养，得到八倍体的美国黄松（*Pinus ponderosa*，$2n=8x=96$）。

此外，还有套罩法、复合处理法、注射法、毛细管法等处理方法。

利用秋水仙素处理结合组织培养技术进行试管无菌苗的诱导，可以大大提高多倍体的诱导效率，具有较大的发展潜力，目前已逐渐得到广泛的应用。通常采用直接浸泡、生长点处理和培养基内添加秋水仙素等方法进行。另外在培养前和培养过程中，对培养物有目的地进行诱导处理，可进一步提高突变频率和拓宽变异范围，使用秋水仙素溶液浸泡处理愈伤组织、胚状体、细胞块或组织块等，可达到细胞染色体加倍的目的，从而再生出一定数量的多倍体植株。

10.1.3 多倍体的鉴定和后代选育

10.1.3.1 多倍体的鉴定

植物材料通过诱变处理后，一些材料的染色体加倍成多倍体，一些不能加倍，还有一些为混倍体。因此，准确地鉴定多倍体并将其挑选出来，也是多倍体育种中的重要一环。

(1) 形态鉴定

多倍体的巨大性为此提供了可靠的理论依据。多倍体一般茎变短，叶变厚，颜色变深，表面皱缩粗糙，花、果比二倍体的大，可育性低。根据这些标志，做出初步鉴定。通常在对育成的多倍体材料进行鉴定时，整个生长期均可以外部形态特征来判断，形态鉴定是比较直观而简单的方法。对初步鉴定为多倍体的，再进一步检查。

(2) 气孔鉴定

通过测定气孔长度及比较气孔保卫细胞叶绿体数目也可以初步鉴定多倍体。

由于多倍体细胞增大，因而气孔也明显变大，密度变稀，保卫细胞内叶绿体的数目增多。

(3) 花粉粒鉴定

与二倍体相比，多倍体花粉粒体积大。花粉粒可不经药物处理，直接在显微镜下观察。检查时，可在显微镜上安装一测微尺，以便测定。

(4) 染色体记数法

它是最直接、最准确的鉴定方法。通常是通过检查茎尖细胞、根尖细胞或花粉母细胞内染色体的数目来进行鉴定。它不但能区别倍性，而且还能鉴定是整倍性或非整倍性的变异。早期鉴定可初步辨认为多倍体的，最终还需进一步通过染色体记数来证实。由于染色体制片技术早已成熟，所以是切实可行的。

(5) 分子水平鉴定

随着分子生物学技术的发展，人们开始从分子水平入手研究多倍体，对其倍性、来源进行鉴定。

流式细胞术（flow cytometry）就是采用流式细胞仪来测定单个细胞的 DNA 含量，再根据 DNA 含量比较来推断出细胞的倍性。荷兰球根花卉专家 van Tuyl 在 1989 年就开始用此方法对诱变的大量材料进行倍性鉴定了。

此外，分子标记技术也已成功地应用到本领域的研究中。但多用于 $2x$ 配子后代中的 $2x$ 配子来源及属性的分析。巴罗内（A. Barone，1996）用 RFLP（restriction endonuclease fragment length polymorphism）技术分析茄子多倍体时就发现其属性及来源并不相同。最近人们认识到杂合性对于多倍体的成功有重要作用，因多倍体比相应的二倍体具有明显的杂合性，且有更多的杂合位点和互作效应，张有做等（1998）用 RAPD（random amplified polymorphism DNA）技术分析不同倍性的桑树品种基因组 DNA 时认为多倍体的基因组 DNA 可能由于核苷酸碱基序列发生改变、形成杂交新位点或同源四倍体的等位基因发生了漂移，从而表现出基因组 DNA 的多态性。这些研究为在分子水平上鉴定多倍体提供了全新的思路。

10.1.3.2 多倍体后代的选育

人工诱变多倍体只是育种工作的开始，因为任何一个新诱变成功的多倍体都是未经筛选的育种原始材料，必须对其选育、加工才能培育出符合育种目标的多倍体新品种。育种材料经过倍性鉴定后，从中得到的多倍体类型并不一定就是优良的新品种，只是一种人工创新的种质资源。育种工作中还要按照诱变材料变异的特点，进一步选择培育，分别利用。具体做法是：第一，淘汰没有育种价值的劣变类型；第二，在倍性变异上表现优良的类型，可进行全面鉴定；第三，对不稳定的嵌合体类型，进行分离纯化；第四，保留不能直接成为品种但有育种价值的材料；第五，多倍体植物进行无性繁殖时，必须利用主枝；第六，对只能用种子繁殖的一、二年生草本花卉，必须通过严格的选择方法，不断选优去劣，以克服结实率低和后代分离现象。

10.1.4 多倍体育种的成就

在植物的进化过程中，染色体多倍化现象起到了重要作用，它不仅与许多物种的形成有关，而且对各个科、属内物种的进一步分化也很重要。早在19世纪，狄·弗里斯（de Vries）就在月见草中发现了一种比月见草的组织和器官大得多的变异型，当时他以为这是普通月见草基因突变的结果。大约1907年，细胞学研究的兴起，发现这种特殊的月见草合子染色体数是普通月见草染色体数的两倍，这就启发人们认识到物种的染色体数会成倍地增加或减少这样一个事实，从而开始了遗传学上对于多倍体的研究。

多倍体普遍存在于植物界，是植物变异发生的重要途径之一，对于物种进化和育种有很重要的意义。大约一半的被子植物（angiosperms）、2/3以上的禾本科（Gramineae）植物是多倍体，其中有不少是经济价值很高的作物。从高等植物里有这样多的多倍体物种事实来推论，多倍体育种应该是一种比较有效的育种新途径。多倍体育种突破了在种的范围内培育品种的常规育种方法。从20世纪末期开始进行人工诱导多倍体的研究，至今获得多倍体植物千余种，其中相当多的是同源多倍体，经选育有的在生产实践中已得到广泛应用，发挥了巨大的经济效益。

在园林植物中，有些多倍体是自然界天然产生的，如‘凤尾’竹（*Bambusa multiplex* ‘Fernleaf’，六倍体）、卷丹（$2n=3x=36$）、金钱松（*Pseudolarix amabilis*，$2n=4x=44$）。自秋水仙素处理方法发现以来，人工创造的多倍体已在园林植物中取得了显著的成绩。特别是一、二年生园林植物，在20世纪50年代初期，就已由美国、日本等国家培育出丰富多彩的多倍体品种。如日本育成的四倍体茶花（*Camellia japonica*）（$2n=4x=60$），美国育成四倍体的金鱼草、麝香百合（*Lilium longiflorum*）、百日草（*Zinnia elegans*），我国选育了四倍体凤仙花（$2n=4x=28$）新品种‘倍红’、‘矮红’等。还有金盏菊（*Calendula officinalis*）、桂竹香（*Cheiranthus cheiri*）、石竹（*Dianthus caryophyllus*）、丝石竹（*Gypsophila paniculata*）、风信子、矮牵牛、一串红、郁金香类、三色堇等有不少品种都是多倍体品种。‘夏季美’是从郁金香中选出的一个三倍体品种，已经受了400余年的考验，至今仍然出类拔萃。风信子中具有很高观赏价值的品种‘大眉翠’（‘Grand Maitre’）、‘蓝中之王’（‘King of the Blues’）等均是三倍体。这些工作使得园林植物品种中多倍体的比例越来越大，这些多倍体园林植物具有大花性、重瓣性及花色、芳香等方面的优良性质，在园林生产中发挥了很大的作用，也因此使世界变得更加绚丽多彩。

此外，多倍体育种在克服远缘杂交当代不孕和远缘杂种不结实方面也取得了较大成绩。采用异源多倍体化来克服因远缘杂交带来的缺少成对染色体配对而导致的杂种不育问题以获得稳定的优良品种。目前已经将栽培稻与野生稻杂种 F_1 代通过秋水仙素处理愈伤组织或丛生芽进行染色体加倍而形成异源多倍体。异源多倍体化不但克服了远缘杂交带来的杂种不育，而且带来基因组间的杂合性，增大了基因组容量，使遗传变异范围变得更广，能增强对不利因素影响的耐受力，从而带来高产和稳产的根本变化。普通小麦、甘蓝型油菜以及陆地棉和海岛棉（*Gossypium barbadense*）这些异源多倍体作物在产量和遗传上具有的进化历程对于园林植物异源多倍体育种是一个启示。

10.2　单倍体育种

单倍体育种（haploid breeding）是指利用仅有一个染色体组的单倍体植株，经染色体加倍成为纯系，然后进行选育的一种育种方法。

自从 1921 年首次发现自然界存在着单倍体植物以后的近半个世纪中，单倍体植物实际上并没有在人类的经济生活中做出什么重要的贡献。原因是自然界发生单倍体的频率很低，只有千万分之一到万分之一，这样低的发生率，当然很难用于育种实践。

随着生物技术的发展，特别是植物组织培养技术的进步，植物细胞具有“全能性”的概念已被广泛接受。在 20 世纪 60 年代中期印度德里大学的两位植物学家古哈（Guha）和马赫施瓦里（Maheshwari）偶然发现，经组织培养的毛叶曼陀罗（*Datura innoxia*）花药中长出的胚状体是来源于花粉的单倍体植物，这一报道引起了各国遗传育种学家的重视。接着有人在烟草和水稻上相继进行了花药离体培养的试验，并得到了单倍体植株。从此之后，利用花药培养获得单倍体植株的报道迅速增多，在国际上形成了一股热潮，至今这一领域的研究仍呈发展趋势。这可从表 10-1 中反映出来。

表 10-1　1964～1983 年花药培养成功的物种数目的增长情况

起止年份	相隔年数	培养成功的物种数	每年平均物种数	累计
1964～1966	2	1	0.5	1
1966～1976	10	39	近 4 种	40
1976～1980	4	70	18 种	110
1980～1983	3	140	47 种	250

这样高速度的发展趋势，反映了国际学术界对植物单倍体研究工作的浓厚兴趣。因为大家认识到，具有配子体染色体数目的单倍体不仅为遗传学、细胞学的许多基础研究提供了一个便于操作和分析的优良系统，而且更重要的是它在植物性状改良和育种上有着实际应用的价值。

10.2.1　单倍体植物的特点及其产生途径

10.2.1.1　单倍体植物的特点

细胞内只含一个染色体组的单倍体植物，它可以在自然界中自然产生，也可以人工培育。单倍体植物与二倍体植物的形态基本相似，只是单倍体植物的生活力较弱、植株矮小、叶片较薄、花器较小。由于单倍体植物只含一个染色体组，因此减数分裂时不能进行正常的联会，从而造成单倍体植物的高度不育。但是，如果将单倍体植物的染色体加倍，使其成为纯合二倍体，就能恢复正常的结实能力。而这种纯合的植物是快速培育优良新品种的极好材料。

自人工诱导单倍体以来，单倍体的含义已与前面所讲的单倍体含义有所不同。前面提到的单倍体是狭义的概念，是指细胞内只含有一个染色体组的植物，也就是含有该属植物中二倍体植物的配子染色体数（$n=x$）；而花药培养中的单倍体是广义的概念，是指不管植物的倍性如何，只要具有该植物配子染色体数的植物体均称单倍体。如果该植物为二倍体，则 $n=x$，如果是多倍体，则 $n\neq x$。如牡丹是二倍体，$2n=2x=10$，有牡丹的花粉长成的单倍体植株只有一个染色体组，$n=x=5$。而栽培菊花为 6 倍体（$2n=6x=54$），由其花粉长成的单倍体植株含有三个染色体组，即 $n=3x=27$，是一个三倍体，或称“多倍单倍体”，但习惯上仍称其为单倍体。因此，人工诱导的单倍体实际上是半倍体，即其染色体为原来植物染色体数目的一半。

10.2.1.2　单倍体植物产生的途径

获得单倍体的途径主要有以下 4 种：第一，孤雌生殖，即由植物胚囊中的卵细胞与极核不经受精单性发育而获得植株；第二，无配子生殖，即反足细胞与助细胞不经受精单性发育成植株；第三，花药离体培养，花粉离体人工培养，使其单性发育成植株。也称孤雄生殖；第四，染色体消除法，即通过授粉受精形成正常的合子，但在受精卵分裂、发育、形成胚的过程中，来自一方的染色体很快被排除，只留下另一方的一组染色体。这种获得单倍体的方法称为染色体消除法。

自然界中的单倍体主要是从双胚种子中得到的。所谓双胚种子，是指在一颗种子内同时存在着两个胚。由这种双胚种子长出两个实生苗，有 3 种情况：二倍体-二倍体双生；二倍体-四倍体双生；二倍体-单倍体双生。在后一种情况下，两棵实生苗往往一大一小，小的一株就是单倍体，它们多数是经过无融合生殖，由助细胞、反足细胞、极核直接发育来的。双胚种子在自然界中的发生率大致在 0.001% ~0.1%，而其中仅有 1% ~10% 为二倍体-单倍体双生。可见单倍体在自然界中的发生率是很低的。

用人工的方法也能诱导胚囊中的卵细胞单性发育成单倍体，如用热处理或射线处理的花粉、或远缘的异属花粉进行授粉，可以刺激柱头，引起胚囊中的卵细胞发育成种子；也可用药物如 2，4 – D、赤霉素等处理柱头，也能使少数卵细胞单性发育成种子。但用诱导孤雌生殖的办法获得单倍体的频率太低。为了提高单倍体的发生率，曾经试验了不少方法，但效果都不太理想。从 20 世纪 60 年代中期以来，在人工诱导单倍体的方法上取得了两项突破性的进展，这就是花药培养法和染色体消除法。

染色体消除法最早是在农作物中发现的。有人用普通大麦（*Hordeum vulgare*，$2n=2x=14$）和球茎大麦（*H. bulbosum*，$2n=2x=14$）进行杂交时，不论正交和反交，总是得到普通大麦的单倍体。经细胞学、胚胎学的研究证明，授粉后受精作用和形成合子都是正常的，但在受精卵分裂、发育、形成胚的过程中，来自球茎大麦的染色体很快被排除掉，只留下普通大麦的一组染色体。杂种胚乳在受精后的 2 ~ 5d 也停止了发育。由于单倍性的胚生长势弱、发育迟缓，加之胚乳的过早解体，使得幼胚发育不良，极易败育夭折。因此，必须将幼胚解剖出来进行离体培养，得到纯合二倍体植株。试验证明，普通小麦与球茎大麦杂交也会发生同样的现象，即最后得到普通小麦的单倍体。例如，用‘中国春’小麦为母本分别和二倍体及四倍体球茎大麦杂交，并伴以幼胚培养，都可得到‘中国春’小麦的单倍体，而以四倍体球茎大麦为父本效果较好，且其成功率很高。这样高的单倍体植株的诱导率，在小麦花药培养中是很难达到的。球茎大麦为一种多年生野生型的异花传粉植物，其开花需经低温（10℃或更低）和短日照（8 ~ 10h）处理约 8 周。

在园林植物中，像球茎大麦这种材料很难得到，因此，染色体消除法的应用受到一定限制。目前，在育种和生产实践中主要是应用花粉离体培养的方法来获得单倍体植株。

10. 2. 2 单倍体在育种上的意义

单倍体植物的生活力较弱，植株矮小，不能结种子，没有单独的利用价值。但在杂交育种、诱变育种、远缘杂交育种、杂种优势的利用等育种过程中插入人工诱导单倍体和加倍成纯合二倍体的环节，用以克服这些育种方法中的困难，加速育种进程等方面具有重要意义。

10. 2. 2. 1 克服杂种分离，缩短育种年限

在杂交育种时，得到的杂种第一代（F_1）的性状具有一致性，杂交第二代（F_2）便开始分离。这是因为来自父母双方的两套染色体及其基因，在杂种第一代（F_1）形成性细胞时，发生分离、互换和重组，形成遗传性各不相同的雌配子和遗传性各不相同的雄配子，受精后便产生基因型更加多样的杂种第二代（F_2）。第二代以后还要分离，只是分离的个体在比例上逐渐减少罢了。因此，在育种工作中，要想育成一个稳定的品系，一般需要通过 5 ~ 6 代的不断选择淘汰，才能稳定下来。再经过评比试验，经示范后才能确定为可推广的新品种。所以，要育成一个新品种，最少需 8 ~ 10 年时间。

如果用 F_1 代花药培养，得到单倍体后加倍即可获得纯合二倍体，经株系选择就可得到稳定的新品种，只需 3 ~ 5 年时间，大大缩短了育种年限。园林树木生长期长，往往一代就要 10 年和更长一些，这样算来，一个新品种的育种需时太久；若将杂种一代（F_1）的花药培养植株，加倍后即得到纯合二倍体，这样从杂交到获得不分离的品系，时间大为缩短（图 10-1）。

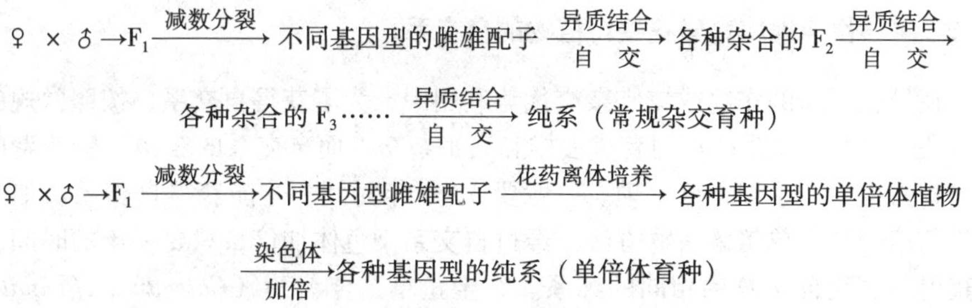

♀ × ♂ → F_1 $\xrightarrow{\text{减数分裂}}$ 不同基因型的雌雄配子 $\xrightarrow[\text{自 交}]{\text{异质结合}}$ 各种杂合的 F_2 $\xrightarrow[\text{自 交}]{\text{异质结合}}$

各种杂合的 F_3…… $\xrightarrow[\text{自 交}]{\text{异质结合}}$ 纯系（常规杂交育种）

♀ × ♂ → F_1 $\xrightarrow{\text{减数分裂}}$ 不同基因型雌雄配子 $\xrightarrow{\text{花药离体培养}}$ 各种基因型的单倍体植物

$\xrightarrow[\text{加倍}]{\text{染色体}}$ 各种基因型的纯系（单倍体育种）

图 10-1　常规杂交育种与单倍体育种的比较

10.2.2.2　提高选择的正确性和效率

在对育种材料、杂种后代、辐射处理材料进行选择时，由于显隐性和杂种优势的干扰，往往很难选择正确，同时由于选择群体过大，时常会产生误选和漏选等情况。而花药培养所得的花粉植株，遗传性相对稳定，性状一致，且基因之间不存在显隐关系，从而可排除上述干扰，同时，花粉植株的后代，不再发生遗传性的重组，选择范围也就大大缩小。因而大大提高了选择的正确性。

将花粉培养与诱变育种相结合，可以大大提高选择的效率。诱变育种时，通常处理种子或无性繁殖材料，由于遗传性状显隐性的干扰和“回复突变”的存在，只能得到百分率极低（约 1/10 000 ~ 2/10 000）的变异个体。因为，诱变处理引起的变异多数为隐性性状的变异，在诱变当代表现不出来，致使许多有用的变异被淘汰掉。还有些变异，随着生长发育，变异部分会被正常部分逐渐排除而代替，最后只留下没有发生变异的正常部分。如果用花药作诱变材料，再把花药离体培养成花粉植株。花粉是单倍体，又是单个细胞，所以一经处理产生变异后，就可以不受显、隐性状遗传的干扰，也不存在“回复突变”，从而很容易地发现变异的性状（图 10-2）。

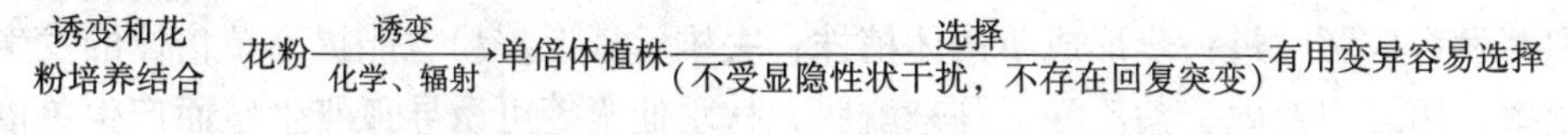

诱变育种　种子 $\xrightarrow[\text{化学、辐射}]{\text{诱变}}$ 植株 $\xrightarrow[\text{（显隐遗传干扰、回复突变、引起的性状多为隐性性状，当代选不出来而被淘汰）}]{\text{选择}}$ 得到有用变异的百分率低（1/10 000 ~ 2/10 000）

诱变和花粉培养结合　花粉 $\xrightarrow[\text{化学、辐射}]{\text{诱变}}$ 单倍体植株 $\xrightarrow[\text{（不受显隐性状干扰，不存在回复突变）}]{\text{选择}}$ 有用变异容易选择

图 10-2　诱变育种与诱变和花粉培养相结合育种的比较

10.2.2.3　克服远缘杂种的不孕性

通过种间或属间植株的远缘杂交，可以创造出自然界不曾存在的新的植物类型，是很有用的育种材料。然而远缘杂种具有高度的不孕性，这是因为不同种的植物之间缺乏同源染色体组型，使得杂种在减数分裂时染色体不能正常配对，造成花粉和卵细胞的败育。但远缘杂种的花粉中也有少数是能育的，因而有可能人工诱导成为单倍体植株，经选择加倍，即可得到具有双亲特性的，能育的远缘

杂种。

10.2.2.4 快速地培育异花授粉植物的自交系

在异花授粉的作物或花卉杂交优势利用中，为了获得自交系，按照常规的自交方法，需进行连续多年的套袋去雄和人工杂交。而自交系的获得，所花费的人力、物力很大，手续十分繁琐。一般要 5 ~6 年时间，才能获得自交系。如果采用花药培养产生单倍体植物方法，经过自交系染色体加倍，只要一年的时间，就可获得与多代自交效果相同的纯系。在金鱼草、金盏菊（*Calendula officinalis*）、波斯菊（*Cosmos bipinnatus*）、鸡冠花、万寿菊、百日草等天然异花授粉植物，通过培养自交系，就可以得到叶形、花形、花色、株高和开花期等性状完全一致的自交系品种，这大大地提高了园林植物的观赏价值。

10.2.2.5 有利于培育丰富多彩的园林植物

园林植物中有许多杂交起源的种类，如现代月季是经过多次人工杂交，包含了多种蔷薇类植物血统的复杂组合的后代。它们的遗传基础十分复杂，种子后代的分离现象突出，一般不能用种子保持其品种特点。只能用扦插、嫁接、分株等方法推广繁殖，如果把含有丰富遗传内容的现代月季花粉，直接培养成单倍体植物，再加倍成纯合的二倍体植物，就可能涌现出丰富多彩的新的现代月季类型。杂交起源的茶花、菊花、大丽菊、香石竹、芍药（*Paeonia lactiflora*）、牡丹（*P. suffruticosa*）、杜鹃花类（*Rhododendron* spp.），以及其他类似的种类，都同现代月季一样，直接取其花药培养，可能获得新品种。同时，用这种方法获得的品种，不但可用营养繁殖而且可用种子繁殖来保持其品种特性。

此外，具有配子体染色体数目的单倍体还为遗传学、细胞学的许多基础研究提供了一个便于操作和分析的优良系统。

10.2.3 单倍体育种技术

远缘花粉刺激、延迟授粉、辐射、化学药剂处理等都可诱发孤雌生殖而产生单倍体。授以异种、属的远缘花粉，虽其不能与卵受精，但可刺激卵细胞开始分裂并发育成胚，进一步形成单倍体植株；去雄后延迟授粉也能提高单倍体的发生频率；用二甲亚砜、萘乙酸、马来酰肼、秋水仙素等可诱导孤雌生殖而产生单倍体；用辐射处理过的花粉进行授粉，受精过程虽受影响，但能刺激卵细胞分裂发育成单倍体的胚和植株；利用花粉、花药及未受精的子房、胚珠进行离体培养，已成为人工创造单倍体的重要途径。

目前，在育种和生产实践中主要是应用花药离体培养的方法来获得单倍体植株，从而进行新品种选育的。

10.2.3.1 花药离体培养获得单倍体

关于花药离体培养获得单倍体的技术参见第 11 章。但要注意的是，培养材料选择、花粉发育时期等对花药培养非常关键，它关系到能否选出新的材料或新的品种。一般使用处于单核期的花药进行培养。在材料上一般选用优良的杂种一代植株的花药或杂种二代中选择出的优良植株的花药进行培养。此外，在杂种中，还应注意选用易于诱导的材料为亲本，这样才有可能诱导出花粉植株。

10.2.3.2 单倍体的鉴定

单倍体植株的诱导多数采用花药离体培养，因此，愈伤组织和幼苗的来源有两种可能：一种可能来源于花粉（为单倍体），这是理想的；另一种可能来源于花药体细胞（如药壁、药隔和花丝细胞，为二倍体）。为了确定诱导出的植株是否为单倍体，在培养过程中对愈伤组织和植株进行单倍体鉴定。单倍体鉴定的方法基本上同多倍体鉴定。

（1）形态鉴定法

根据单倍体比二倍体植株矮小，花、叶、气孔、花粉也都比二倍体小等特征进行鉴定（这与多倍体刚好相反）。

（2）染色体计数法

对愈伤组织和幼苗根尖进行染色体检查。

检查愈伤组织：最好在转移后1周时进行。取愈伤组织生长旺盛的边缘部分，用醋酸酒精（1:3）固定液固定1~2h→染色10~12h（50%醋酸+1%洋红或地衣红）→加热（于45%醋酸中70~80℃）至无色→压片→镜检。

幼苗根尖染色体检查：染色体可采用铁矾苏木精染色法或碳酸洋红染色法，效果较好。

10.2.3.3 单倍体的染色体加倍

单倍体植株由于矮小、纤弱、不能结实，且其生长与抗性方面不如二倍体，因此，在生产上没有利用价值，必须使其染色体人工加倍或自然加倍。

（1）人工加倍

主要是用秋水仙素0.1%~0.4%的水溶液浸泡茎尖生长点，或用0.1%~0.4%的秋水仙素琼脂涂抹腋芽或生长点，使其染色体加倍成纯合二倍体。但实际处理中因溶液浓度，温度和时间掌握不好，导致成功率较低。

（2）自然加倍

稳妥的方法是让其自然加倍。单倍体植株在生长过程中常会由于进行核内有丝分裂导致部分细胞的染色体加倍，经过植物体的内在调整，逐渐达到整个植株染色体的自然加倍。很多植株自然加倍的频率较高，如杨树单倍体植株经5~7年的生长过程中自然加倍为纯合二倍体植株的频率达90%，有的种甚至可达100%。

10.2.3.4 单倍体植株后代的选育

选择从花粉植株第二代开始。

来自杂交 F_1 或 F_2 的花粉，其基因型不同，因此，培养出现的第一代花粉植株间的差异较大，且在加倍及栽培过程中不同植株所受的影响不同。因此，在第一代选择就很不合适。应从第二代开始选择。

从第三代起，可进行株系鉴定、区域试验。好的品系可进行繁殖、推广。

10.2.4　单倍体育种的成就

由于花药培养单倍体的目标明确，技术好学，设备简单，因此这一技术传入我国后，在20世纪70年代初期很快形成了花药培养高潮。70年代后期这种高潮逐渐平息下来，基础较好的单位的研究工作向纵深发展，并在理论和应用两方面都取得了很好的成绩。据统计，我国在花药培养应用方面的成就主要有：

（1）1984年用花药培养方法已育出80多个水稻花粉新品种和新品系，其栽培面积在16.7万 hm^2 以上，其中‘花寒早’、‘中花8号’、‘中花9号’都已大面积推广。

（2）小麦方面也已获得20多个新品种（品系），其中以‘京花一号’栽培面积最大，已达6.7万 hm^2 左右。

（3）玉米花粉植株的诱导难度大，至今国外的诱导率仍很低。经我国科学家的努力，已在约100个玉米材料上得到了花粉单倍体植株。例如‘群花’便是一个玉米花粉单倍体，它和‘411’配合，得到了高产抗病的‘花育一号’。

（4）在园林树木方面，成功地获得了北京杨（*Populus* ×*beijingensis*）、中东杨（*P.* ×*berolinensis*）、小黑杨（*P.* × *xiaohei*）、欧洲黑杨等12种杨树的花粉单倍体植株。东北林业大学育成的中东杨已长大成材，1981年测定最大树高为9.5m，并自然加倍为纯合的二倍体。

（5）蔬菜方面，已育成甜菜、辣椒（*Capsicum annuum*）、茄子（*Solanum melongena*）等花粉植株。

（6）烟草方面，育成了‘单育一号’新品种。

但纵观花药培养的发展，仍有不少问题需要研究解决。利用花药培养诱导单倍体，加倍之后用于育种，如上所述在我国已取得了很好的开端，但如果对这种方法期望过高，脱离实际，甚至企图用它取代常规育种，将是一种不切实际的想法，因为对单倍体育种法，在理论上尚有不同观点，在技术上也远未达到尽善尽美的地步，概括起来，花药培养单倍体育种存在以下几个问题需要解决：

（1）有人指出单倍体育种法不大可能培养出优良的新品种。因为作物的许多重要农业性状是受基因控制，而单倍体育种只经过一次减数分裂，基因重组的机会只有一次，因此很难将优良性状分离出来。

（2）花药培养的效率目前普遍较低（烟草除外），有些重要的经济作物如棉花（*Gossypium hirsutum*）至今尚未成功。

（3）白化苗的比例较高。

（4）花药培养单倍体育种和常规育种结合还不够紧密。

（5）过去对花粉植株的纯合性强调过多，而对其变异现象不够重视。越来越多的事实说明在花粉植株中存在着广泛的变异。这实际上是一种体细胞无性系变异，今后应有意识加强研究和利用这一现象，使其在作物改良中发挥应有的作用。

(6) 我国对单倍体用于诱变育种注意不够，今后应加强这方面的研究，特别是将单倍体突变育种用于那些多年生营养繁殖的园林植物上，将会取得很好的效果。

10.3 非整倍体育种

10.3.1 非整倍体的概念

非整倍体指染色体数目不为染色体组整倍数的多倍体植物。当染色体数目比某些倍数略低时，称亚倍体，常以 $nx-1$、$nx-2$……表示。略高时称为超倍体，常以 $nx+1$、$nx+2$……表示。如栽培菊花大多为六倍体（$2n=6x=54$），但有不少品种为非整倍体如 $2n=5x+2=47$、$2n=8x-1=71$。鸟乳花中有非整倍体，农作物小麦中有不少为非整倍体。

10.3.2 非整倍体产生的途径

非整倍性可能是由于不规则减数分裂或有丝分裂造成的。在多倍体的体细胞组织中，多极纺锤体可能使染色体数目减少并导致组织嵌合体（指组织中出现不同染色体数的细胞）。在有些物种中，整倍而有规则地减少到只有一个基数，还可能继续减少，减少到细胞中只有少数几个染色体。已经报道过许多物种有染色体的消失现象（Kasha，1974）。在球茎大麦与其他物种的杂种中，通过一系列的细胞分裂，使球茎大麦的染色体在胚中完全消失。

部分非整倍性包括原来亲本染色体部分的增加或减少。着丝点的融合减少了作为独立连锁群的染色体实际数目，但是并未失掉作为必要的遗传物质的染色体，而只是失去了着丝点及其相邻的异染色质。在某些情形下，可能发生这样的断裂，即两个着丝点的某些部分是参与在新接合中的细胞中。对具端着丝点或具亚端着丝点的染色体和着丝点异染色质，如果发生涉及整个臂的易位，则染色体数可以减少一半。较小的易位也可能得到同样结果，但过程更为复杂。二倍体中有大量非整倍染色体数减少的例子。有人认为这一过程适用于一系列疑为多倍性的染色体有变化的植物类群，但常常缺乏适当的细胞遗传学证据。然而，在关于鸭跖草科（Commelinaceae）的大量研究中，琼斯（Jones）对解决该科植物多倍性和非整倍性的问题做出了很大贡献。新娘草属（*Gibasis*）以及船形苞属（*Cymbispatha*，产于美洲）的代表可作为这一科中染色体变化的例子。

施氏新娘草（*Gibasis schiediana*）有两种细胞类型，$2n=10$ 和 $2n=16$。前者是自交不育的二倍体，而后者则是自交可育的四倍体。二倍体的单倍体核型有两个具中间着丝点的染色体（M）和 3 个具近端着丝点的染色体（A）。而四倍体的一种基本核型（X）则有 3 个 M 和 2 个 A 染色体。染色体的大小和减数分裂分析表明，额外的 M 染色体来自与二倍体中两个 A 染色体相似的具近端着丝点染色体的着丝点融合。该杂交种子一代有 13 条染色体，8 条 M 和 5 条 A 染色体。四倍体有 4 条 M 和 2 条 A 染色体与二倍体的 2 条 M 和 1 条 A 染色体在结构上同源。预期这些染色体会按通常方式形成三价体、二价体和单价体。

10.3.3　非整倍体在育种上的应用

在任何类型的研究工作中，要想应用非整倍体，显然取决于有没有一系列基本上完整的异常类型，它们是可育的和有活力的。普通的栽培小麦（$2n = 6x = 42$）与其他生物不同，它有一套非整倍体。例如，E. R. Sears（1954）利用‘中国春’建立了一整套缺体、单体、三体和四体小麦。Sears 和 L. Sears（1978）已积累了 42 条可能有的具端着丝点染色体中的 41 条染色体。而且，用这些非整倍体配置了许多组合，用来分析特殊的染色体遗传和进化问题。

最初利用非整倍体将外来变异引进小麦染色体的是 Sears（1956）诱使 6^{cu} 染色体的 *Lr* 9 基因易位到普通小麦品种‘中国春’的 6*B* 染色体上。刚好在减数分裂之前，对已加有染色体 6^{cu} 长臂的单等臂体植株进行照射。用照射处理植株的花粉给整倍体普通小麦授粉，根据感病测验辨认具有 *Lr*9 位点的植株。从细胞学上检验抗病后代从而分离出几个易位系，其中有一个易位系最后作为提供给育种者的材料，并给它起了一个适宜的名字——“转移（transfer）”。

“转移”品种问世以后，用相似的操作方法又将其他几个外来基因引入小麦，另外用经过改良的 Sears 方法，以及用非整倍体和影响杂种染色体配对的等位基因又引进一些。后来又进一步认识到，还有自发地将整条外来染色体引入小麦品种的现象，而这类代换系在作为品种推广以后才鉴定出来并确定了性质。

（唐前瑞　季孔庶）

复习思考题

1. 秋水仙素诱发多倍体应该注意哪些问题？
2. 多倍体产生的途径主要有哪些？
3. 如何鉴定多倍体和单倍体？
4. 非整倍体是如何产生的？有何利用价值？

本章推荐阅读书目

园林植物遗传育种学．程金水．中国林业出版社，2000.
园艺植物育种学总论．景士西．中国农业出版社，2000.

第11章　植物离体培养育种

［本章提要］本章主要讲述植物组织培养的基本概念及基本原理，概述其在园林植物育种中的应用及其前景，并就花药花粉培养、胚和胚乳培养及试管受精、体细胞无性系变异、原生质体培养及体细胞融合、人工种子等的相关技术进行了介绍。

植物离体培养本身不但是一种重要的育种技术，更重要的是其作为其他育种技术的重要辅助手段。无论是传统育种技术还是现代分子育种技术都离不开离体培养，通过离体培养可以快速稳定住任何器官的变异性状，并能快速繁殖新品种，能大大缩短育种周期。目前，离体培养技术已经渐渐得到普及，其在植物育种工作的重要作用也日益凸现出来。

11.1　植物组织培养概述

11.1.1　植物组织培养的概念与基本原理

植物组织培养是指植物原生质体、细胞、组织、器官等在人工的培养基与环境条件下进行的无菌离体培养。根据培养材料的不同，可分为植株培养、胚胎培养、器官培养、组织或愈伤组织培养、细胞或原生质体培养。根据其培养过程可分为初代培养、继代培养。从植物体上分离下来的外植体的第一次培养为初代培养，以后将培养物转移到新的培养基上的培养为继代培养。

植物组织培养的理论基础是植物细胞全能性理论，由德国的哈伯兰特（G. Haberlandt）于1902年提出。即植物的每个细胞都含有该植物全部的遗传信息，在适宜的条件下，具有不断分裂、增殖并发育成完整植株的潜在能力。植物细胞全能性理论的提出开创了植物组织培养研究的新局面。

植物组织培养的过程中，一个已分化成功能专一的细胞要表现它的全能性，首先有一个脱分化（dedifferentiation）的过程，即脱离该细胞原来的分化途径，改变其原来的结构和功能、回复到无组织特异性的分生组织状态或胚性细胞状态。然后脱分化的分生组织或细胞，重新恢复其分化能力，沿着正常的发育途径，形成具有特定结构和功能的细胞、组织、器官，直至形成完整植株，这个过程被称为再分化（redifferentiation）。

细胞再分化通过两种途径实现：一是胚胎发生途径，二是器官发生途径。前者是脱分化的细胞，通过形成胚状体，最后形成完整植株；后者是通过再生形成器官最后发育成完整植株。胚状体是体细胞脱分化后，经过一个类似胚胎的发育过程而形成的胚状结构。大多数植物是通过器官发生途径再生成完整植株的。

11.1.2 植物组织培养在园林植物育种中的应用

植物组织培养经过100多年的发展，逐步形成了比较完善的技术体系。植物组织培养技术在园林植物育种中发挥着越来越重要的作用，主要体现在以下几方面：

（1）利用组织培养进行园林植物无性系的快速繁殖和工厂化育苗

植物的离体快速繁殖是植物组织培养中应用最广泛的一个方面。离体快繁采用植物的根、茎、叶、花、种子等各种器官作为外植体进行离体培养，使其在短期内获得遗传性一致的植株。这一技术，不仅繁殖系数高，而且不受自然环境条件的限制，优于传统的无性繁殖，为实现工厂化育苗提供了可能。1960年，法国的莫雷尔（G. Morel）通过茎尖培养快速无性繁殖兰科植物获得成功，由此促成了闻名于世的“兰花工业”的兴起。从此，这一技术在许多国家得到蓬勃发展，使很多植物的育苗实现了工业化生产。目前，世界上可进行规模化商业化生产的花卉60余科，近1 000种，组培苗生产量从1985年的1.3亿株猛增到2002年110多亿株。如果将离体培养与无性系育种结合将大大加速育种的进程。

（2）利用茎尖培养获得无病毒植株

1952年莫雷尔用生长点培养法获得无病毒植株成功后，许多国家开展了这方面的工作。病毒在植物体内分布是不均匀的，植物体内的病毒靠维管束系统移动，病毒移动速度很难追上生长活跃的分生组织的细胞分裂的速度，因此在受感染的植株中，顶端分生组织一般是无毒的或者携有浓度很低的病毒，所以可以利用微茎尖和顶端分生组织培养的方法获得无病毒的植株。这样可以有效防止病毒感染造成的品种退化。目前该技术已被成功地应用于菊花、大丽花、香石竹、非洲菊、鸢尾类、水仙类、兰科植物、矮牵牛、郁金香类等多种园林植物的无病毒苗生产。

（3）利用离体培养进行种质资源的保存

大量研究表明植物器官、组织、细胞可以在4℃低温或－196℃的液氮中进行保存而不丧失细胞分裂和植株再生的能力。自1975年Nag和Street首次成功地用超低温保存胡萝卜悬浮培养细胞以来，已对百余种植物材料进行了超低温保存的研究。利用离体培养方法保存种质资源操作简便、安全，不受外界自然条件的干扰，隔离了病虫害，便于长途运输和种质资源的交流；同时还能节省大量的人力、物力和财力。鉴于这些优点，国际上已用此法来建立基因库。

（4）利用花粉和花药培养进行单倍体育种

自古哈和马赫施瓦里（1964，1966）在毛叶曼陀罗的花药培养中成功地由花粉诱导形成了单倍体植株以来，花药培养这一领域已经取得了很大的进展。花药培养可以加速从杂种群体中筛选优良子代。取来自 F_1 或 F_1 以后的较早世代的杂种植物的花药进行离体培养，形成愈伤组织或胚性细胞，继续分化获得再生植株，再通过染色体加倍获得纯系材料，大大缩短常规育种的年限。世界范围内通过花药培养成功获得单倍体的园林植物有石刁柏（*Asparagus officinalis*）、百合类、芍药、矮牵牛、非洲紫罗兰等。

(5) 利用胚乳培养获得三倍体植株

胚乳是由3个单倍体核融合而成的，因此胚乳是天然的三倍体组织。三倍体植株一般具有抗性强、生长快、产量高、营养丰富、高度不育等特点。利用胚乳培养直接诱导获得三倍体植株，可以大大缩短育种进程。目前胚乳培养在园林植物中的研究已取得部分的成功，人心果（*Manilkara zapota*）通过胚乳培养获得了愈伤组织，变叶木和粗糠柴（*Mallotus philippensis*）通过胚乳培养已成功地获得愈伤组织、根和芽。

(6) 利用胚培养克服远缘杂交不亲和性

胚培养是获得稀有杂种的一个重要途径。植物育种的一个重要手段是进行远缘杂交，但是远缘杂交往往存在杂交不亲和性，导致胚的早期败育而无法获得杂种植株。通过胚培养技术将幼胚剥离进行人工培养使远缘杂交获得成功成为可能。利用胚珠和子房培养进行植物离体授粉可以克服由于柱头或花柱等障碍造成的不亲和性，该技术已在毛地黄、矮牵牛、石竹、雪莲花、芍药属等花卉中获得成功。

(7) 利用细胞融合进行体细胞杂交

1960年Cocking成功地利用纤维素酶和果胶酶分离植物细胞获得原生质体。1972年Carlson成功地实现了朗氏烟草（*Nicotiana langsdorffii*）和粉蓝烟草（*N. glauca*）的原生质体融合，并获得杂种植株。此后，细胞融合技术在许多植物中获得成功。如：矮牵牛和龙面花（*Nemesia strumosa*），百合（*Lilium* sp.）和延龄草（*Trillium tschonoskii*）等。

(8) 利用组织培养进行突变体的诱导和筛选

栽培的植株中发现的芽变或在组织培养的再生植株中产生的变异，通过组织培养能迅速稳定住变异，并进行快速繁殖，可以迅速培育出新的品系或品种。

(9) 利用离体培养材料进行辐射诱变育种

离体培养获得的分生组织、细胞团或单细胞，在接受辐射时，比其他成熟材料更为敏感；再者，这些离体培养获得的材料，由于细胞数少，在辐射诱发变异时，能减少嵌合体的发生。近年来，组织培养技术结合辐射诱变育种发展迅速。如北京林业大学利用'药红'菊花的幼叶离体培养的愈伤组织，通过辐射，获得了'四季红'、'四季黄'、'四季粉'突变体。

(10) 组织培养技术是进行分子育种的基本技术

植物基因工程的发展给园林植物育种注入了新的活力。通过离体培养获得的分生组织、愈伤组织、单细胞及脱除细胞壁的原生质体都可成为遗传转化的良好受体。通过转基因获得的各类细胞，必须通过组织培养技术使之再生成完整植株。所以，植物组织培养技术是分子育种的基础。

11.2　花药与花粉的离体培养

花药培养实际上属于器官培养。花粉是花药中的一部分，它以单细胞的状态存在于花药的药室中，所以花粉培养属于单细胞培养。花药培养和花粉培养都是指花粉在合适的培养基上发育成完整植株的技术，二者都能诱导小孢子发育成单倍体细胞组织和单倍体植株。

花药和花粉培养的目的是将花粉培育成单倍体植株，再经染色体自然或人工加倍得到纯合二倍体植株。因此利用花药培养和花粉培养进行植物育种能提早稳定后代性状、缩短育种年限。

11.2.1　花药培养

在离体条件下要使花药中的花粉改变其正常的发育途径而形成单倍体植株，需要调节和控制各种因素，如选材时期、培养基成分、激素种类和浓度、糖浓度等。花药培养的一般步骤有材料的准备、诱导花粉脱分化、分化培养、壮苗培养、生根培养、驯化和移栽、花粉植株的鉴定等。

11.2.1.1　材料的选取及其预处理

选材是关系到能否启动小孢子细胞脱分化的关键步骤。用于培养的花药最适宜的时期因物种和品种不同而异，有的植物是小孢子四分体时期，有的是二核期，但大多数植物采用单核中、晚期的花粉较为适宜。如果花粉处于双核期，则胚状体不能形成，因为双核期是胚胎形成的临界期；另外在小孢子的发育过程中，花药内源激素水平在不断变化，使得花粉发育所必须的一些成分耗尽，从而影响诱导率。花药接种前要进行染色压片、镜检，以确定花粉的发育时期，并找出花粉发育时期与花蕾大小、颜色等特征之间的对应关系，从而找出花粉正处于单核中、晚期的花蕾。将采摘的花蕾进行消毒，在无菌条件下剥开花蕾取出花药接种在培养基上。材料的预处理请参见 11.2.2.1。

11.2.1.2　培养基的筛选

基本培养基的成分、激素种类和浓度、蔗糖的浓度等都会影响到花粉的脱分化和再生及完整植株的形成。植物种类不同所应用的基本培养基有所不同，如 N_6 培养基一般适合于禾本科植物，B_5 培养基适合于双子叶植物（dicots）特别是木本植物。在花药的脱分化培养基中必须加入细胞分裂素和生长素，缺少其中之一均不能使花粉诱导获得成功。根据植物种类和器官发生方式的不同来筛选不同的植物激素种类和浓度。糖除作为主要的碳源外，还可以调节培养基的渗透压。在启动小孢子细胞脱分化过程中，单子叶植物对蔗糖浓度的要求比双子叶植物要高。

11.2.1.3 调节取材植株的生理状况

植株的生理状况也会影响花粉植株的形成。Sunderland（1978）发现让植株长期处于氮饥饿状态下可以显著地提高其花药培养的成功率。我国的科技工作者曾发现，在高纬度、高海拔地区栽培的小麦花药培养的成功率较高。

11.2.1.4 单倍体植株的鉴定

从离体花药中诱导出植株后，要进行花粉单倍体植株的鉴定。因为由花药培养获得的植株，其倍性相当复杂。其复杂性不仅表现在花粉和药壁、花丝体细胞间，而且还表现在小孢子本身上。鉴定方法有形态鉴定、细胞学鉴定、杂交鉴定和分子标记鉴定。

11.2.2 花粉培养

花粉培养是指把花粉从花药中分离出来，以花粉粒为外植体进行离体培养的技术。由花粉培养诱导出的小植株都是单倍体植株，排除了药壁、花丝、药隔等体细胞组织的干扰而形成体细胞植株的可能，因而能从每个花药获得更多的单倍体植株。在花粉培养的过程中还可以观察到由单个细胞开始雄核发育的全过程。

11.2.2.1 花粉的分离和培养

花粉的分离，通常有3种分离方法即自然散落法、挤压法和器械法。自然散落法是把花药从无菌的未开的花中取出，直接接种在培养基上，当花药裂开时，花粉就散落在培养基上，移走花药，让花粉继续培养生长。挤压法是将无菌的花序、花蕾或者花药放入研钵内加入少量分离液，然后用玻璃棒或注射器的内管轻轻挤压材料，使小孢子从花药中游离出来，再收集小孢子悬浮液进行离心，把所得小孢子沉淀制成小孢子悬浮液转入培养器进行培养。器械法是利用专门的器械搅拌器或超速旋切机来分离花粉。前两种方法简便易行，成本低，但获得的花粉量比较少。器械法操作方便，分离的花粉存活率高，数量多，但是成本比较高。

11.2.2.2 预处理

常用的有低温预处理、离心处理、乙烯利处理等。

(1) 低温预处理

低温预处理是比较常用的方法，最早由 Nitsch 和 Norreel 发现。不同的植物材料，预处理的温度及时间的长短均不一样，如杨属花药预处理的温度以1～3℃较好，处理时间2～20h均可。毛叶曼陀罗则需3℃低温处理48h。低温处理一般于水中进行，或用塑料薄膜包裹，以免材料失水。

(2) 离心处理

由 Tabaja 提出，在进行烟草花药培养时，先将花粉悬浮液于10 000～11 000 r/min 的速度下离心30min，产生花粉植株的频率得到提高。

(3) 乙烯利处理

即在减数分裂前用乙烯利喷施植株，对于某些植物可提高花粉愈伤组织的诱导率。

11.2.2.3 花粉培养的方法

有平板培养、看护培养、条件培养等方法。平板培养是将尚未固化的琼脂培养基与花粉混合导成平板进行培养的方法。看护培养则是将植物的完整花药放于固化的琼脂培养基上，上面再覆盖一张滤纸，花粉则接种于滤纸上进行培养。条件培养则是将离体培养一段时间的花药的浸提物通过无菌过滤后加入培养基中，再进行花粉培养，如曼陀罗（*Datura stramonium*）的花粉培养即是采用此方法。

11.2.3 雄核发育途径

在自然条件下，小孢子在发育过程中分裂为营养细胞和生殖细胞，成为雄配子体，其中的生殖细胞再分裂产生雄配子。而在离体培养的花药中，小孢子或花粉被正常的发育途径改变，经过连续多次的细胞分裂发育成小孢子体。由小孢子发育为孢子体的过程称为雄核发育。

在植株中，小孢子的第一次有丝分裂是一次不均等分裂，形成两个形态上有明显区别的细胞即营养细胞和生殖细胞。营养细胞具有大而弥散的核和丰富的细胞质，生殖细胞核小而密，核的周围只有很薄的一层细胞质。花药培养中雄核发育一般有 4 种途径：

(1) 营养细胞发育途径

小孢子第一次有丝分裂与自然情况相同，也产生营养细胞和生殖细胞，然后由营养细胞继续分裂形成多细胞团，再持续分裂形成胚状体或愈伤组织，最后形成单倍体植株。生殖细胞一般不分裂或分裂几次就逐步退化。白花曼陀罗（*Datura suaveolens*）等都是以此途径发育的。

(2) 生殖细胞发育途径

在此途径中，营养细胞分裂 1 ~ 2 次后就退化了，而生殖细胞经过多次分裂形成多细胞团，进而通过愈伤组织或胚状体形成单倍体植株，这种途径只在天仙子（*Hyoscyamus niger*）中发现。

(3) 营养细胞和生殖细胞并进发育途径

小孢子第一次非均等分裂形成的营养细胞和生殖细胞同时进行持续细胞分裂，最后由营养细胞分裂形成细胞较大的多细胞团和生殖细胞所形成的细胞较小的多细胞团，破壁而形成愈伤组织或胚状体，或两种细胞在 DNA 复制时同时发生融合，再同时发育，结果形成 $2n$、$3n$ 或 $4n$ 的胚状体。

(4) 花粉均等分裂途径

即小孢子进行均等的分裂而形成 2 个均等的子核，然后两核间产生壁而形成 2 个子细胞，进而发育成多细胞团，破壁后形成胚状体或愈伤组织。这个途径较为普遍。

虽然花粉在离体条件下可出现4种发育形式，但在某一具体植物花粉培养中，可能出现一种或两种以上的不同发育形式。了解花粉在离体条件下的发育途径可以引导研究工作者对控制小孢子的发育方向进行深入的研究，同时为杂交育种提供理想的原始材料。

11.2.4 染色体加倍技术

由花粉发育而来的植株是单倍体植株，表现为高度的不育。对单倍体进行染色体加倍处理，使其成为可育的二倍体以稳定其遗传特性是非常必要的。在培养的过程中，不同发育阶段的单倍体细胞可以自发加倍，但通常情况下，自然加倍率很低，因而需要通过人工加倍以提高加倍频率。

单倍体植物染色体加倍用得最多的是化学诱变法。可以诱导多倍体的化学药剂很多，应用于研究及生产中的化学试剂有各种植物碱、麻醉剂和生长素等，其诱导效果不佳，成功率很低。目前，应用最广泛的是秋水仙素。

虽然秋水仙素诱导率比较高，但在诱导过程中容易形成嵌合体。在继代培养中，容易恢复到单倍体状态。且其价格昂贵，对生物体毒害作用较大（秋水仙素处理后，植株生长缓慢，容易出现烂苗、死苗现象）。因此，随着多倍体诱导技术的不断改进，期望未来能发现诱导效率更高、效果更好的诱导试剂。

11.3 胚和胚乳的离体培养与试管受精

离体胚胎培养可以克服种、属间杂种胚的发育障碍以获得稀有杂种，打破种子休眠，缩短育种周期，克服种子生活力低下和自然不育等。对于园林植物育种具有极其重要的意义。

11.3.1 胚培养技术

远缘杂交是植物育种工作的重要途径之一，远缘杂交难以成功的主要原因就是杂交后的合子胚发育不良，常表现为中途败育，因而不能形成有萌发力的种子。1925年Laibach证实，在这类难以成功的杂交中，杂种胚常常具有正常生长的潜力。若把胚在开始夭折之前剥离出来，置于适当的培养基上培养，则能获得杂种植株。

11.3.1.1 离体胚培养的方法

（1）成熟胚的培养

将受精（传粉）后的果实或种子（带种皮），用药剂进行表面灭菌，然后在无菌操作台上，剥出种胚接种于预先配制好的培养基上，使裸露的胚，在人工控制的条件下，发育成完整的植株。

（2）幼胚的培养

发育早期的幼胚，其胚胎发育要求更为完全的人工合成培养基，而且剥离技术要求很高，离体培养难度很大。一般成熟胚培养难获成功的种类，可以采用胚珠预培养的方法。

具体方法：将授粉后的子房剥出用药剂进行表面消毒，在无菌条件下切取胚珠进行预培养。培养一定时间后，再把胚从胚珠中剥出，接种裸露的胚，使其在人工控制的条件下，发育成完整的植株。

11.3.1.2 影响离体胚培养的因素

胚龄对离体胚培养有一定的影响，一般胚龄越大，成功率越高；胚龄越小，成功率越低。除此以外离体条件下幼胚分化和发育的环境条件、渗透压和酸碱度等条件也会影响胚的发育和分化。离体胚培养技术在罂粟（*Papaver somniferum*，Maheshewari，1958）、凤仙花（Chopra，1963）、向日葵（郭仲琛，1963，1965）、朱顶红（*Hippeastrum vittatum*，朴铭，1996）等花卉上得到了较详尽的研究。

（1）培养基渗透压对胚培养的影响

培养基渗透压对幼胚发育的重要性与其他器官培养一样。使离体胚发育成成熟胚，要尽可能提供与幼胚相似的环境条件。渗透压的调节主要依赖于糖。糖在胚培养中具有 3 个方面的作用：调节渗透压、作为碳源和能源及防止幼胚的早熟萌发。

在含有无机盐、有机物和蔗糖的培养基上，离体培养的幼胚不经过正常胚胎发育阶段，在未达到生理和形态成熟的情况下，萌发长成幼苗，称早熟萌发。早熟萌发的幼苗往往畸形、细弱，甚至死亡。所以幼胚培养中，防止早熟萌发是非常重要的。提高培养基渗透压可以防止幼胚早熟萌发。胚龄越小要求的渗透压越高，高浓度控制幼胚早熟萌发的效果早已被证实。如椰子（*Cocos nucifera*）合子胚离体培养最佳糖浓度为 5%，3% 的浓度不适宜，因为在自然条件下原胚处于高渗透压胚乳液中，所以幼胚培养的蔗糖用量可达 8% ~12%；提高无机盐浓度也可以提高渗透压，可以加入适量的 NaCl 以提高渗透压，浓度一般为 0.2% ~ 0.4%，高于 0.8% 时对胚有毒害作用；加入甘露醇也可以提高渗透压，浓度为 1.1% ~1.5% 的甘露醇可以部分代替蔗糖使幼胚在等渗条件下继续胚性发育。

（2）培养基酸碱度对胚培养的影响

培养基酸碱度对胚的发育也很重要。pH 值的变化会影响一些离子的溶解度，使一些溶解度小的盐类沉淀，从而影响幼胚对各元素的吸收，甚至使幼苗表现出缺素症状。通常胚培养所用 pH 值的范围为 5.2 ~6.3，因植物种类不同而有所差别。如曼陀罗胚培养 pH 值为 5.0 ~8.1，桃为 5.8。

（3）培养条件对胚培养的影响

光照条件：幼胚在胚珠内的发育是不见光的，所以认为在黑暗或弱光下培养幼胚比较适宜。光照对胚胎的发育有轻微抑制作用，离体培养条件下，可以根据植物种类的不同来决定幼胚正常发育对光的要求。如荠菜（*Capsella bursa-pastoris*），胚培养每天以 12h 光照比全暗条件好。

温度条件：温度条件因植物种类而异，热带植物温度要求要高一些，有休眠习性的植物接种后可以先放在4℃下培养一段时间后，再在正常温度下培养。多数植物的胚在25～30℃生长良好。

选择合适的培养基也是胚培养获得成功的关键，成熟胚培养的培养基成分一般比较简单，幼胚培养的营养成分则比较复杂，如MS培养基等。

11.3.2 胚乳培养技术

胚乳是被子植物双受精后的产物之一，是由精细胞和2个极核融合而成的三倍体组织，通过胚乳培养可以获得三倍体植株。这样的植株可以形成无籽果实，对于园林植物来讲是一个良好的育种途径。胚乳培养在形成三倍体植株的同时，可以产生大量不同倍性的混倍体和非整倍体，为育种提供丰富的不同倍性的材料。另外，胚乳中含有促进生长的因子即使在培养的过程中也可保持促进幼胚生长的能力。根据这种特性，在远缘杂交中可把幼龄杂种胚置于含某一亲本胚乳的培养基上，使杂种胚长成完整植株。

第一个通过离体胚乳培养得到三倍体的植物是罗氏核果木（*Drypetes* sp.，Johri，1978）。目前为止，约有30种被子植物的胚乳培养达到不同程度的细胞分裂和器官分化。说明胚乳组织也具有发育成植株的潜在能力，因此，胚乳培养为植物界创造新种提供了一条可行途径。

11.3.2.1 胚乳培养的方法

取有胚乳的果实或种子，进行表面灭菌。然后在无菌条件下剥离胚乳接种培养。培养分带胚培养和不带胚培养两种方式。带胚培养胚乳组织容易成功，不带胚培养胚乳组织成功率低。

11.3.2.2 影响胚乳培养的因素

（1）胚乳培养材料的选择

双受精后的胚乳核，先分裂形成游离核（游离核期），然后发育产生细胞壁（细胞型期）。胚乳培养的关键环节是要选择合适发育时期的胚乳以获得成功。许多植物胚乳培养已证实，游离核期的材料难以培养成功，细胞型期的胚乳培养则易成功。不同植物胚乳培养必须通过试验观测来确定适宜的培养期。为提高效率，可以观察胚乳发育期与幼果外观形态特征的相关性，根据外形特征来推测子房内胚乳的发育期。如，枇杷幼果外表的黄色绒毛开始脱落，果实表现由黄白转为绿色，即为适于接种的细胞型期。

植物种类不同，受精后胚乳发育进入细胞型期的时间也不同。几种植物双受精后胚乳进入细胞型期的时间大致为：黄瓜（*Cucumis sativus*）7～16d，黑麦草（*Lolium perenne*）、苹果8～10d，梨20d，玉米8～12d。

（2）培养基和激素的影响

诱导胚乳愈伤组织的基本培养基一般选用MS、B_5、MT、White、LS等，其中 MS 应用最广。在培养基中添加一定浓度的有机物如水解酪蛋白（CH）、酵母提取物（YE）等，可以促进愈伤组织的产生和增殖。如在变叶木的胚乳培养中，一定量的椰乳（CM）对愈伤组织的诱导和生长是必需的。

除基本培养基和有机物的添加外，植物激素对胚乳的离体培养也很重要。胚乳愈伤组织再生植株时对激素的种类和浓度表现出严格的选择性。在胚乳培养时要根据外植体的来源和培养目的选择相应的培养基，有些植物对激素的要求表现出某种专一性，如大麦胚乳只有在添加有一定浓度的 2，4 – D 的培养基中才能产生愈伤组织；在猕猴桃（*Actinidia chinensis*）胚乳培养中，玉米素效果最好。许多种植物胚乳培养的研究结果也一致表明，在培养基中生长素和细胞分裂素的合理搭配，在效果上显著优于使用单一的生长素或细胞分裂素。然而，与上述情况不同的是，在枣（*Ziziphus jujuba*）的胚乳培养中，对外源激素的种类似乎没有特别的要求，无论是使用单一种类生长素或几种生长素配合，或是生长素与细胞分裂素配合，都能有效地诱导愈伤组织。

（3）胚在胚乳培养中的作用

在胚乳培养中是否必须有原位胚的参与，主要与接种时胚乳的生理状态（或胚乳年龄）有关。未成熟胚乳，尤其是处在旺盛生长期的未成熟胚乳，在诱导培养基上无须原位胚的参与就能形成愈伤组织，这已在猕猴桃、石刁柏、酸橙、柚、大麦、苹果等的未成熟胚乳培养的研究中证实。然而完全成熟的胚乳，特别是干种子中的胚乳，生理活性十分微弱，在诱导其脱分化形成愈伤组织之前，必须借助于原位胚的萌发使其活化，所以在巴豆（*Croton tiglium*）、罗氏核果木、麻疯树（*Jatropha curcas*）等成熟胚乳培养中，都强调原位胚的作用。Srivastava（1971）推测原位胚之所以能对胚乳产生活化作用，是因为胚在萌发时能产生某种物质，即所谓"胚因子"，并指出外源 GA_3 能部分取代"胚因子"的作用。另外值得注意的是，在利用原位胚的萌发对成熟胚乳进行活化时，活化所需时间的长短因植物种类的不同而不同。再者，有些植物，如番荔枝（*Annona squamosa*），成熟胚乳的活化需要原位胚的萌发和 GA_3 的协同作用。接种时胚乳的生理状态如果是介于上述两种情况之间，在没有原位胚参与时能形成愈伤组织，有原位胚参与时则可显著提高愈伤组织的诱导频率。

（4）其他因素的影响

多数时候使用的蔗糖浓度为 3% ~5%，只有在小黑麦属的杂种胚乳培养中发现 8% 的蔗糖有利于愈伤组织的形成。胚乳愈伤组织生长的最适温度为 25℃ 左右，对光照和培养基 pH 的要求则因物种不同而异。

11.3.3 离体受精技术

11.3.3.1 离体受精的概念和意义

离体受精是指在离体条件下，通过在裸露的胚珠上授粉而结实的一项技术，因为整个过程均在试管内完成，故又称为试管受精。

离体受精技术可以克服远缘杂交中诸多技术难点。在克服受精不育障碍，特别是克服花粉在柱头上不萌发或萌发后花粉管不能伸入胚珠，或花粉在花柱中破裂，使配子不能如期融合的障碍有着极其重要的意义。

11.3.3.2 离体受精的方法

将未授粉的子房，经表面灭菌后，切开取出胚珠，接种在培养基上。然后，把经过灭菌消毒的花粉授在胚珠或胎座上，或撒播在培养基上。花粉发芽后，花粉管伸入胚珠内受精。受精后的胚珠进一步发育形成种子。种子在培养基上发芽长成植株。

具体方法有以下5种：

（1）从胎座上切下单个胚珠（裸露胚珠），接种于培养基然后授粉。

（2）带有完整胎座或部分胎座接种并授粉。

（3）带有完整子房或部分子房壁接种并授粉。

（4）柱头接近法，即将花粉撒在本种植物的柱头上，切下柱头接种在培养基上。然后在柱头周围，接种异种裸露胚珠，花粉在本种植物的柱头哺育下发芽，花粉管伸长进入胚珠受精。该方法是解决花粉发芽和胚珠培养在培养基组成上发生矛盾时，所采用的一种方法。

（5）哺育法，指先把有助于花粉发芽的培养基涂满胚珠表面，然后在胚珠上散播花粉使之受精。在胚珠存活率和花粉发芽、花粉管伸长培养基发生矛盾时可采用此法。如甘蓝（*Brassica oleracea* var. *capitata*）×白菜（*B. pekinensis*）的种间杂交。

11.3.3.3 影响离体受精的因素

虽然离体授粉技术在不少植物已经获得成功，但客观地看，目前成功的植物并不是很多，很多因素影响着离体授粉的成功率，主要因素有：

（1）外植体的发育阶段

胚珠和子房的发育阶段不同，对培养的反应就不同。植物开花时，大多数雌配子体已成熟，适于受精，但有的则在开花前发育成熟适于受精，如葡萄类（*Vitis* spp.），还有的则在开花后1～3d成熟，如黄水仙（*Narcissus pseudonarcissus*）、烟草等。

（2）培养基

试管受精的成功率与胚珠的成活率有着密切关系。提高离体胚珠成活率的关键是培养基。因此要对培养基的各种成分进行仔细的筛选。如基本培养基、激素种类和浓度、渗透压、pH值等。适宜胚珠离体培养且成活率很高的培养基，往往不能使花粉萌发或不能使萌发后的花粉管伸长。即使撒播花粉，也不能使胚珠受精。这一特点已在多数植物种中发现。为此需同时筛选有利于花粉萌发和花粉管伸长的培养基。培养基筛选中要注意钙和硼对促进花粉萌发和花粉管伸长的作用。

(3) 花粉的灭菌

试管受精是在无菌条件下进行，所以花粉必须先进行灭菌。目前常用灭菌方法有：

①先灭菌新鲜花蕾，然后剥出花粉使用。由于花粉粘连，撒播不均匀，因而影响撒播质量。如待药囊自行裂开后再用，但又不能保证花粉具有高的萌发率和受精力。

②紫外线照射灭菌，照射时间约15min，但灭菌效果和受精率有一定的矛盾，因此要在灭菌率、发芽率、受精率三者之间筛选最适宜的照射时间。

11.4 体细胞无性系变异

Larkin 和 Scowcroft（1981）提出，由任何形式细胞培养所获得的再生植株称为“体细胞无性系（soma clone）”，而将再生植株所表现出来的变异称为“体细胞无性系变异（soma clonal variation）”。这些变异，有些是不能遗传的生理变异，有些则是属于遗传性的变异。可遗传的变异经人工选择和培育，能获得既具有亲本原来的优良性状，又带来某一些新性状的新品种。体细胞无性系变异已成为人们获得遗传变异的另一个新的重要来源。

11.4.1 体细胞无性系变异的遗传基础

植物组织培养中的细胞、组织和再生植株可能出现变异，这种变异具有普遍性，既不限于某些物种，也不局限于某些器官。变异所涉及到的性状也相当广泛。在培养细胞及再生植株时出现的变异主要有两种来源：一是组织和细胞培养过程中发生的，其发生频率一般随继代培养时间的增加而提高；二是起始外植体预先存在的变异，即起始外植体本身就是倍数性或遗传组成上不同的嵌合体。体细胞无性系所发生的遗传变异主要包括染色体数目变异、染色体结构变异和基因突变等类型。

11.4.1.1 染色体数目和结构变异

植物组织培养的再生植株中，如果染色体数目增加或减少，或染色体发生易位、倒位、缺失等，再生植株就会发生变异，产生无性系突变体。目前在培养的愈伤组织细胞以及再生植株突变体的体细胞中，观察到染色体明显的变化，有的无性系染色体数目发生很大变化，表现为非整倍体、多倍体和混倍体；有的无性系染色体结构发生变异，除有单价体之外，还出现多价体、后期Ⅰ染色体桥和染色体断片，这是染色体发生易位和缺失的结果。在植物组织和细胞培养物中，还可观察到染色体的断裂和重组现象，发生染色体断裂和重组，不仅可以使断裂或重组位点处的基因及其功能丢失，而且还可以使邻近的通常能够转录的那部分基因的功能发生变化，或使未能表达的沉默基因得以表达。另有研究表明，处于愈伤组织阶段的植物细胞，在分裂过程中染色体常发生不均等分裂，尤其是多倍体植物。在离体培养中，香石竹、百合类、天竺葵类等许多花卉中都发现了染色体的变异。

11.4.1.2 基因重组与突变

基因突变是指基因序列中碱基发生了改变，导致由一种遗传状态转变为另一种遗传状态，基因突变被认为是体细胞无性系变异的重要来源之一。植物组织和细胞经离体培养后，在愈伤组织的脱分化和再分化过程中常常会引起基因突变。近年来，随着分子生物学的迅速发展，分子生物学技术被用来检测体细胞无性系变异是否发生基因突变。使用嵌合体作外植体的离体培养中，因取材及多次切割等所造成的基因型的分离与重组是体细胞无性系变异的主要原因。这类变异有的是外植体本身固有的，有的则是基因分离和重组过程中产生的新变异。如菊花品种‘金背大红’花瓣上下表皮分别培养所得到的花色变异就是外植体本身固有的，而品种‘绿牡丹’花瓣培养再生植株的花色变异则是新的变异。离体培养中自发或诱发的基因突变是体细胞无性系变异的另一重要来源。如基因片段的丢失、重复或倒位所造成的移码是基因突变的重要表现。另外，核外基因的突变也是产生斑叶、白化突变的直接原因。

11.4.1.3 转座子的激活

转座子是存在于染色体 DNA 上可自主复制和位移的基本单位。转座子常常被移位到特定的基因中，造成该基因突变。转座子被激活可能会使核及细胞质基因发生一系列明显变化，因此，转座子是引起体细胞无性系变异的另一重要原因。贾敬芬（1981）在威氏百合（*Lilium davidii* var. *willmottiae*）花丝组织培养中观察到的染色质穿壁运动可以证实这一点。

11.4.2 体细胞无性系变异的原因

体细胞无性系变异的发生受多种因素影响，主要有以下几个因素：

11.4.2.1 基因型

研究表明，不同基因型体细胞无性系变异的频率不同，有些品种容易发生变异，而有的则不易发生变异。如金润洲等（1991）在耐冷突变体的研究中发现，品种耐冷性变异频率与其供体的耐冷性有关，供体品种耐冷性愈强，其体细胞无性系中耐冷变异体愈少，感冷变异体愈多；相反供体品种的耐冷性愈弱，其体细胞无性系中的耐冷突变体则愈多，感冷变异体愈少。

11.4.2.2 外植体

取植株不同器官或组织作外植体，其细胞的异质性常影响再生植株的变异。一般来说，由分生组织等幼嫩组织发生的再生植株变异较小；而从成熟组织获得的再生植株，其变异较大。Khalid 等（1988）在菊花品种‘Early Charm’的体细胞无性系研究中发现，花瓣较叶片有更多的变异来源，而且白色花瓣得到了法兰绒色的边花，黄色花瓣则保存了原有颜色。Schwaiger 和 Horn（1988）在伽蓝菜类（*Kalanchoe* spp.）的体细胞无性系变异研究中，发现叶片外植体由于经过了分化和再生的发育阶段，其再生植株比茎尖再生植株表现了更高的变异性。

11.4.2.3　外源激素

Torrey（1961）曾指出，通过改变培养基成分，可以有选择地诱导和保持倍数性较高的细胞分裂。如在豌豆（*Pisum sativum*）根段培养物中附加激动素（KT）和酵母液，能有选择地诱导四倍体细胞分裂；在纤细单冠菊（*Haplopappus gracilis*）的悬浮培养物中附加 2，4 – D，培养 6 个月，可由完全二倍体状态变为完全四倍体状态；但在向日葵的组织培养物中没能证实 2，4 – D 对细胞多倍化的促进作用，这可能与基因型和 2，4 – D 的使用浓度有关。

11.4.2.4　继代培养的时间

继代培养的时间也会影响体细胞无性系变异。Yoshida 等（1998）在花药培养研究中发现，继代时间延长，再生植株中二倍体植株的比例增加。Muller 等（1999）利用 RFLP 研究不同培养时间对无性系变异的影响。发现长期培养（67d）的愈伤再生植株的 RFLP 多态位点为 23%，而短期培养（28d）的 RFLP 多态位点为 6.3%，长时间培养增加体细胞无性系 DNA 的多态性。

11.4.3　利用体细胞无性系变异进行育种

无性系变异对植物品种改良具有重要应用价值：第一，它可以在保持品种原有优良种性不变的情况下改进个别观赏性状；第二，它与辐射诱变相结合可成为高敏细胞诱变育种方法，提高植物品种改良的效率；第三，体细胞无性系变异后代遗传稳定快，育种年限短；第四，可通过在培养基中加入一定的选择压力而筛选到特定的突变体；第五，因其存在细胞质突变，因此有可能选择到新的细胞质雄性不育系。因此要对有用的体细胞无性系突变体加以筛选。用的筛选方法主要有：再生植株在大田栽培并筛选出性状突变的植株；实验室通过外加选择压力筛选能适应选择压力的变异体。

11.4.3.1　在田间从再生植株中筛选有用的突变体

这种方法较为简单，得到的结果能直观反映变异产生的性状变化，可以对改良的性状做出直接判断，而且也是迄今为止筛选一些农艺性状（例如株高、穗型、熟期及营养成分）的最有效的方法。Evens 等（1984）曾用此法获得一个干物质含量比原品种高的番茄新品种，用于制作番茄汁或番茄酱。加拿大育种家在 1988 年选育出一种抗寒性优于原品种的亚麻（*Linum* sp.）新品种，并在寒冷地区推广。对于园林植物而言这种方法尤为重要，因为花色、花型、花期、株型等观赏性状只有在个体水平才能表现出来，因此只有在再生植株的群体中进行表型选择才能筛选出优良的新品种。目前，在田间从再生植株中进行有用突变体的筛选是筛选体细胞无性系突变体最主要的方法，也是不可替代的方法。

11.4.3.2 用选择压力选择体细胞无性系突变体

在无性系组织培养阶段，通过向培养基中加入选择压，选择出有用的抗性细胞系，然后经过再生获得抗性突变体植株。在无性系的培养阶段，可发生变异的细胞或细胞团高度集中，此时外加选择压力，可使有抗性性状的细胞突变体数达到高浓度，而后将这些细胞或细胞团诱导再生植株，得到无嵌合体的纯合性状的植株，再结合大田筛选，以求最终得到改良植株。这比单纯采用大田筛选可节省大量的人力、物力，缩短育种周期。选择压力筛选方法已在各种体细胞无性系突变体的筛选中应用。

（1）以氨基酸和氨基酸类似物作为筛选剂选择某些氨基酸超量表达的细胞突变体

在体细胞无性系培养中加入氨基酸或氨基酸类似物，其作用有两个：一是在氨基酸生物合成中起反馈抑制作用；二是被组入蛋白质中后使酶的作用失活，从而可筛选到对反馈抑制不敏感的突变体，这些突变体可以超量表达某些氨基酸。人们常用这种方法来提高作物中相对缺乏的氨基酸含量，以改善营养品质。Schaeffer 和 Sharpe 于 1981 年和 1987 年报道了两例抗氨乙基半胱氨酸加抗赖氨酸的水稻突变体，其种子蛋白中赖氨酸含量和种子贮存蛋白均发生变化。Kool（1983）筛选出抗含氟色氨酸的杂种矮牵牛突变细胞系。

（2）抗逆细胞突变体的筛选

温度、水分是限制植物地理分布的主要因素，也是作物栽培中两个影响植物生长的最主要的限制因素。用人工形成的低温、干旱、盐碱作为选择压力，可筛选抗逆细胞突变体。Huitema（1986）对菊花耐低温突变体进行了筛选；赵茂林（1986）对 4 个杨树品种进行耐盐突变体的筛选，获得了耐高盐碱的细胞系及再生植株。李玲等（1990）用杨树嫩叶和幼茎发生的愈伤组织进行耐盐突变体的筛选，获得了耐盐的再生植株。人们采用这种方法还在柑橘、番茄、苜蓿（*Medicago* sp.）、水稻、芦苇（*Phragmites australis*）和小黑麦属等植物中得到稳定的抗盐细胞系和再生植株。还可通过植物组织或细胞培养并结合理化诱变，获得对除草剂具有抗性的突变体。有人用重金属离子为筛选剂已得到多种耐铝、镉、铜或汞的植物突变体，这对保护工业污染地区的植被有重大意义。

（3）抗病细胞突变体的筛选

植物的抗性也是由多基因控制的，因此在组织培养中很难观察到植物体细胞、组织对病原的抗性作用，因此，难以进行有效、准确的筛选。但是毒素是致病的惟一因素，且对植物组织、细胞或原生质体的毒害作用与整体植株一致的情况下，可以用毒素作为筛选剂筛选抗病的无性系突变细胞，而后再生为植株，从而建立能稳定遗传的有性生殖品系。Behnke（1979）从抗马铃薯晚疫病菌培养物有毒滤液的愈伤组织中获得了抗病的马铃薯（*Solanum tuberosum*）再生植株。

(4) 单倍体细胞突变体的筛选

单倍体培养筛选体细胞无性系具有高效和容易稳定两大优点。由于单倍体细胞中隐性突变可以在细胞中表达，因此，在筛选压力使用下可以选择出具有隐性抗性基因的细胞突变株，大大提高了筛选抗性细胞系的几率；抗性细胞系突变体是单倍体，通过人工加倍即可获得纯合的突变株，从而加速突变体的稳定和纯合过程。单倍体细胞培养主要包括花粉培养、小孢子培养和未受精子房及卵细胞培养3个方面。其中，花粉和小孢子细胞培养是体外诱导单倍体的主要途径。詹亚光等（1994）以杨树花粉为外植体诱导单倍体愈伤组织，筛选耐盐、耐碱变异体，得到了性状稳定的突变植株。

11.5 原生质体培养与体细胞融合

原生质体（protoplast）是指去除细胞壁后仅由质膜所包围的具有活力的裸露细胞。原生质体含有该个体全部的遗传信息，具有再生成与亲本完全相同植株的潜力。原生质体培养程序包含：原生质体分离、原生质体纯化、原生质体培养、原生质体胞壁再生、细胞团和愈伤组织的形成及植株再生。

11.5.1 原生质体的分离和培养

一般而言，植物的各个器官，如根、茎、叶、子叶、下胚轴、果实、种子及其愈伤组织和悬浮细胞都可以作为分离原生质体的材料。从所获得原生质体的遗传一致性出发，一般认为由叶肉组织分离的原生质体，遗传性较为一致。来源于培养的单细胞或愈伤组织的原生质体，由于受到培养条件和继代培养时间的影响，致使细胞间发生遗传和生理差异。因此，叶肉组织是获得原生质体十分理想的材料。

自从1971年Takebe等利用烟草叶肉组织分离原生质体并成功获得再生植株以来，通过原生质体培养获得再生植株的有近20种以上，如芹菜（*Apium graveolens*）、石刁柏、燕麦（*Avena sativa*）、青菜（*Brassica chinensis*）、油菜（*B. napus*）、甘蓝、柑橘、黄瓜、胡萝卜（*Daucus carota* var. *sativa*）、大豆（*Glycine max*）、大麦、百合类、烟草、矮牵牛、金光菊（*Rudbeckia laciniata*）、甘蔗（*Saccharum officinarum*）、马铃薯、玉米等。

11.5.1.1 原生质体的分离方法

(1) 机械分离法

先将细胞放在高渗糖溶液中预处理，待细胞发生轻微质壁分离，原生质体收缩成球形后，再用机械法磨碎组织，从伤口处可以释放出完整的原生质体。用这种方法曾成功地分离出藻类原生质体（Klercker，1892）。但用机械法分离原生质体手续繁琐，获得完整原生质体的数量比较少，取材仅局限于那些具有液泡化程度较高的细胞或长形细胞的组织，如叶片、球茎的鳞片、果实表皮等。

(2) 酶解分离法

用细胞壁降解酶，脱除植物细胞壁，获得原生质体的方法（Cocking, 1960）。常用的细胞壁降解酶种类：纤维素酶、半纤维素酶、果胶酶、蜗牛酶、胼胝质酶、EA3-867 酶等。EA3-867 酶（上海植物生化研究所产）是一种复合酶，含纤维素酶、半纤维素酶、果胶酶。蜗牛酶和胼胝质酶可用于花粉母细胞和四分胞子的原生质体分离，因为花粉细胞和四分胞子外有胼胝质壁，用其他酶效果较差。用酶解法可以从多种植物的各种组织和培养的细胞系中分离出大量有活力的原生质体，但酶制剂均含有核酸酶、蛋白酶、过氧化物酶以及酚类物质，会影响所获原生质体的活力。所以要注意根据植物种类和该种类植物细胞壁的结构，选择酶种类和酶浓度。

用酶法降解细胞壁前，为防止原生质体被破坏，一般要先用高渗液处理细胞，使细胞处于微弱的质壁分离状态，有利于完整原生质体的释放。这种高渗液称为渗透压稳定剂。常用的渗透压稳定剂有甘露醇、山梨醇、蔗糖、葡萄糖、盐类（KCl、$MgSO_4 \cdot 7H_2O$）等。在降解细胞壁时，渗透压稳定剂往往和酶制剂混合使用。通常用渗透压稳定剂稀释酶制剂。渗透压稳定剂中，用得最多的是甘露醇。如甘露醇常用于柑橘、胡萝卜、烟草、蚕豆（*Vicia faba*）原生质体制备；蔗糖常用于烟草、现代月季等；山梨醇常用于油菜原生质体制备。

为增加完整原生质体的数量，防止质膜破坏，促进原生质体胞壁再生和细胞分裂形成细胞团，可以在分离原生质体时加入质膜稳定剂。常用的原生质膜稳定剂有葡聚糖硫酸钾、MES［2-（N-吗啉）-乙烷磺酸］、氯化钙、磷酸二氢钾。其中葡聚糖硫酸钾是最常用的质膜稳定剂，它能降低酶液中核酸酶的活力，保护原生质膜，使细胞能持续分裂，对形成细胞团具有促进作用。

11.5.1.2 原生质体的纯化

酶解后的原生质体溶液中，有完整的原生质体、破碎的原生质体、未去壁的细胞、细胞器及其他碎片。这些在原生质体培养中，会引起干扰作用，必须清除。只有经过纯化的原生质体才能进行培养。纯化的方法如下：

(1) 过滤－离心法

利用比重原理，在具有一定渗透压的溶液中，先进行过滤然后低速离心，使纯净完整的原生质体沉积在试管底部。其方法是将含有原生质体和酶液的混合液，通过孔径为 44 ~ 169μm 的筛网过滤除去大的组织碎片和残渣。原生质体混合液在 900 ~ 4 500r/min 下离心 2min，吸去上部碎片混合液，加入新鲜溶液继续离心。离心 2 ~ 3 次，最后收集管底纯净的原生质体。此法比较简单，但原生质体沉积在试管底部相互挤压，会引起原生质体的破碎。

(2) 悬浮法

采用比原生质体比重大的高渗溶液，使原生质体漂浮在溶液表面。这种方法同样需要经过离心过滤，将大小残渣滤去。可以得到较为纯净、完整的原生质体。但由于高渗溶液对原生质体常有破坏，因而完好的原生质体量较少。

(3) 界面法

采用比重不同的溶液，使原生质处于两液相的界面之中。此法可以收到较多的纯净原生质体，同时避免收集过程中原生质体因相互挤压而破碎。

11.5.1.3　原生质体活力测定

高活力的原生质体是保证原生质体培养成功的关键。因此对新分离出的原生质体进行活力测定是进行原生质体培养不可缺少的重要环节。对新分离出来的原生质体的活力测定有以下几种不同的方法：

(1) 原生质体胞质环流检测

胞质环流是进行活跃代谢的指标，可以用于原生质体活力检测，但此方法不适合细胞周缘携有大量叶绿体的叶肉细胞原生质体（很难观察胞质环流现象）。

(2) 氧摄入量检测

以氧的摄入量作指标可以检测原生质体的呼吸代谢强度。氧的摄入量可以通过一个能指示呼吸代谢强度的氧电极进行测定。

(3) 用光合仪测定其光合强度的检测

此方法适合来源于叶片的原生质体活力的测定。

(4) Evans 蓝活性染色法检测

完整的质膜排斥 Evans 蓝，不被染色，通过镜检检测有活力的原生质体。

(5) 荧光素双醋酸（FDA）染色检测

FDA 既不发荧光也不具极性，能自由地穿越细胞质膜。在活细胞内 FDA 被脂酶降解，将能发荧光的极性部分（荧光素）释放出来。由于荧光素不能自由穿越质膜，因此就在完整活细胞内积累起来，但在死细胞和破损细胞中不能累积。当以紫外光照射时，荧光素产生绿色荧光，据此可以鉴别细胞的活力。

(6) 细胞壁染色法

该方法可检测原生质体的细胞壁是否完全去掉。荧光增白剂是植物细胞壁最好的染料，用浓度为 0.05% ~0.1% 的荧光增白剂（用 0.7mol/L 甘露醇配制）将纯化的原生质体染色 5 ~10min。500r/min 离心 3min，再用 0.7mol/L 甘露醇洗涤 3 次，用荧光显微镜（360 ~440nm）镜检，细胞壁染色形成绿色荧光，没有细胞壁则无荧光反应，略显红色。

11.5.1.4　原生质体培养

原生质体的培养方法有：

(1) 固体培养法（平板培养法）

将原生质体按照一定细胞起始密度，均匀分布于薄层（1mm）固体培养基中进行培养的方法。此法可以定点观察一个原生质体的再生、生长和分裂，但分裂速度较慢，操作过程比较复杂。Nagata 和 Takebe 采用此法首先获得烟草叶肉原生质体的再生植株。

(2) 液体浅层培养法

在培养皿或三角瓶中注入 3 ~4mL 原生质体培养液，然后将纯净的原生质体按一定细胞密度注入并进行培养。培养期间每日轻摇两、三次，以加强通气，防止原生质体与容器底部粘连。当原生质体经胞壁再生，并形成细胞团后，立刻转至固体培养基上培养。此法操作简单，对原生质体的损伤小，且易于添加新鲜的培养基和转移培养物；但是难以定点追踪单个原生质体的生长发育，且培养过程中常常发生原生质体之间的粘连现象。

(3) 双层培养法

在三角瓶内先注入适于细胞团增殖的固体培养基，然后在固体培养基上，加入适宜原生质体胞壁再生和细胞分裂的液体培养基，再按一定的细胞密度注入原生质体制备液。这是以液体培养和固体培养相结合的方法培养原生质体并使其植株再生的方法。此法能使培养基保持很好的湿度，不易干涸。同时还可以定期注入新鲜培养基，而且原生质体长壁速度和分裂速度均迅速。Maletzki（1973）和李文安（1979）分别用该方法使甘蔗细胞分离的原生质体和黄花烟草原生质体培养获得再生植株。

11.5.1.5 原生质体胞壁再生

植物原生质体在培养过程中能否再生细胞壁并进行细胞分裂，直接关系到植物原生质体培养的成败。在原生质体培养 2 ~4d 内原生质体将失去其特有的球形外观，这种变化被视为再生新壁的象征。可以用染色或电镜的方法来鉴定新壁再生。用卡氏白（Calcafluor white）染色法，即将原生质体置于浓度为 0.01% 或 0.1% 并含有渗透压稳定剂的卡氏白溶液中保温 5min。经清洗去除多余的染料后，再将原生质体置于载玻片上渗透压适当的溶液中，卡氏白可以与细胞壁物质结合，在荧光显微镜下观察时，能发出荧光。

新形成的细胞壁是由多糖和蛋白质组成，多糖主要是纤维素、半纤维素和果胶质，蛋白质包括结构蛋白、多种酶类和凝集素等。新制备好的原生质体表面常常是没有纤维素物质，随着培养时间的增长，开始有松散的微纤丝形成并逐渐增多，最后围绕原生质体形成一个浓密的网络。经生化分析和超微结构观察，烟草和大豆等的原生质体形成的微纤丝的主要成分是纤维素。

Horin 和 Ruesink（1972）报道，旋花科（Convolvulaceae）植物原生质体只有在易于代谢的外源碳源（如蔗糖）存在时，细胞壁才能再生，否则细胞壁就不能形成。培养基中存在的电解质渗透压稳定剂会抑制壁的发育。但不同植物有不同的反应，对于胡萝卜细胞悬浮培养物的原生质体来说，若在培养基中加入聚乙二醇，细胞壁的发育就会既快又比较均匀。

壁的形成与细胞分裂有直接关系，凡是不能再生壁的原生质体就不能进行正常的有丝分裂。细胞壁发育不全的原生质体常会出现“出芽”或体积增大等现象。此外，由于在核分裂的同时不伴随发生细胞分裂，这些原生质体可能会变成多核原生质体。

11.5.2　细胞团和愈伤组织的形成及植株再生

凡能分裂的原生质体，可在 2～7d 之内进行第 1 次有丝分裂。但有些植物，第 1 次分裂之前的滞后期可持续长达 7～25d 之久。与已经高度分化的叶肉细胞原生质体相比，活跃分裂的悬浮培养细胞的原生质体进入第 1 次有丝分裂的时间要早。凡能继续分裂的细胞，经 2～3 周培养后可长出细胞团。再经过 2 周，愈伤组织明显可见，这时可把它们转移到不含渗透压稳定剂的培养基中，按一般的组织培养方法来诱导植株再生。其再生途径可以通过器官形成途径再生植株，也可以通过体细胞胚发生途径再生植株。原生质体培养中细胞分裂是不同步的，有很多因素会影响原生质体培养中细胞的分裂。

11.5.2.1　营养需要

原生质体培养早期阶段中培养基和培养方法的选择是否合理是直接关系到培养能否成功的关键。一般在原生质体培养前首先要探索出该种植物常规组织培养的最佳培养基和培养方法，为原生质体培养提供依据。

原生质体培养所使用的培养基一般是改良的细胞培养基，如 KM_{8p}、K_{8p}和 NT，其中 KM_{8p}和 K_{8p}培养基是在 B_5 基础上改良而来，NT 是以 MS 为基础的，其中维生素使用水平和一般组织培养相同。植物生长调节剂，尤其是生长素和细胞分裂素是原生质体生长发育必不可少的。不同植物的原生质体培养时所需的激素种类及浓度不同，而且要根据原生质体培养的不同阶段（起始、细胞团、愈伤组织及器官再生）适当调整培养基中激素的种类和浓度。在原生质体培养中最常用的生长素是 2，4-D，它对原生质体再生细胞的启动分裂、持续分裂乃至形成愈伤组织是必需的。有时 2，4-D 可以与 NAA、BA 或 ZT 等结合使用，随着培养的进程，将愈伤组织转入分化培养基时，要逐步降低或去掉 2，4-D，同时降低其他生长素的浓度并增加细胞分裂素的含量，达到不定芽分化的目的。

另外培养基中氮源种类和浓度对促进原生质体细胞分裂和提高植板率也有很大的影响，但不同植物之间差异可能较大，要通过试验比较而定。在培养基中添加谷氨酰胺、天冬氨酸、精氨酸、丝氨酸、腺嘌呤、水解乳蛋白或酪蛋白、肌醇以及椰子乳等，或调节培养基中的氨态氮和硝态氮的比例都可能对某些植物的原生质体培养有利。此外，ABA 和多胺类物质或活性炭等对促进细胞分裂和形成胚状体都有一定的作用。

11.5.2.2　渗透压稳定剂

在没有再生出一个坚韧的细胞壁之前，原生质体必须有培养基渗透压稳定剂的保护。在原生质体培养过程中通常使用的渗透压稳定剂有：蔗糖、葡萄糖、麦芽糖、甘露醇和山梨醇等，渗透压稳定剂使用浓度为 0.4～0.6mol/L。目前常以蔗糖代替甘露醇和山梨醇，葡萄糖代替蔗糖或大部分葡萄糖中掺入少量的蔗糖，麦芽糖代替蔗糖和葡萄糖。随着细胞壁再生和细胞的持续分裂，渗透压稳定剂的浓度需要不断地降低，才有利于培养物的生长。通过定期加入几滴不含渗透压稳定剂或渗透压稳定剂水平很低的新鲜培养基，可使培养基的渗透压逐渐下降。最后将肉眼可见的细胞团转入到不含渗透压稳定剂的新鲜培养基中诱导植株再生。

11.5.2.3　植板密度

原生质体初始植板密度对植板效率有显著的影响。原生质体培养的一般密度是每毫升培养基 $1\times10^4\sim1\times10^5$ 原生质体。在这种高密度的情况下，由个别原生质体形成的细胞团常在相当早的培养期就彼此交错地长在一起，若该原生质体群体在遗传上是异质的，其结果就会形成一种嵌合体组织。在体细胞杂交和诱发突变的研究中，最好是能获得单个细胞的无性系，为此就需要在低密度（每毫升培养基 10～100 个原生质体）下培养原生质体或由原生质体产生的细胞。

Kao 和 Michayluk（1975）配制了一种复杂的培养基，即 KM_{8p} 培养基，在其中的北美洲野豌豆（*Vicia hajastana*）的单个细胞能再生出壁，进行持续的分裂并形成愈伤组织。苜蓿、豌豆等植物的原生质体在低植板密度（少于 100 个原生质体/mL）下比在较高的密度下分裂得快。

在原生质体培养中，Raveh 等（1973）建立的饲养细胞层法是在低密度下培养原生质体的另一途径。一般情况下，当植板密度低于原生质体 10^4 个/mL 时，烟草原生质体不能分裂。但通过饲养细胞层法，这些细胞可在低至原生质体10～100 个/mL 的密度下进行培养。饲养细胞层的制备方法是，先以剂量为 5kR 的 X 射线照射原生质体或悬浮细胞（10^6 个/mL），这一剂量能抑制细胞分裂，但并不破坏细胞的代谢活性。照射后将原生质体清洗 2～3 次（洗净由照射所产生的有毒物质是重要的一环），植板在软琼脂培养基上。这时将琼脂培养基中未经照射过的原生质体铺在饲养细胞层上。

高国楠（Kao，1977），Gleba（1978）以及 Gleba 和 Hoffmann（1978）还曾用微滴法培养单个的原生质体及由这些原生质体再生的细胞。他们所用的是一种构造特别的“Cuprak”培养皿，这种培养皿有 2 室：小的外室和大的内室。内室中有很多编码的小穴，每个小穴能装 0.25～25μL 培养基。把原生质体悬浮液的微滴加入到小穴中，在外室内注入无菌蒸馏水以保持培养皿内的湿度。把培养皿盖上盖子以后，用封口膜封严。通过这个方法，Gleba（1978）由单个地培养在 0.25～0.5μL 一小滴的原生质体获得了完整的烟草植株。对于单个原生质体的分裂来说，微滴的大小是关键因素。每 0.25～0.5μL 的小滴内含有一个原生质体，在细胞数对培养基容积的比率上相当于细胞密度为 $2\sim4\times10^3$ 细胞/mL。增加微滴的大小将会降低有效植板密度。

11.5.2.4　培养条件

原生质体在培养初期对培养的环境很敏感。光、温、湿等条件的不适都会影响原生质体的生长发育。一般情况下，叶肉、子叶、下胚轴等带有叶绿体的原生质体，在培养初期最好置于弱光或散射光下。由愈伤组织和悬浮细胞产生的原生质体需要暗培养。培养温度一般在 25 ~ 26℃，但不同植物最适宜温度有差异。培养基的 pH 值一般在 5.6 ~ 5.8，过高和过低都会对原生质体的活力及再生细胞的生理活力产生影响。当原生质体产生愈伤组织后进行分化时，要求将培养物置于光下培养，其光强度一般控制在 1 000 ~ 2 000lx，每天照光 10 ~ 20h。

11.5.3 原生质体融合

两种异源（种、属间）原生质体，在诱导剂诱发下相互接触，从而发生膜融合，胞质融合和核融合并形成杂种细胞，进一步发育成杂种植物体，称为原生质体融合，或细胞杂交。若取材为体细胞则称体细胞杂交。体细胞杂交是培育远缘杂种的重要手段。Teo 和 Neumann（1978）首次将不同兰花的原生质体进行融合。Chen 等（1990）用电融合法将不同种的蝴蝶兰（*Phalaenopsis* spp.）的原生质体进行融合，得到了杂种细胞。

11.5.3.1 原生质体融合的方式

（1）自发融合

在酶解细胞壁过程中，由于细胞间的胞间连丝的作用使相连的原生质体发生融合。这种融合发生在亲本之一的自身，也称“自体融合”。细胞融合的目的是诱导异种原生质体融合，因而要降低或排除自发融合的频率。

（2）诱导融合

在体细胞杂交育种中，自发融合是无意义的。一般要求融合的原生质体应有不同的遗传背景。为达此目的，需要加入融合剂来诱导原生质体融合。

11.5.3.2 诱导原生质体融合的方法及融合剂

（1）盐类融合法

盐类融合法是应用最早的诱导原生质体融合的方法，盐类融合剂种类有硝酸盐类［$NaNO_3$、KNO_3、$Ca(NO_3)_2$］、氯化物类（NaCl、$MgCl_2$、$CaCl_2$、$BaCl_2$）、葡聚糖硫酸盐类（葡聚糖硫酸钾、葡聚糖硫酸钠）等。Power（1970）报道在可控制的条件下 $NaNO_3$ 可诱导原生质体融合。Carlson 等（1972）用 $NaNO_3$ 处理获得了第一个体细胞杂种。但用盐类融合剂处理融合频率低，尤其对液泡化发达的原生质体。

（2）高 pH-高浓度 Ca^{2+} 处理

Keller 和 Melchers（1972，1974）首先发现高浓度 Ca^{2+} 和高 pH 值的诱发融合效应。Melchers（1974，1977）用该法分别获得了烟草种内和种间杂种。此方法也适于矮牵牛的体细胞杂交。

（3）聚乙二醇融合法（PEG 法）

高国楠（1974）用聚乙二醇（PEG）为融合剂诱发大豆与大麦、大豆与玉米的原生质体融合。先用 PEG（分子量 1 500 ~ 1 600）保温 40 ~ 50min，再用培养液缓慢稀释 PEG，最后洗去 PEG，从而得到异核体。用此法形成的双核异核体的比例很高，且对大多数细胞类型毒性都很低。

（4）聚乙二醇与高 pH-高浓度 Ca^{2+} 处理相结合的融合法

是上述两种方法相结合的方法。先用 PEG 处理 30 min，然后用高 pH－高浓度 Ca^{2+} 溶液稀释 PEG，再用培养液洗去高 pH－高 Ca^{2+} 溶液。

高国楠认为 PEG 和高 pH 值、高 Ca^{2+} 能提高融合率，是因为增加了电荷紊乱的程度。PEG 和高 pH 值、高 Ca^{2+} 起了协同作用，PEG 直接或间接地通过钙离子起作用。

（5）电融合

电融合是 20 世纪 70 年代末至 80 年代初开展起来的一项新的融合技术。电融合是将一定密度的原生质体悬浮溶液置于融合小室，在不均匀的交变电场的作用下，原生质体彼此靠拢，在两个电极间排成串珠状。此时用强度足够的电泳，就可以使原生质体质膜发生可逆性电击穿，从而导致融合。

11.5.3.3 原生质体融合的步骤

（1）将双亲原生质体以等体、等密度（10^4～10^5 个细胞/mL）混合，制备成混合亲本原生质体。

（2）用移液管吸取混合亲本原生质体 0.1～0.5mL 置试管内，或者在小培养皿中滴成小滴，或在凹槽载片上进行亦可，每滴混合液约 150μL。

（3）在试管（培养皿）内加入与亲本混合液等体积（0.1～0.5mL 或 150μL）的融合剂，诱导融合。

（4）融合过程必须保温，温度范围 20～28℃，保温时间为 0.5～24h，因植物种而异。

（5）保温结束后，用培养液或渗透压稳定剂（糖、盐类、甘露醇或山梨醇）洗去融合剂。采用反复离心的方法，清洗 3～4 次。有些植物种类经洗去融合剂后立即发生原生质体间的融合；另一些植物种类洗去融合剂后，尚需经一定时间的培养，原生质体才能发生融合。

11.5.3.4 原生质体融合体的类型

双亲原生质体融合时，首先发生膜融合、胞质融合、最后发生核融合。由于融合的情况不同，可分为“自体融合”和“异体融合”两大类。

（1）自体融合

发生在亲本原生质体自身，融合结果得到“同核体”。由同核体再生的植株，其特性与亲本之一相同。

（2）异体融合

由不同种的双亲原生质体融合得到“异核体”。由于异核体融合形式不同，又分为如下 4 种类型：

① 谐和细胞杂种　细胞膜、质、核均发生融合，然后同步分裂，最后形成异源双二倍体，具有双亲全套染色体组。这是最理想的融合。

② 部分谐和细胞杂种 原生质体融合时，双亲的染色体经逐步排斥，而这种排斥是非完全性的，但仍可发生少量染色体组的重组，然后进入同步分裂，最后形成带有部分重组染色体的植株。

③ 异胞质体细胞杂种 异胞质体细胞杂种，除含本种之一的细胞核外，还含有异种的细胞质，称为异胞质体，亦称为“共质体”。异胞质体形成的原因是由正常有核原生质体与原生质体制备过程中，核丢失的“亚原生质体”融合而成，或是异核体发育过程中，由一方排斥掉另一方的细胞核而形成的异胞质体。如矮牵牛与爬山虎（*Parthenocissus* sp.）融合。异核体发育过程中，矮牵牛的染色体全部被排斥，细胞核仅剩爬山虎的，但是细胞质是双亲的。

④ 嵌合细胞杂种 不同种的双亲原生质体发生了膜融合和胞质融合后，尚未发生核融合。双亲的细胞核各自发生核分裂，接着形成细胞壁，最终形成嵌合体植物。

11.5.3.5 融合细胞的选择和鉴定

由于原生质体融合技术存在一定难度，因此异核体的频率，特别是“嵌合细胞杂种”的频率还很低。与同核体相比，融合后的异核体在人工培养基上分裂、分化并不占优势。常常由于启动分裂和持续分裂缓慢，而受到同核体的抑制，最终不能发育成为真正的种、属间杂种。因此，必须设计或建立一种体系，优先选择细胞杂种。即这种体系只允许异核细胞存活，淘汰双亲同核体。这种体系除能早期发现异核体外，还能促进异核体细胞的分裂和分化。

细胞杂种选择的方法有互补选择法和可见标记选择法：

(1) 互补选择法

① 白化互补选择法 选择一个叶绿素缺失突变体，这一突变体在限定培养基上，能分裂、分化形成植株。具有正常叶绿素的植株，在上述限定培养基上，则不能分裂形成大细胞团（愈伤组织）。将缺绿突变体的原生质体和非缺绿正常体的原生质体，用诱导剂诱发融合，并在上述限定培养基上培养融合体。能发育形成绿色细胞团（愈伤组织）和幼苗的就是细胞杂种。此法不依赖有性杂交的知识，可广泛用于任何亲缘关系的融合。自然界存在许多“白化体”（叶绿素缺失），而且也比较容易诱发“白化体”。用白化互补法已成功得到了羊角芹属（*Aegopodium*）、曼陀罗属（*Datura*）、胡萝卜、矮牵牛的细胞杂种。

② 遗传互补选择法 利用隐性非等位基因互补的方法，筛选体细胞杂种。如烟草的S和V两个光敏感突变体，它们对光的反应是由隐性非等位基因控制的。S和V在7 000lx正常光下，生长缓慢，叶片呈淡绿色；S和V在10 000lx强光下，正常生长，叶片呈淡黄色；S×V（有性杂交）F_1杂种，在7 000lx光下正常生长，叶片呈暗绿色是由于隐性非等位基因互补的结果，以此为对照。S和V的原生质体融合后，在正常光7 000lx下形成的愈伤组织为绿色，将这种愈伤组织置于10 000lx强光下，如果是细胞杂种，由于隐性非等位基因互补的结果，其愈伤组织则呈暗绿色，与有性杂交颜色相同。而亲本愈伤组织则呈淡黄色。遗

传互补选择法需依赖于有性杂交的知识，要以有性杂种的特点作为对照，有一定的局限性。

③ 营养代谢互补选择法　营养代谢互补选择法对细胞杂种的选择是建立在细胞分裂、增殖所需激素自养的基础上。第一个细胞杂种（粉蓝烟草 + 朗氏烟草）就是利用营养代谢互补法选择出来的。粉蓝烟草亲本原生质体和朗氏烟草亲本原生质体离体培养时，各自胞壁再生、细胞分裂、分化、再生植株均需植物激素条件。粉蓝 + 朗氏烟草细胞杂种原生质体长壁、愈伤组织形成，植株再生均不需植物激素。把经过融合处理的原生质融合体置于无激素的培养基上培养，只有杂种细胞才能分裂，从而淘汰了亲本原生质体。此法要求事先具有能互补的代谢缺陷型，因此应用大受限制。

（2）可见标记法

① 凹穴培养皿分离法　指根据融合后异核体和亲本原生质体的形态特征的区别将异核体挑选出来。在加强培养基上培养单个细胞杂种，培养的方法是用带凹穴的培养皿（实际是悬滴培养或微室培养）。如大豆和烟草的细胞杂种就是用可见标记法得到的。这一杂交组合的“绿色”为可见标记。

② 微吸管分离法　用一种微吸管根据可见标记吸取异核体，进行“看护培养”，以获得杂种植物。高国楠（1977）将一个亲本的绿色液泡化的叶肉原生质体，与另一亲本的具有浓厚细胞质的非绿色原生质体融合，培养一定时间后，发现杂种细胞一部分是绿色液泡化的，另一部分是无色致密的，在显微镜下很容易与亲本细胞区别出来，因此可以用吸管将其挑出单独培养。如拟南芥（*Arabidopsis thaliana*）与油菜的属间杂种。

11.5.3.6　细胞杂种的鉴定

用各种互补法和可见标记法选择出来的杂种植物体，尚需进一步鉴定。因为从融合体到杂种植物体形成的过程中，经细胞分裂、细胞团的形成和细胞再分化过程，染色体行为很可能发生复杂的变化，进一步鉴定是必不可少的。鉴定方法如下：

（1）杂种植物形态特征、特性鉴定

以亲本为对照进行形态特征、特性鉴定，最好有明显的标记特征；亲缘关系越远，特征越明显可靠。经愈伤组织途径再生成植株的变异与原生质体融合产生的变异很难区别，故仅依赖形态特征、特性变异不是太可靠，仍需配合其他方法。

（2）杂种植物的核型分析（染色体显带技术）

以亲本染色体为对照，对细胞杂种的染色体数目、染色体长短、染色反应、减数分裂期染色体配对情况等进行观察、比较。核型分析的准确性优于形态特征鉴定，但同样遇到愈伤组织阶段染色体变异的干扰，必须依赖取样技术的熟练和判断的准确性。此法对亲缘关系远的细胞杂种的判断准确性较好。

(3) 分子标记鉴定

近年来生化标记和 DNA 分子标记已成为鉴定细胞杂种的新方法。

11.6　人工种子

11.6.1　人工种子的概念及结构特点

植物人工种子的制备是在植物细胞培养的基础上发展起来的一项生物技术。人工种子是利用植物细胞的全能性，将组织培养产生的体细胞胚或具有发育成完整植株的分生组织（如胚状体、芽、茎段等）包裹在一层含有营养物质的胶囊里，再在胶囊外包上一层具有保护功能和防止机械损伤的外膜，形成在适宜条件下能够萌发并发育成完整植株的人造颗粒。

人工种子具有类似天然种子的基本结构和功能，主要由三部分组成：一是胚状体（分生组织），包括胚状体、愈伤组织、原球茎、不定芽、顶芽、小鳞茎等繁殖体，它相当于天然种子的胚，是具有生命的物种结构；二是供胚状体维持生命力和保证其在适宜条件下生长发育的人工胚乳，人工胚乳包括矿质元素、维生素、碳源、以及激素等；三是具有保护作用的人工种皮，具有透水透气、固定成形、耐机械冲击且不易损坏的特性。

11.6.2　人工种子制备的意义

因不受季节限制，利用人工种子技术可快速高效繁殖性状优良、遗传性稳定的植物种，同时还可固定杂种优势；可人为控制植物的生长发育与抗逆性。制作人工种子时还可加入苗肥、微生物、农药，以抵抗外来病毒和微生物的侵染；利用人工种子技术可对生育周期长的多年生植物（园林树木、果树、林木）及难于有性生殖的植物，如芋类（*Colocasia* spp.）、甘薯（*Dioscorea esculenta*）、球根花卉、宿根花卉等进行繁殖；人工种子体积小，贮运方便。

11.6.3　人工种子的制备

11.6.3.1　胚状体的诱导和形成

自 1958 年来在胡萝卜的组织培养中最新发现胚状体以来，至今已在多种植物中获得胚状体。据不完全统计，约有 43 科，100 余种植物可大量获得胚状体。

胚状体是人工种子的主体，其质量直接关系到人工种子的质量。要得到正常植株，必须获得高质量的胚状体。胚状体的质量包括形态学基本无变异，胚发生比较同步或比较整齐并能得到较高频率的正常植株。胚状体可通过表皮细胞、愈伤组织、悬浮细胞、花粉、原生质体诱导而来。无论胚状体以何种方式发生，按人工种子的要求均需具备同步发育特性。

11.6.3.2 胚状体细胞的同步化

控制胚状体的同步发育是制备人工种子的重要条件。控制胚状体同步化的方法有：

（1）在细胞培养初期加入DNA合成抑制剂如5－氨基尿嘧啶，使细胞DNA合成暂时停止。一旦除去DNA抑制剂，细胞开始进入同步分裂。

（2）低温处理抑制细胞分裂，经过一段时间后再把温度提高到正常培养温度，也能使细胞达到同步分裂的目的。

（3）调节渗透压控制胚性细胞的同步发育。不同发育阶段的胚对渗透压的要求就不同。可以用调节渗透压的方法，来控制胚的发育，使其停留在某一阶段，然后同步发育。

（4）采用过滤、离心等方法筛选不同发育阶段的胚，然后转入适宜其发育的培养基上。

11.6.3.3 人工胚乳的制备

人工胚乳提供胚状体新陈代谢和生长发育的营养物质及激素等。人工胚乳的成分包括无机盐混合物、碳水化合物（淀粉和糖）、蛋白质。人工胚乳的制作就是筛选出适合体细胞胚萌发的培养基配方，最后将筛选出的培养基添加到包埋介质中。人工胚乳不可随意套用，应根据不同植物的要求有目的地配制。

11.6.3.4 人工种皮的制备

（1）人工种皮应具备的条件

人工种皮对胚状体无毒害作用；人工种皮不仅要具有一定的透气保水性，还要有一定的强度，能维持胶囊的完整性，便于储运和播种；能保持营养成分和其他助剂不渗漏；能被微生物降解，降解产物对植物和环境无害。

（2）人工种子包裹材料

琼脂、琼脂糖、淀粉、树胶、明胶、果胶酸钠、海藻酸钠等均可作为种皮。其中以海藻酸钠应用最广，因为它具有生物活性低、无毒、成本低、工艺简单等特点。

11.6.4 人工种子包埋的方法

11.6.4.1 干燥包埋法

将体细胞胚经干燥后再用聚氧乙烯等聚合物进行包埋。用聚氧乙烯包裹胡萝卜胚性悬浮物，其中含单细胞、细胞团、愈伤组织块及成熟胚状体。有3%的干燥包埋的体细胞胚存活下来并发芽生长。Kitto和Janick（1982）还发现在干燥包埋体细胞胚时，提高蔗糖浓度（冷处理，加或不加ABA）可提高胚状体存活率。

11.6.4.2　液体包埋法

将胚状体（或小植株）悬浮在一种黏滞的流体胶中，直接播入土壤。Drew（1979）用此法将大量胡萝卜细胞胚放在无糖而又有营养的基质上，获得了3棵小植株。

11.6.4.3　水凝胶法

用褐藻酸钙水溶性胶囊包埋胚状体，用以生产人工单胚种子称水凝胶法。Redenbaugh等（1987）首次用该方法包裹单个苜蓿体细胞胚制得人工种子，离体成株率大于86%。

11.6.5　人工种子存在的问题及应用前景

目前人工种子技术的实验室研究工作已取得较大进展,但从总体上看,目前人工种子还远不及天然种子那样经济、方便、实用和稳定。主要原因有:第一,目前许多重要的植物还不能靠组培快速生产大量整齐一致的、高质量的体细胞胚或不定芽;第二,包埋剂的选择及制作工艺尚需改进以达到贮运方便的目的;第三,培养及制作过程的自动化和机械化程度不高导致成本较高,难以普及和推广。

随着技术的成熟和研究的深入，人工种子将在作物遗传育种、良种繁育和栽培等方面起到巨大的推动作用，为无性繁育开辟一条崭新的途径。

（陈龙清　刘青林）

复习思考题

1. 什么是组织培养？它对园林植物育种有何意义？
2. 植物花粉和花药培养有什么意义？
3. 简述植物花粉和花药培养的方法和程序。
4. 简述植物胚培养、胚乳培养和离体受精的方法和技术关键。
5. 试述体细胞无性系变异的基础和原因。
6. 原生质体分离和纯化的方法有哪些？
7. 原生质体活力测定的方法有哪些？
8. 简述原生质体培养的方法。
9. 原生质体融合的种类有哪些？
10. 什么是人工种子？其基本构造如何？

本章推荐阅读书目

花卉组织培养．韦三立．中国林业出版社，2001.
植物细胞工程．朱至清．化学工业出版社，2003.
植物原生质体培养和遗传操作．许智宏，卫志明．上海科学技术出版社，1997.
植物组织培养（第3版）．潘瑞炽．广东高等教育出版社，2003.

第12章　分子育种

[本章提要] 植物分子育种是以植物基因工程育种和分子标记辅助选择育种为主的一种育种技术。其在克服种间隔离障碍、创造丰富可遗传变异和在短时间内改良植物品种等方面具有优于传统育种技术的诸多优势。本章就园林植物分子育种的基础知识、基本原理、基本方法及研究的进展做了简要的介绍。

随着植物组织培养技术、DNA重组技术、植物转基因操作技术和分子标记辅助选择育种技术的发展，分子育种已成为植物育种的一个重要研究领域。不断成熟的分子育种技术解决了传统育种工作中某些不能突破的难题，为植物的品质改良提供了全新的思路和手段。现代生物技术，尤其是植物基因工程在园林植物育种上的应用，为园林植物种质资源的创新，打破种间杂交障碍，改良和创造优、新、特园林植物品种提供了快捷途径。花卉产业是当今世界最具活力的产业之一，人们对花卉的需求量日益增大，对花卉的色、香、形等标新立异的新品种的需求也日益强烈，在传统育种的基础上，应用新的技术手段开展新品种的培育已经成为一种趋势。

12.1　植物分子育种概述

12.1.1　植物分子育种的含义

以植物基因工程育种和分子标记辅助选择为主要技术的植物分子育种(plant molecular breeding)，指的是在经典遗传学和现代分子生物学、分子遗传学理论的指导下，将现代生物技术手段整合于经典遗传育种方法中，结合表现型和基因型筛选，培育植物优良新品种的方法。分子育种的核心仍然是经典的育种手段和方法，由于借助分子生物学的研究方法和技术，研究效率大大提高。植物基因工程育种（plant genetic engineering breeding）也称为转基因育种技术，即利用DNA重组技术，把经过分离或人工构建的目的基因通过适当的转基因方法插入到植物基因组中，使该基因得到表达并能遗传至后代的技术体系。通过外源基因导入使之整合到植物基因组上，可以使之最终表达为观赏性状从而创造植物新品种。园林植物基因工程在花色、花型、花期、株型、抗病、抗虫、抗逆、抗除草剂、延长切花寿命的改良等方面具有其他育种途径所不可替代的作用。

随着育种工作的深入开展，栽培品种日益丰富，育种的种质资源不断扩大。如何有效地鉴定和保护种质资源，有效鉴定优新品种，保护育种者的利益则成为育种工作中的重要内容。在分子生物学理论与方法不断发展的今天，生物学研究已经深入到对生物体遗传物质的探讨。因此，育种学家开始利用分子标记技术辅助形态标记对种及品种进行遗传分析，选育和鉴定园林植物新品种，这就是分子标记辅助选择。分子标记辅助育种在水稻、小麦、玉米、大豆、油菜等重要作物上已经得到了广泛的应用，通过利用与目标性状紧密连锁的 DNA 分子标记对目标性状进行间接选择，以便在早期就能够对目标基因的转移进行准确、稳定的选择，而且克服隐性基因再度利用时识别的困难，从而加速育种进程，提高育种效率，选育抗病、优质、高产的品种。这一技术必将给园林植物育种带来极大的方便。

12.1.2　植物分子育种的特点

植物分子育种与传统育种方法比较有如下优点：

（1）直接从基因水平改造植物的遗传物质和鉴定遗传背景，使亲本选择和子代筛选更具有科学性和精确性；

（2）分子生物学研究表明，生物体的遗传密码在不同物种间具有通用性，这使人类、动植物和微生物之间的基因交流成为可能，打破了物种的生殖隔离障碍，丰富了育种的基因资源；

（3）可以定向改造植物遗传性状，提高育种的目的性和可操作性，为满足花卉品种求新求异的育种趋势提供了更广阔的操作平台；

（4）由于直接操作遗传物质，育种速度大大加快，避免杂交育种后代分离和多代自交、重复选择等，在短时间内可形成稳定的新品种和新类型；

（5）可以改变植物的单一性状，而其他性状保持不变。

利用分子生物学技术进行育种工作，要求育种者具备较好的生物学基础知识；同时需要全面掌握分子育种的基础理论和操作方法；此外，还需要配备完整的仪器设备，育种前期的资金投入较大。在使用分子育种技术进行育种之前，育种者应该清楚地了解育种对象的生物学基础、育种工作的研究现状、目标性状的遗传调控机理、再生体系和遗传转化体系稳定性的研究状况。

12.1.3　植物分子育种的发展简史

1953 年，沃森（J. D. Watson）和克里克（F. H. C. Crick）在前人大量工作的基础上发现了 DNA 的双螺旋结构，自此生命科学步入了分子生物学的时代。DNA 分子结构的阐明为分子遗传学奠定了理论与实践基础。中心法则的建立则揭示了贮存在 DNA 上的生物体的遗传信息必须通过转录、转译才能得以表达。随着对 DNA 分子结构和功能的认识的发展，现代分子生物学对 DNA 复制与修复机理、基因表达与调控机理和突变的分子机理日益明了。1973 年，科恩（S. N.

Cohen）和伯格（H. W. Boyer）建立了DNA重组技术，此后日益完善的酶学技术和DNA序列分析技术为外源DNA导入受体细胞并得以表达奠定了理论和技术基础。20世纪70年代兴起的植物组织培养技术，使很多植物可以在试管中获得再生植株。1980年之后，生物工程技术的迅猛发展使人类创造新物种的梦想变成了现实。自1983年第一个转基因植物问世以来，植物基因工程的发展日新月异，硕果累累，至今已有近200种植物获得转基因植株。

最初的基因工程是以微生物为材料开展的，当时利用植物基因工程定向改变植物的性状，培育优良品种还仅仅是一种设想。到了20世纪80年代，才逐渐把此技术应用到高等生物的物种改良和新品种的培育上。20世纪90年代以来，大量转基因植物问世，分子育种成为植物育种的重要手段。目前，进行田间试验的转基因植物在全世界已超过500例。进入21世纪后，植物分子育种成为园林植物育种研究的热点，并已在花色、花型、株型、香味、花期调控、采后保鲜等方面取得了重要进展。目前已经获得转化体系和转化植株的园林植物有：安祖花、金鱼草、菊花、仙客来、石斛（*Dendrobium* sp.）、香石竹、草原龙胆（*Eustoma grandiflorum*）、唐菖蒲类、向日葵、麝香百合（*Lilium longiflorum*）、矮牵牛、现代月季、郁金香类等。随着现代生物学研究不断向纵深发展，植物分子育种技术必将发挥更大的作用。

12.2 园林植物基因工程育种

12.2.1 DNA重组技术相关概念

12.2.1.1 DNA克隆

DNA克隆（DNA cloning）是应用酶学的方法，在体外把外源DNA片段与载体DNA分子连接，形成具有自我复制能力的DNA分子，继而使之转化或转染宿主细胞，筛选出含有外源片段的转化细胞，再进行繁殖扩增，获得大量含有同样序列的DNA分子，这一过程即为DNA分子克隆，也称为DNA重组技术（DNA recombination technology）。

12.2.1.2 工具酶

在DNA重组技术中需应用某些基本酶类进行基因操作，这些酶被称为工具酶。常用的工具酶包括：限制性内切核酸酶（restriction endonuclease）、DNA聚合酶（DNA polymerase）、DNA连接酶（DNA ligase）、末端转移酶（terminal transferase）、反转录酶（reverse transcriptase）、多聚核苷酸激酶（polynucleotide kinase）。限制性内切核酸酶是极为重要而且应用广泛的酶类，其能够识别双链DNA分子中的某种特定核苷酸序列（4～8bp），并由此处切割DNA双链，产生具有黏性末端或平末端两种类型的DNA片段。带有相同类型的黏性末端或平末端的 DNA 分子在连接酶的作用下，重新连接形成新的 DNA 分子——重组 DNA 分子（recombinant DNA）。工具酶的发现为基因工程的顺利开展奠定了酶学基础。

12.2.1.3　目的基因

基因工程中，目的基因是指能够表达为蛋白质产物的 DNA 片段，也称为结构基因（structural gene）。如控制生物体内甜菜碱合成的乙酰胆碱脱氢酶基因（*CMO*）和甜菜碱醛脱氢酶基因（*BADH*）；目的基因也可以是指能控制结构基因表达的 DNA 序列，也称为调节基因（regulatory gene），是控制转录因子合成的 DNA 序列。目的基因可来自 cDNA 和基因组 DNA。cDNA（complementary DNA）是指以 mRNA 为模板，经反转录酶催化合成单链 DNA，再聚合生成互补的双链 DNA 分子；基因组 DNA（genomic DNA）则代表一个细胞或生物体全套遗传信息的所有 DNA 分子。

12.2.1.4　载体

植物基因工程中的载体（vector）是指能和目的基因连接的 DNA 分子。分为克隆载体、表达载体和转化载体。克隆载体是指分离目的基因时能使目的基因导入异源生物体内并进行复制的 DNA 分子；表达载体是指用以携带外源 DNA 片段并使之在异源生物体内表达为有意义的蛋白质而专门设计的 DNA 分子；转化载体是指能将外源基因导入植物细胞并使之表达的 DNA 分子。基因工程中常用的载体包括质粒、噬菌体、病毒 DNA 分子等。

理想的克隆载体具有在宿主体内独立复制的能力；能够利用宿主酶系统进行转录和翻译；有多种限制性内切核酸酶单一切口，可以作为外源 DNA 片段插入的位点，这一位点也称为多克隆位点；可容许相对较大的 DNA 片段插入，并不影响其复制能力；有筛选标记，如质粒的抗药性基因等特点。

DNA 重组技术的基本操作流程包括：目的片段的获取，克隆载体的选择和构建，目的片段与载体的连接，重组 DNA 分子导入受体细胞，筛选并无性繁殖含重组分子的受体细胞和克隆片段的功能分析。

12.2.2　获得目的基因的主要方法

分离植物基因工程所需的目的基因的方法有许多。只有在获得目的基因的基础上，才可以进行转化载体构建和植物遗传转化、再生、检测和分析。获得目的基因的主要途径是：通过分析已知功能的蛋白获取目的基因和对产物未知的基因的分离。前者可直接通过对现有的数据库分析，获得目的基因的核酸序列或同源序列，采用分子生物学的方法将其分离出来；后者可利用现代分子生物学技术对功能基因进行分离、解析，最终获得相应功能的目的基因。

（1）利用探针在基因组文库或 cDNA 文库中获得已知基因

含目的基因的基因组 DNA，用适当的限制性内切酶切割成片段，再用柯斯质粒、λDNA、细菌人工染色体（BAC）或酵母人工染色体（YAC）等载体进行体外重组，或通过含有目的基因的 mRNA 经反转录合成的 cDNA 与载体进行重组；把这些重组 DNA 分子转化到大肠杆菌中，形成基因文库，然后通过探针标记、分子杂交筛选等方法获得目的基因。

（2）利用基因的差异表达获得未知功能的基因

在特定的组织器官中（或不同的处理条件下），植物细胞特异表达的基因就会转录出特异的 mRNA。提取 mRNA 用反转录酶反转录合成 cDNA，构建 cDNA 文库，与不同植物组织、不同处理提取的 mRNA 标记的探针杂交，做差异显示筛选即可获得特异性表达的基因。但这种差异显示筛选法费用高，时间长。利用非特异性引物的 mRNA 差异显示技术在一定程度上克服了上述不足，该技术是通过 PCR 随机引物与锚定引物的合理搭配，在特定 PCR 条件下，清晰地展示不同条件下真核细胞 mRNA 的差异扩增片段，为寻找未知基因提供了新途径。另外，目前的基因芯片技术为通过差异法获得功能基因提供了更加完善的技术。

（3）转座子标签法及 T-DNA 插入突变法

通过转座子插入目的基因，使原有表型突变。此法适用于表达产物稳定，但产物不清楚的基因的克隆。玉米转座子 Ac，在有些植物中较易发生转座作用。因此，将其导入相关植物中，再根据转座子标记就可克隆出转座子两侧翼的 DNA 序列，从而分离出目的基因。

T-DNA（Transferred-DNA）插入突变法是利用 T-DNA 的插入特点将其整合到植物基因组中，使被插入位点的基因表达受阻，从而获得突变体。利用 T-DNA 对突变体进行分子杂交选择，就可以克隆出 T-DNA 两侧翼的基因序列。

（4）图谱克隆法

随着植物 DNA 限制性片段长度多态性的高饱和度作图的完成，植物每条染色体上都有相当数量的分子标记。可直接找出与标记紧密连锁的目的基因，或通过染色体步移方法（chromosome walking）查找到目的基因。但有些植物基因组较大，基因较复杂，实际操作中仍存在不少困难。有人试图首先在分子质量较小的模式植物拟南芥中克隆抗病基因，然后利用同源性进一步鉴定分离其他植物相应的抗病基因。这一方法在植物抗病基因克隆上获得了成功。

植物近等基因系可用于获得目的基因区域的分子标记，通过 RAPD 技术对两个近等基因系统的基因组 DNA 进行多态性扩增，找出两个基因组显示多态性的克隆。例如利用番茄 YAC 文库的 RFLP 分析结合染色体步移法，人们已经成功地克隆出番茄抗丁香假单胞杆菌的抗病基因 *Pto*，将抗病基因 *Pto* 导入感病番茄品种，使其获得了对病原菌的抗性。

12.2.3 植物基因工程的质粒分子及其构建

植物基因工程最重要的是将外源目的基因导入受体植物中。用于导入植物体的 DNA 分子称为质粒（图 12-1）。其主要由以下几个部分组成：

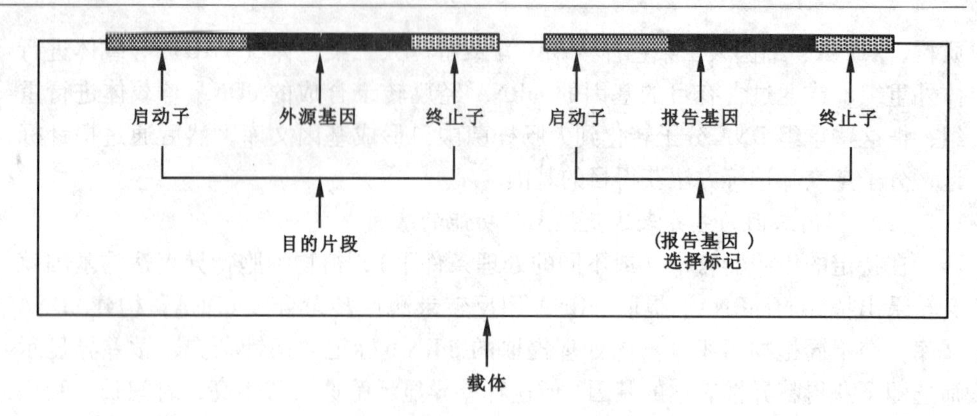

图 12-1　植物基因工程的质粒结构示意图

(1) 载体

植物基因工程中使用得最多的是 Ti 质粒，其上有复制起点、选择标记和一些功能片段；

(2) 目的片段

通常是由启动子、结构基因和终止子构成，并能在植物体内表达的活性基因；

(3) 报告基因

这一片段是为检测外源基因在植物体内整合情况及表达量而设计的，有时也使用选择标记。

12.2.4　建立植物再生体系的途径

植物组织培养技术是实现植物转基因操作的基础。成功的遗传转化主要依赖于良好的植物受体系统的建立。目前人们已经利用各种手段在园林植物中建立起了高效的再生体系，如菊花、大丽花、兰科植物、郁金香类等多种花卉。建立的再生体系可用于转基因操作：

(1) 愈伤组织再生系统

愈伤组织再生系统是指外植体经脱分化培养诱导愈伤组织，并通过分化培养，在愈伤组织上获得再生植株的受体系统。通过愈伤组织再生系统进行转基因操作的方法适宜较多的植物进行遗传转化。但是，转基因操作中形成的嵌合体较多，有些情况下转化细胞不容易继续分化，往往由于正常细胞的生长而被淘汰。因此，在转化后加强选择是极为重要的。

(2) 不定芽发育再生系统

不定芽的发生大多有一个从外植体产生愈伤组织的阶段，有的愈伤组织生长极为旺盛，使外植体失去原有轮廓，不定芽就从新形成的愈伤组织中分化出来。而另一种情况是，植物可能仅仅形成少许愈伤组织或几乎不形成愈伤组织，不定芽就直接从植物体表面受伤的或没有受伤的部位分化出来，如秋海棠类、贝母类（*Fritillaria* spp.）、百合类、非洲紫罗兰、凤梨科（Bromeliaceae）的观赏植物等，这种再生途径形成的再生植株嵌合体较少。

(3) 直接分化再生系统

所谓直接分化再生系统是指外植体不经过脱分化产生愈伤组织阶段，而直接分化出不定芽获得再生植株。通常木本植物、较大的草本植物等以采取茎段做外植体比较适宜，能在培养基的诱导下萌发出侧芽，作为进一步繁殖的器官。一些草本植物比较容易繁殖，或本身具有短小或不显著的茎，也可采用叶片、叶柄、花莛、花瓣等作为外植体。前者如菊花、变叶木、朱蕉（*Cordyline fruticosa*）、香石竹、香龙血树（*Dracaena fragrans*）、现代月季等；后者如秋海棠类、倒挂金钟（*Fuchsia hybrida*）、非洲紫罗兰、虎尾兰（*Sansevieria trifasciata*）等。

(4) 体细胞胚状体再生系统

植物体细胞胚胎发生是指二倍体或单倍体细胞在未经性细胞融合的情况下，模拟有性合子胚胎发生的各阶段而形成一个新的个体形态发生过程。通过体细胞胚状体的发生，进行无性系的大量繁殖具有极大的潜力，其特点是：成苗数量多、速度快和结构完整。目前，包括裸子植物（gymnosperms）、双子叶植物（dicotyledonary）和单子叶植物（monocots）中许多科的代表植物，如金鱼草、山茶、苏铁、百合类、矮牵牛、日本五针松、火炬松、侧柏（*Platycladus orientalis*）、夜来香等近50科100属120种植物都有胚状体发生，这表明胚状体发生在高等植物中已是普遍现象。利用这一现象，对植物单个的胚性细胞进行遗传转化操作，可以直接获得转化植株。

(5) 原生质体再生系统

原生质体是“裸露”的植物细胞，不具有细胞壁结构。它同样具有细胞的全能性，能在适当的培养条件下诱导出再生植株。使用这一系统进行转基因操作，获得转化植株的频率较高，形成嵌合体的情况较少。因此，虽然培养周期长、难度大和再生频率低，但原生质体仍是理想的转基因受体系统。如果能够突破技术难点，这将是一个极有发展前景的受体系统。

12.2.5 植物遗传转化体系

植物遗传转化技术的迅猛发展，始于对根癌农杆菌（*Agrobacterium tumefaciens*）Ti质粒介导的天然遗传转化系统的深入研究和应用。1983年Zambryski用根癌农杆菌介导法获得第一例转基因植株。1985年Horsch首创根癌农杆菌叶盘转化法。1987年美国康奈尔大学Sanford等研制成功基因枪。此后，新的转化方法与技术不断涌现，极大地推动了遗传转化技术的发展。这些技术概括起来主要有两大类：一类是基因直接转移技术，包括基因枪法、原生质体法、脂质体法、花粉管通道法、电激转化法、PEG介导转化法等，其中基因枪转化法是其代表。另一类是生物介导的转化方法，主要有农杆菌介导和病毒介导两种转化方法。

12.2.5.1 生物介导的转化方法

(1) 农杆菌介导的遗传转化

农杆菌是普遍存在于土壤中的一种革兰氏阴性细菌，它能在自然条件下趋化性地感染大多数双子叶植物的受伤部位，并诱导产生冠瘿瘤或发状根。在基因工程中应用的主要有根癌农杆菌和发根农杆菌，前者含有 Ti 质粒，野生型菌株侵染植物后可诱发肿瘤；后者含有 Ri 质粒，可以诱导被侵染植物形成毛发状根。Ti 质粒（tumor inducing plasmid）是农杆菌中一种环形的 DNA 分子（>200kb），可以独立于细菌的染色体 DNA 而进行自我复制。在 Ti 质粒上的一段 T-DNA 上有生长素基因和细胞分裂素基因，这些基因的表达，破坏了植物体内正常的激素平衡，导致无规则冠瘿瘤的形成。T-DNA 可以插入植物基因组 DNA 中，成为基因组 DNA 的一部分并引起植物细胞特性的变化（图 12-2）。因此，人们试图利用这种天然的遗传转化体系，将外源基因通过 T-DNA 导入植物细胞，并利用植物细胞的全能性，经过细胞或组织培养，由转化细胞再生成完整的转基因植株，此即农杆菌介导的基因转移（Agrobacterium-mediated gene transfer，图 12-3）。首次实现这种基因转移的是比利时根特大学的 Montagus 和 Schell 及 Monsanto 公司的 Fraley，他们将 T-DNA 上的致瘤基因切除，代之以外源基因，构成人工质粒分子。然后将这个携带外源基因的质粒导入植物基因组中，并使转化细胞再生出完整的可育植株。

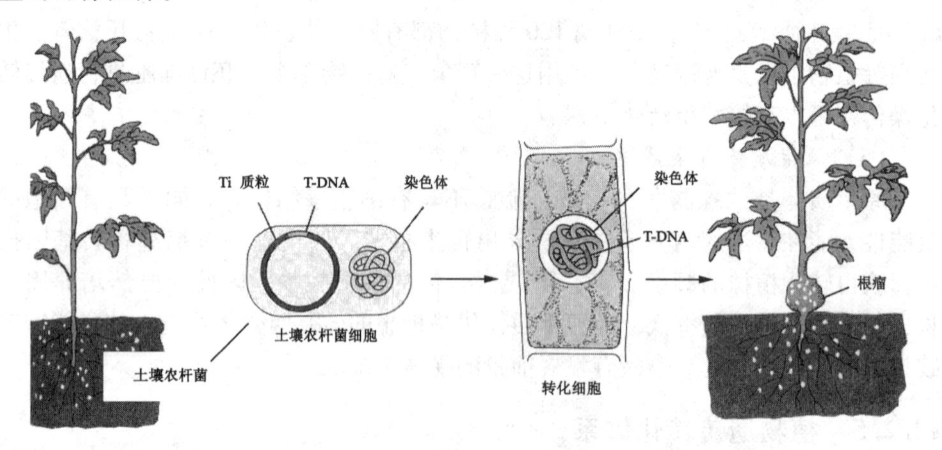

图 12-2　土壤农杆菌侵染植物诱发肿瘤

根癌农杆菌 Ti 质粒转化系统是目前研究得最多、理论机理最清楚、技术方法最成熟的遗传转化系统之一。该系统以其转化效率高、转化基因的目的性强、携带目的基因片段大（最大可达 50kb）、导入基因的拷贝数低、整合后外源基因表达效果较好、操作简单、周期短等优点，成为迄今转化成功最多的一种转化方法。早年，Ti 质粒转化系统被广泛应用于双子叶植物的遗传转化试验。近年来，农杆菌介导转化在一些单子叶植物（尤其是水稻）中也得到了广泛应用。迄今为止已有的近 200 种转基因植物中，80% 以上是利用根癌农杆菌转化成功的。

发根农杆菌（*Agrobacterium rhizogenes*）Ri 质粒系统与根癌农杆菌 Ti 质粒系统相似，但研究发现较 Ti 质粒系统晚。发根农杆菌的 Ri 质粒与根癌农杆菌 Ti 质粒的致瘤性不同。发根农杆菌转化植物后，在侵染部位形成发状根，诱发的发状根可以通过愈伤组织或胚胎发生的途径重新形成植株。Ri 质粒系统的特点是可

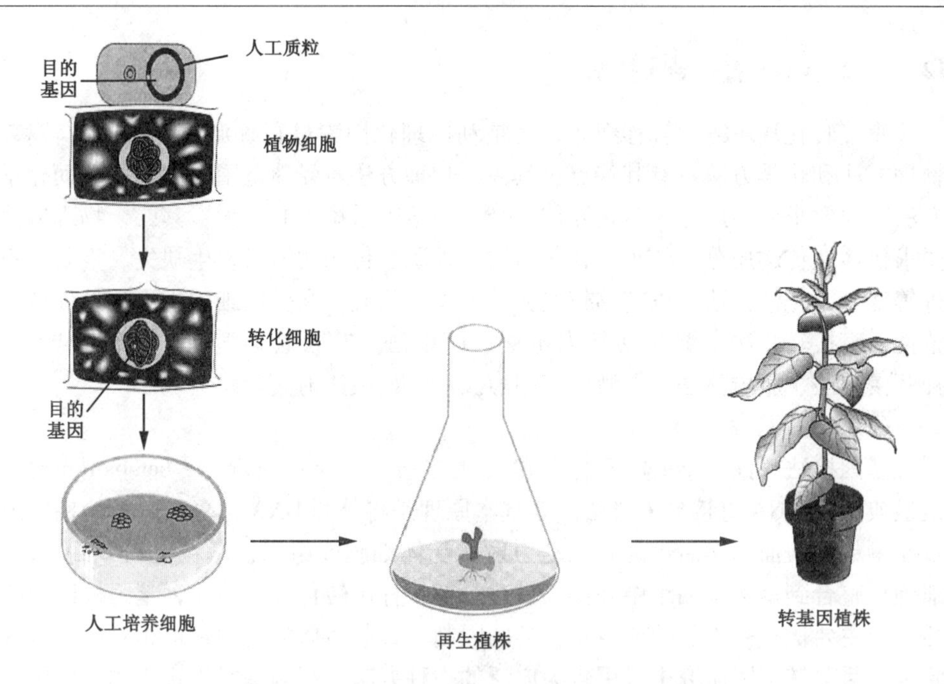

图 12-3 人工质粒转化植物体导入外源基因

以不经御甲进行转化，获得发根，发根可再生成植株，而且再生的植株起源于单个细胞，克服了转化后形成嵌合体带来转基因操作的困难。同时也可用于有价值的植物次生代谢产物的生产。因此 Ri 质粒系统是一种很有前途的转化系统，有待于进一步的深入研究。迄今为止，Ri 质粒介导的遗传转化也有很多成功的报道。随着 Ri 质粒转化机理的深入研究，Ri 质粒在遗传转化系统中的应用将会越来越多。

影响农杆菌转化的因素主要有菌株的染色体背景、载体质粒、受体的生理生化状态和共培养条件等。

(2) 其他载体介导的遗传转化

除农杆菌 Ti 和 Ri 质粒载体系统外，植物病毒、人工染色体、RNA 病毒、线粒体 DNA、类病毒、叶绿体 DNA、核复制子、S1 类质粒等都可作为遗传转化的载体系统。其中病毒介导的遗传转化研究得较多。目前已有研究的病毒载体可以分为 DNA 病毒载体和 RNA 病毒载体。DNA 病毒载体中双链 DNA 病毒研究最多的是花椰菜花叶病毒（*Caulimovirus*，CaMV）。它的寄主主要是芸薹属植物，可感染十字花科的多种植物。单链 DNA 病毒载体中的双生病毒（*Gemenivirus*，GeNV）最有发展潜力，如小麦矮缩病毒和玉米条纹病毒。GeNV 与 CaMV 相比，寄主范围更广；双子叶植物 GeNV 和 CaMV 一样，不仅可以通过昆虫传播，也可以进行机械接种。RNA 病毒载体主要是正义单链 RNA 病毒。大多数病毒载体的 RNA 可以不需包装衣壳而直接感染宿主植物。已有研究的 RNA 病毒载体包括烟草花叶病毒、烟草脆裂病毒和雀麦花叶病毒等，但因病毒载体转化的基因很难通过有性生殖传递给后代，其应用受到很大的限制。

12.2.5.2　DNA 直接导入技术

直接转化法不需要转移载体，而是利用理化因素进行外源遗传物质的转移。物理方法和化学方法各有其特点：其一，物理方法对受体范围限制较小，而化学方法一般要求原生质体为转化受体，受组织培养系统限制较大；其二，物理方法要求供体遗传物质分子较小，转化植株中外源遗传物质容易发生缺失、重复和重排等变异，化学方法可以转移较大分子的遗传物质，在受体细胞中更容易保持完整性。直接转化法主要包括基因枪法、PEG 法、花粉管通道法、花粉介导法、种胚浸泡法、脂质体法、电激法、超声波法、显微注射法等。

（1）基因枪法

基因枪法（gene gun）又称为微弹轰击技术（micro-particle bombardment），是最典型的 DNA 直接导入方法。其基本原理是将外源 DNA 包裹在微小的钨粉或金粉颗粒的表面，然后借助高压动力射入受体细胞或组织，微粒上的 DNA 进入细胞后整合到植物基因组中并得以表达。与农杆菌转化方法相比，基因枪法转化的一个主要优点是不受受体植物种类的限制，其载体质粒的构建也相对简单，因此也是目前转基因研究中应用较为广泛的一种方法。影响基因枪转化的主要因素是受体材料预处理过程（如高渗浓度和处理时间）和基因枪轰击参数（微弹制备方式、轰击高度、微弹用量、轰击次数）等。

（2）PEG 介导法

借助聚乙二醇（PEG）、聚乙烯醇（PVA）、多聚-L-鸟普酸（pLO）等细胞融合剂的作用，使细胞膜表面电荷紊乱，干扰细胞间的识别，使细胞膜之间或使 DNA/RNA 分子与膜之间形成分子桥，促使细胞膜相互间的融合（接触和粘连），使 DNA/RNA 进入原生质体。选用处于细胞分裂 M 期的原生质体进行转化有利于提高转化速率，因为 M 期细胞处于无核膜阶段。高 pH 和高 Ca^{2+} 浓度也能诱导原生质体融合和摄取外源 DNA，但高于 10 的 pH 值会损伤原生质体。此法的优点在于：对细胞损伤较小；原生质体转化避免了嵌合体的产生；转化体易于选择。缺点是：建立原生质体系统困难，限制了此法的应用；转化效率低；再生体变异大。

（3）脂质体介导法

脂质体是根据生物膜的结构功能特性合成的一种由磷脂酰胆碱或磷脂酰丝氨酸等脂质双分子构成的人工膜泡（liposoke），内部包裹 DNA 或 RNA 成球形。脂质体与原生质体在适当的培养基中混合，借助原生质体的吞噬或脂质体和细胞膜的融合作用，就可以把脂质体内含物（外源 DNA/RNA）导入受体细胞。脂质体转化与 PEG 法、电激法都有相似之处，常以 PEG、高 pH 值及高 Ca^{2+} 浓度作辅助条件。影响转化率的因素主要有：脂质体的制备方法、脂质体组成及理化性质、PEG 的浓度和加入时间、pH 值、Ca^{2+} 离子浓度、保温培养条件等。

（4）电激法

电激法（electroporation transformation）又称为高压电穿孔法（high-voltage

electroporation)。它是利用高压电流脉冲在细胞质膜上形成瞬间微孔，使 DNA 直接通过微孔或者作为微孔闭合时伴随发生的膜组分重新分布进入细胞质并整合到宿主细胞中。与原生质体融合和磷酸钙沉淀法相比，外源 DNA 整合拷贝数较低，对受体细胞的选择性不强，但要获得对特定的宿主细胞的最佳转化条件（如电场强度、电击时间等)，需要大量的前期工作。

(5) 花粉管通道法

该法利用花粉管伸长进入胚囊的过程将外源 DNA 带入胚囊，从而整合到合子细胞的基因组中。此法的优点是：不需要组织培养，可以直接得到种子，减少了离体转化造成变异的可能性；操作简便易行，可以直接在大田进行转化；转化频率较高；适用范围已经从棉花等大子房植物扩展到小麦、玉米等子房较小的植物。但大田操作受季节限制较大，而且转化范围相对限制也较大。转化机理和多数直接转化方法一样，还需要进一步研究。影响转化的主要因素是转化时雌蕊发育时期和外源 DNA 缓冲液的组成及浓度。

(6) 花粉介导法

花粉可以直接作为外源基因转移的媒介。花粉可以和外源 DNA 直接混合涂抹柱头，还可以通过电击、微弹轰击、显微注射等方法对受体进行体外转化。转化后的花粉通过有性杂交可以将外源遗传物质传递给后代；也可以进行体外细胞培养，结合染色体加倍技术获得含外源基因的纯合双倍体。决定花粉转化成功的关键是花粉适宜的生理状态和避免核酸酶降解。利用部分或完全去掉细胞壁的花粉作为转化媒介可以提高外源遗传物质的转化效率。

(7) 种胚浸泡法

用外源 DNA 溶液浸泡植物种胚，利用植物细胞自身的物质转运系统（质外体和共质体传输、跨膜运输、内吞作用）将外源基因直接导入受体细胞。由于种子具有自然的形态建成能力，因此不存在植株再生的困难，而以干种子（种胚）为受体则更不受季节限制。目前，关于外源遗传物质通过多层细胞壁、细胞膜障碍进入细胞的机制仍不清楚。

花粉管通道法、花粉介导法、种胚浸泡法等又称种质系统转化方法（germ line transformation)，即借助生物自身的种质细胞为媒体，特别是植物生殖系统细胞（花粉、子房、幼胚、卵母细胞等）以及细胞自身结构来实现外源基因转化的方法。种质系统转化法的主要优点是：对基因型的依赖小，适用于一切开花植物，无需烦琐的离体培养阶段，操作快速简便，成本低。

(8) 微注射法

微注射法（microinjection）是利用琼脂糖包埋、聚赖氨酸粘连和微吸管吸持等方法将受体细胞固定，然后将供体 DNA 或 RNA 直接注射进入受体细胞。受体一般是原生质体或生殖细胞。对于子房或胚囊较大的植物，无需进行细胞固定，在田间即可进行活体操作，称之为“子房注射法”。

此法的优点是可以进行活体操作，不影响植物体正常的发育进程。大田间子房注射操作简便，成本低。但只对子房比较大的植物有效，对于子房很小的植物操作要求精度高，需要显微操作，转化率相对较低，转基因后代容易出现嵌合体。

(9) 超声波介导法

超声波是一种频率为 50 ~ 20 000Hz 的能在生物体内传播的声波。超声波的生物学效应主要是机械作用、热化作用和空化作用。超声波的机械力作用可使细胞细微结构发生变形甚至被击穿。超声波空化作用可使反应体系产生空泡湮灭过程，导致空泡周围细胞壁和质膜破损或产生可逆的膜透性改变，使得细胞内外有可能发生物质交换。影响转化的因素主要是超声波强度和处理时间以及保护剂。超声波强度过大、处理时间过长会导致受体组织损伤；缓冲液中加入适当的二甲基亚砜和鲑鱼精 DNA，对质粒 DNA 有一定的保护作用，从而有利于提高转化效率。超声波介导的特点是操作简单，设备便宜，不受宿主范围的限制，转化效率高等，但需要专用仪器，转化体系还有待于进一步研究完善。

(10) 脉冲电泳法

此法是将原生质体或部分脱壁的细胞与外源 DNA 混合，置于脉冲电场中，在电脉冲的作用下在受体细胞表面形成可修复的损伤，脉冲电场中的 DNA 就可以借助电泳向受体细胞中转移。最初使用的受体是原生质体，后来研究表明部分酶解的细胞组织块同样可以提供感受态细胞。影响转化效率的因素主要有受体的预处理过程、脉冲电压和脉冲周期以及外源 DNA 形态等。

(11) 激光微束法

激光是一种很强的相干单色电磁射线，用微米级的激光微束照射培养细胞，细胞膜系统和胞内的某些结构可吸收特定波长的激光，导致某种程度的损伤。膜上这种只有 0.3 ~ 0.5nm 的小孔在短时间内（小于 10s）能够自我愈合，可使加入到培养物中的外源 DNA/RNA 流入细胞，实现基因的转移。

影响激光微束法转化的因素主要是：脉冲波长（强度）和时间、高渗液处理时间和浓度，其他因素与电激法相同。此法的优点是：较常规的显微操作定位更准确，操作简单而且对细胞损伤较小，转化效率高；无宿主限制；对受体细胞正常的生命活动影响小；不需加抗生素，防止污染；穿透力强而且深度方向可调。缺点是：需要昂贵的仪器设备；转化效率与电激法和基因枪法相比还较低且稳定性较低。

(12) 碳硅纤维导入法

该法应用直径为 0.6μm、长度为 10 ~ 80 μm 的碳化硅纤维，将 DNA 附着到纤维上，借助涡旋引起的纤维对受体细胞的穿刺产生的可修复的损伤，可以将 DNA 导入受体细胞。这种转基因方法的优点是：简单快速而且成本较低，但细胞损伤有可能导致细胞的生长分化受到不利影响。

(13) 离子束介导法

离子束转化是利用离子注入造成细胞表面刻蚀穿孔，为外源 DNA 进入细胞提供通道技术。大量的带正电离子注入到受体细胞后造成细胞表面电性发生变化，可以促进外源基因的导入。细胞损伤的修复过程则促进了外源基因向受体基因组的整合。

12.2.6 转基因植株的鉴定

进行遗传转化后，获得的芽和完整的植株等为 T_0 代（即转化当代），由它们通过有性生殖产生的后代分别称为 T_1、T_2 代等。遗传转化后，外源基因是否已经进入植物细胞，进入植物细胞的外源基因是否整合到植物染色体上，整合的方式如何，整合到染色体上的外源基因能否稳定遗传，是否表达，这一系列的问题仍需研究。只有获得充分的证据后才可认定被检测的材料是转基因植物。

认定转基因植物的证据应来源于以下 5 个方面：

① 要有严格的对照试验结果（包括阳性及阴性对照）；

② 要提供转化当代外源基因整合和表达的分子生物学证据，物理数据（Southern 杂交，Northern 杂交和 Western 杂交）与表型数据（酶活性分析或其他）；

③ 提供外源基因控制的表型性状证据（如抗虫、抗病、抗旱、耐低温等）；

④ 根据该植物的繁殖方式（有性生殖或者无性繁殖）提供遗传证据。有性生殖作物需有目的基因控制的表型性状传递给后代的证据；无性繁殖作物有繁殖一代稳定遗传的证据；

⑤ 对转化质粒上的报告基因进行检测的证据。

证明外源基因在植物染色体上整合的最可靠的方法是核酸分子杂交技术，只有经过分子杂交鉴定过的植物才可以称为转基因植物。鉴定转基因植株所涉及到的核酸分子杂交技术有检测 DNA 分子的 Southern 杂交，检测 RNA 分子的 Northern 杂交和检测蛋白质分子的 Western 杂交。

12.2.7 转基因植物的田间释放及其安全性

20 世纪 70 年代初发展起来的植物基因工程技术，使全球农业生物技术产业取得了巨大成绩。优质、高产、抗逆的转基因植物新品种将不断推动农业生产向前发展，部分转基因植物作为商品化品种已投放市场，如转基因抗虫棉、迟熟番茄、抗病毒水稻、抗病马铃薯等。抗虫、抗病品种在增加粮食产量的同时，还能减少传统农药的施用量。此外，利用转基因植物还可作为生物反应器来大量生产药物、疫苗或其他生理活性物质，因此转基因植物显示出诱人的前景。然而，在 20 世纪即将结束时，转基因作物释放的风险性和安全性在全球范围内引起了激烈的争论。反对者认为转基因植物具有极大的潜在危险，对人类健康和生存环境构成威胁，甚至还对投放市场的转基因食品采取了抵制态度。

12.2.6.1 转基因植物释放的风险性

转基因植物释放的风险性是指它作为一个新的物种进入生态系统，对生态平衡可能产生的负面效应，主要包括两个方面：一是它本身或者使其他杂草的生长变得难以控制；二是通过基因在物种间的横向漂移而破坏生态平衡。其潜在问题包括：第一杂草化问题，植物导入新的基因后，在生长势、抗逆性、种子产量、生活力等方面会有一定程度的增加，与非转基因植物相比，具有更强的生存能力，使它们具有成为杂草的可能；第二，基因流动问题，转基因植物释放后，对生态环境的影响越来越受到人们的重视。转基因植物的花粉传播是基因在空间逃逸的主要途径，也是转基因作物与其野生亲缘种间基因流动的主要原因。

12.2.6.2　转基因植物的安全性评价

转基因植物的安全性问题一直是人们心中巨大的问号。目前对转基因植物的安全性评价主要集中在两个方面：一个是环境安全性；另一个是食品安全性。

(1) 转基因植物的环境安全性

首先，转基因植物具有演变成农田杂草的可能性。大部分转基因植物具有抗虫、抗病、抗逆境及抗除草剂等特性，其生存能力明显强于普通植物，因而可能转化为不可控制的杂草。加拿大转基因油菜已在麦田中变成了杂草，而且难以治理。其次，转基因植物中的外源基因具有漂流至近缘野生种的可能性。由转基因植物产生的带有外源基因的花粉可能转播至周围的近缘野生种，使这些野生植株获得原来没有的外源基因和相应的性状，从而有可能影响自然生态平衡。在转基因植物对靶标生物起直接作用的同时，可能会对一些非靶标生物有直接的影响，而且也有可能间接地影响到天敌生物的生存和繁衍。此外，转基因植物中转入的外源抗病毒基因也有可能通过异源包装，入侵其他病毒而产生新的病毒，不过这种可能性非常小。

(2) 转基因食品的安全性

转基因食品的安全性更是公众普遍关注的一个重要方面。公众对此的担心和疑虑主要集中在这几个方面：转基因食品中的外源基因对人体有无直接的毒害；转基因植物中的外源基因是否会发生转移；转基因时所用载体的抗生素标记基因编码的蛋白是否会使人体产生抗生素抗性；转基因植物中外源基因编码的蛋白对人体是否有毒等。国际社会广泛认同的转基因食品的安全性评价原则为实质等同原则，是指如果通过检测证明转基因食品其全部成分与市场上销售的自然食品的成分相同，则原则上认为它们无差异，无需进一步检测；如果个别成分不同，则只需对这些个别成分进行单独的毒性、过敏性等安全性检测。实质等同原则本身并不是安全性评价，而是用来构建转基因食品安全性评价的基础。转基因食品的安全性还应从宿主、载体、插入的外源基因、重组 DNA、基因表达产物和对食品营养成分的影响等方面综合考虑。

(3) 转基因园林植物的安全性

园林植物由于是仅供人们观赏的植物，在转基因操作中与其他大田作物有所不同：

第一，由于仅供观赏而非食用性使得人们对转基因园林植物持相对宽容的态度；

第二，由于大多数园林植物在保护地进行栽培，尤其是鲜切花，在产生花粉和种子之前即已经采摘，这就有效地避免了转基因产品的逸生；

第三，园林植物往往以新、奇、特为美，无论转基因植株发生何种变异，只要在形态上具有可观赏性即可加以利用。这也使得转基因产品产生的非目标性状变异得以利用，因而转基因技术也是园林植物种质资源创新的重要途径。

虽然园林植物转基因操作有如此多的优势，但对于上述转基因植物的安全性评估和分析同样适用于转基因园林植物。

12.2.8 基因工程育种的程序

园林植物基因工程育种的主要程序包括：育种目标的确定；受体植物目标性状表达机理的分析；目的基因的获得；载体、质粒分子的设计和构建；受体植物再生体系的建立；遗传转化体系的建立；确定转基因的方法，将外源基因导入植物体中；对转基因植株进行鉴定；转基因植物安全性评价；品种试验；品种登录和审定；优良品种的繁育和推广。

12.3 植物基因工程在园林植物育种中的应用

12.3.1 花色基因工程

花色是园林植物最重要的观赏性状之一。目前，园林植物花色基因工程育种已成为国际上的研究热点，是园林植物育种的新领域、新技术和新方向，一旦有突破并成功地应用于实践，其效益是不可低估的。花色主要由类黄酮（flavonoids）、类胡萝卜素（carotenoids）和生物碱三大类物质决定。花色素苷是一类主要的类黄酮物质，控制花色的变异幅度也最大，从粉红色、红色、紫罗兰色到蓝色，其形成色素的生物代谢途径已摸清。目前主要围绕着花色素苷基因的突变进行花色的改良和创新研究。近十几年来，利用蛋白质纯化、转座子标签和PCR等技术，已经分离出了与花色素苷代谢有关的结构基因和调节基因，为花色改良和创新提供了基因资源。

应用植物基因工程技术，可以从两方面来改变花的颜色。第一，利用反义RNA和共抑制技术抑制基因的活性，造成无色底物的积累，使花的颜色变浅或变成无色。利用反义RNA技术已使菊花、矮牵牛等花卉产生了新的变异类型。第二，通过引入外源基因来补充某些品种所缺乏的合成某些颜色的能力。Meyer等人将玉米的*DFR*基因导入白色矮牵牛植株中，单拷贝的转基因矮牵牛的花色表现为红色，双拷贝的转基因矮牵牛的花色表现为白色。蓝色花育种是目前花色改良的重要目标，人们试图育成蓝色的菊花、香石竹与月季。澳大利亚Florigene与日本Suntory公司经过十几年的合作，已经成功育成蓝色香石竹，转基因月季花色也已经趋于蓝色。花色改良的花卉品种在未来花卉市场上将成为新宠。

12.3.2 改良花型的基因工程

利用传统的杂交技术和染色体加倍技术增加花径大小和花瓣数的几率很低。

通过分子生物学手段已鉴定出控制花发育的同源异型基因，通过改变同源异型基因的表达方式，可有目的地改变花型，如花大小和形状，也可以通过抑制植物中的 AC 类基因的活性获得重瓣花。利用突变体，已从拟南芥中克隆到大量控制花器官发育的基因：*API*-3、*AC*、*CAL*、*TFL*1、*LEY*、*CEN*、*FLO*、*SQUA*、*UFO* 等。人们在几种植物（包括金鱼草、拟南芥、矮牵牛）的花原基中分离出一些被称为“Homeotic Genes”的基因对花器官分化起关键作用，这些基因的表达会影响花朵的大小、形状和花期。从非洲菊中分离出的 *MADS box* 基因以反义形式导入非洲菊后，使非洲菊花的结构发生了许多变化。一些农杆菌基因也被用于改变植物形态，现已获得发根农杆菌 *IPT* 基因和带有 *aux*，*tms*，*iaa* 基因的转化植株，转化植株表现为增强或减弱顶端优势，形成畸形花，这是转基因植物内源激素变化导致的结果。Vandre 等（1997）将 *ROL* 基因转入蔷薇类品种‘Monewat’中，通过体细胞胚发育成植株，从这种转基因植物上采集的插穗的生根率大大提高。将矮牵牛同源异型基因 *FBP*2 及 CDN 与 CaMV 35S 启动子和 NOS_3 终止子融合，构建了表达载体 *pBP*2 导入烟草，导致烟草花型改变，雄蕊上产生花瓣。与花型和株型有关的基因还有 *Rol C*，*DEF*，*FBP II* 等基因。

12.3.3 花期调节基因工程

花的发育可分为花序的发育、花芽的发育、花器官的发育和花型的发育 4 个阶段或花发育的起始、花器官的分化和花的发育 3 个步骤。通过控制花发育进程可以调节开花期。

目前，研究花发育的材料主要是金鱼草、拟南芥。利用拟南芥的突变体已定位了约 80 个位点影响开花时间，光周期控制基因 *CO*、*FHA*、*HY*4、*FD*、*FE*、*LFY*、*CCAL* 等，春化控制基因 *VRN*1-4 等。*EMF I* 基因在开花的抑制中起着主要的作用，随着植物的发育，这种抑制作用逐渐降低，降低到一定程度时茎端组织开始分化为花序分生组织，进而形成花；*TEF I* 的作用是在茎端分生组织中抑制花的形成，正常情况下 *TEF I* 的表达很弱，有利于花的形成。*TEF I* 推迟开花的功能可能是通过阻遏自主促进途径中促进开花基因的作用而表现出来的，自主促进途径有关基因随植物的发育，起着拮抗抑制开花的作用，在拟南芥中发现的晚花突变体已超过 29 个，拟南芥中 *PHYA* 可使拟南芥提前开花，而 *PHYB* 则抑制开花；将拟南芥 *LFY* cDNA 转入菊花，可使菊花花期提前 60 多 d；荷兰 CPRO DLO 从唐菖蒲类的 65 个基因型中选育抗镰刀菌（*Fusarium oxysporum*）的种类，培育出了大花类品种，在此基础上，他们成功地开发了唐菖蒲类的基因转化技术。用 RAPD 分子标记系统，将镰刀菌抗性与分子标记联系起来构建百合的基因图谱，并培育出全新的百合品种群；将 *LEY* 基因与 CaMV 35S 启动子构建成表达载体转化菊花，转基因植株中有 3 株比正常植株分别提早 65d 和 67d 开花，2 株分别推迟 78d 和 90d 开花；将 AP1 基因用农杆菌转化矮牵牛，转基因植株表现出持续不断开花的特性。这些结果说明通过导入开花时间基因，有可能调控花卉的开花时间。

12.3.4 花卉保鲜基因工程

影响花卉观赏寿命的因素很多。近来，在鲜花衰老的分子机制方面已有一些进展，已经清楚氧化作用在导致切花变质方面起关键作用。这与逆境耐性相似，在鲜花特殊启动子控制下的 *Mn-SOD* 基因过量表达能增加内源氧的收集能力，鲜花的保鲜期就能延长。乙烯与花卉衰老的关系最直接，它是一种植物内源成熟激素，花卉中的金鱼草、香石竹、丝石竹、百合类、石蒜（*Lycoris radiata*）、兰科植物等均对乙烯比较敏感，浓度较低时就可造成危害。控制切花的乙烯合成，对于延长保鲜期，提高切花品质至关重要。在乙烯生物合成过程中，最关键的酶是 ACC 合成酶（*ACS*）和 ACC 氧化酶（*ACO*）。当两种酶的 mRNA 高表达时，乙烯合成量增强。通过导入反义 ACC 合成酶基因及反义 ACC 氧化酶基因可阻止乙烯合成，延长花期和鲜切花寿命。目前，该基因已在香石竹、矮牵牛等植物中转化成功。将 ACC 合成酶基因反向导入香石竹，转基因的香石竹比正常香石竹的瓶插寿命延长 2 倍。1995 年，可长久保存的香石竹在澳大利亚获准上市，成为当时唯一上市的转基因切花。目前，现代月季、百合类、天竺葵类、草原龙胆等已成功建立了与耐贮性有关的转化体系。

12.3.5 花卉香味基因工程

在传统育种过程中，人们将育种目标主要放在新花色、花型、高产及抗性方面，而忽视了花卉的一个重要品质——香味育种，从而导致很多花卉香味消褪。为了解决花朵香味的遗传退化问题，首先需要弄清楚花香物质的生物合成途径及分离到有关的关键基因。近期的研究主要集中于单萜（一类重要的花香物质）的合成过程。*Lis* 基因可编码 S-萜烯醇（S-linalooll）合成酶，该酶可将牻牛儿焦磷酸（GPP）一步转化成 S-萜烯醇。因此，这一基因对培育带有新型香味的转基因花卉具有潜在价值。如中国兰和中国水仙虽花小，颜色简单，但具有浓郁的芳香，而附生兰类（如蝴蝶兰）和水仙属其他植物的花虽大，色泽鲜艳，却大多没有芳香。通过基因工程，可以使这些植物既具香味，花型又美观，是今后育种研究的一个重要课题。

12.3.6 园林植物抗逆性基因工程

花卉抗性基因工程包括抗冻、抗病毒、抗虫、抗病菌、抗旱、抗盐碱、抗除草剂基因工程等诸方面。分子育种将花卉的抗性育种带入了一个新的阶段。美国学者 Thomashow 发现调节蛋白（如各种反式作用因子等）在与低温反应有关的基因表达调控中起着重要作用。将转录因子 *GBF*1 基因导入拟南芥，转录因子 GBF（C-重复序列结合因子）与 *COR* 基因中的 C-重复序列识别结合，*CBF*1 能够作为 COR 蛋白（低温调节蛋白）表达的开关，诱导了一系列 COR 蛋白的表达，使未经过低温驯化的植株就有很高的抗冻力。国内一些研究机构已着手将 *CBF*1 基因导入重要的经济作物和名贵花卉中。*Bt* 基因在花卉中的转化成功，使花卉增强了对鳞翅目害虫幼虫及食草害虫的抗性。利用抗病基因进行分子育种，配体-受体模型阐明了植物抗病的分子机制。配体是病原菌的直接或间接产物。抗病基因编码一个胞外受体或胞内受体，受体与配体的特异性识别启动蛋白激酶的级联信号传导，从而激活了植物体内的防御反应，使得植保素、木质素和水解酶的含量剧增，从而最终导致植物抗病，这样就推导出植物识别病原无毒基因产物而诱发防御反应的模式图。

由于园林植物在转基因育种中比其他农作物更具安全性，其转基因育种工作正在不断开展中。通过农杆菌介导转化法，人们已经先后在40余种园林植物中相继获得了转基因植株。目前研究进展较好的园林植物主要有：菊花、香石竹、现代月季、唐菖蒲、非洲菊和蝴蝶兰等。转基因技术在园林植物育种上的应用具有广阔潜力。

12.4 分子标记辅助育种

12.4.1 分子标记及其特点

在遗传学实验中通常将可识别的等位基因称为遗传标记，并用来研究基因的遗传和变异规律。随着遗传学研究的发展，遗传标记的范围不断拓宽，从最古老的形态学水平扩展到生理、生化、细胞、发育、病理和免疫等多方面。20世纪后期，遗传标记突破了活体形式，产生了同工酶标记。随着分子生物学技术的发展，DNA标记日益成为主要的遗传标记。Botstein等（1980）首先提出RFLP可以作为遗传标记，从此进入了应用DNA多态性发展遗传标记的新阶段。借助于与目标基因紧密连锁的分子标记，鉴定分离群体中含有目标基因的个体，以提高选择的效率，即为分子标记辅助育种（molecular maker assisted breeding）。

遗传信息是DNA的碱基排列顺序。直接对DNA碱基序列进行分析和比较是揭示遗传多样性最理想的方法。但是直接测序费时、费力、费钱，当待分析的个体数量较多时更难实现。DNA分析技术主要是针对部分DNA进行的，是基于DNA水平多态性的遗传标记，它通过检测基因组上一批可识别位点来估测基因组变异的多样性。与形态标记和同工酶标记相比，DNA分子标记具有如下特点：① 直接以DNA形式表现，不具有组织或发育特异性，不受环境影响；② 数量极多，遍及整个基因组；③ 多态性高，自然存在许多等位变异，不需专门创造特殊的遗传材料；④ 表现为“中性”，即不影响目标性状的表达。目前用于种质资源遗传多样性评价和辅助育种选择的分子标记主要有RFLP、RAPD、AFLP、简单重复序列（simple sequence repeats，SSR）等。

12.4.2 主要的分子标记

12.4.2.1 RFLP标记

RFLP（restriction fragment length polymorphism，限制性片段长度多态性）技

术是用已知的限制性内切酶消化目标 DNA（包括叶绿体 DNA、线粒体 DNA 或总 DNA），经过电泳印迹，再用 DNA 探针杂交并放射自显影，从而得到与探针同源的 DNA 序列酶切后在长度上的差异。这种差异的产生是由于单个碱基的突变或 DNA 序列发生插入、缺失、倒位、易位等变异，造成限制性内切酶酶切位点的增减而致。迄今已分离到 500 多种限制性内切酶，作为探针的 DNA 片段可以来自叶绿体和线粒体基因组、核糖体 DNA、单拷贝基因以及高度变异序列等。因此，利用各种限制性内切酶及 DNA 探针进行组合，在理论上产生的标记是无限的。RFLP 标记为共显性标记，结果稳定，在作物基因图谱构建和基因定位上使用较多。RFLP 技术在操作中 DNA 用量大，纯度要求高；并且操作环节多，周期长；需用放射性探针标记，对人体有一定的伤害，实验费用较昂贵。这些都极大地限制了 RFLP 技术大范围地应用。

12.4.2.2　RAPD 标记

RAPD（random amplified polymorphic DNA，随机扩增多态性 DNA）标记是由 Williams 等（1990）提出的。它是以 PCR 为基础，利用 10 ~ 20bp 的随机脱氧核糖核酸序列为引物，以所研究的基因组 DNA 为模板进行 PCR 扩增，扩增产物经琼脂糖或聚丙烯酰胺凝胶电泳分离，然后采用染色或放射性自显影途径来检测扩增产物 DNA 片段的多态性。

RAPD 标记形成的遗传学基础是引物靶序列发生点突变，使扩增子（amplincon）丢失，产生显性效应，或因扩增子间发生序列的插入、缺失突变，产生共显性 RAPD 标记，一般以前者居多。因此，RAPD 标记不能区分杂合与纯合基因型，这是该法的不足之处。而扩增产物的稳定性差常被视为另一个不足，但可以通过优化反应体系来增强实验的可重复性。与其他 DNA 标记相比，RAPD 标记主要有以下优点：① RAPD 分析所需模板 DNA 量少，对 DNA 制备的纯度要求不高，可采用微量、快速提取法；② 分析程序较简单，周期短，可以不涉及放射性同位素；③ 费用较低；④ 引物无物种限制，能检测到的多态性标记丰富。

最近几年的研究表明，RAPD 在很多领域均有应用价值，如重要性状的分子标记、图谱绘制、杂种纯度鉴定等，在资源遗传多样性的评价上更是被广泛应用。RAPD 标记在葱属（*Allium*）、花生属（*Arachis*）、芸薹属（*Brassica*）等种间的研究中，其结果与经典分类学结果很吻合。总之，在检测园林植物种质资源的遗传多样性和跟踪目标基因的辅助选择上，RAPD 标记不失为一项有效的手段。

12.4.2.3　AFLP 标记

AFLP（amplified fragment length polymorphism，扩增片段长度多态性）标记的基本原理是用两种不同的限制性内切酶将生物体基因组进行酶切，产生不同大小的酶切片段，再给这些酶切片段两端连接上已知序列的接头，然后用大约含 20 个碱基的引物（引物 = 接头 + 酶切位点 + 两三个核苷酸）进行 PCR 扩增。由于不同材料的 DNA 酶切片段存在差异，因而产生了扩增产物的多态性。AFLP 技术实际上是 RFLP 与 PCR 相结合的一种产物，它最大的优点是信息量大，一次反应可检测到上百个位点。但同样需要进行放射性同位素标记，会对环境造成污染。近年来发展起来的非同位素标记技术在一定程度上解决了这一问题。AFLP 在遗传图谱的构建、增加染色体特定区域标记的饱和性、回交群体遗传背景分析、种质鉴定和遗传多样性分析等方面的研究上均有应用。

12.4.2.4 SSR 标记

SSR（simple sequence repeat，简单序列重复）标记（又称微卫星 DNA 标记，microsatellite repeats）是利用真核生物的基因组中普遍存在着二核苷酸、三核苷酸或四核苷酸的简单串联重复序列作为分子标记的特性，重复序列的两侧往往有一小段保守的序列，根据重复序列两侧保守序列设计特异引物进行 PCR 扩增，由于重复次数的差异而在电泳图谱上产生多态性条带。SSR 标记在基因组中有丰富的分布，多态性较高，稳定性好。对于遗传基础较窄的作物（如大麦、棉花等），SSR 标记的应用更具有重要的意义。目前 SSR 标记已广泛用于作物连锁图谱的构建，种质资源遗传多样性的研究。但在 SSR 分析中，必须针对每个染色体座位的微卫星，发现其两端的单拷贝序列从而设计引物，这给其开发带来了一定的困难，但一旦开发出一套某种生物的微卫星标记，其他的研究工作者将受益无穷。

此外，还有 STS（sequence-tagged sites），SCARs（sequenced characterized amplified regions），SSCP（single strand confirmation polymorphism）等分子标记技术，但目前还较少应用，不再详述。

12.4.3 分子标记在育种中的应用

在现代育种工作中，分子标记是一项有效的工具。其主要应用在如下方面：

（1）构建遗传图谱

这是遗传学研究的重要内容之一，也是加快育种进程的有效途径。利用遗传标记构建高密度遗传图谱，就可以根据图谱找到一个与目标基因紧密连锁的标记，从而选择目的基因。因此，利用分子标记构建的遗传图谱，可以为基因定位和基因克隆奠定基础。目前，科学家们利用 RFLP 技术已经构建了多种植物的遗传图谱。

（2）遗传多样性和亲缘关系研究

采用分子标记技术可以检测到不同分类单位的植物群体甚至是个体间在 DNA 水平上的差异。这些标记是进行种质资源准确鉴定，品种起源和演化关系研究，杂交亲本的选配的重要而准确的依据。

（3）种（系）指纹图谱构建和品种鉴定

在同一物种的各个品种之间存在大量的多态性标记，某一品种具有区别于其他品种的独特标记，这些特异性标记就称为该品种的指纹（finger print），各种品种独特的指纹组合构成该品种的 DNA 指纹库。品种（系）指纹图谱的构建，可以在 DNA 水平上对表型相近的品种（系）进行可靠的鉴定，对保护育种者的权益具有重要意义。

（4）分子标记辅助选择

园林植物品种改良是通过携带理想性状的育种材料与需要改良的品种杂交，再经过选择获得新品种的过程。在各种类型的杂交中，亲本基因组对子代的贡献不同。借助分子标记可以对育种材料从 DNA 水平上进行选择，从而达到观赏性状、栽培特性和抗性等综合指标的高效改良。

（柳参奎　戴思兰）

复习思考题

1. 分子育种的含义及特点是什么？
2. 转基因植物操作的方法有哪些？
3. 简述基因工程育种的程序和其中的主要技术。
4. 如何鉴定转基因植物？
5. 什么是分子标记？分子标记有哪些种类？

本章推荐阅读书目

园艺植物育种学．曹家树，申书兴．中国农业大学出版社，2001.
园林植物遗传育种学．程金水．中国林业出版社，2000.
植物基因工程（第二版）．王关林，方宏筠．科学出版社，2002.

第13章　品种登录、审定与保护

[**本章提要**] 利用各种途径育成的园林植物新品种需要在国际权威机构进行品种登录。园林植物新品种在大面积推广之前，需要进行区域试验，并通过省级或国家级农作物（或林木）良种审定。新品种保护是园林植物育种工作的重要环节，是中国花卉企业进入国际市场的关键，需要有相应的法律保护育种者的权益。本章介绍了国际栽培植物品种登录的权威机构、品种登录及其审定的程序以及新品种保护的措施。

现代花卉的生产是以规模化和产业化的方式进行的。这是一个激烈竞争的行业，通常是谁占有了优新品种谁就占有了市场。因此，优新品种培育成为花卉产业发展的核心。若要变“草”为“宝”，则需要育种者独具慧眼的智慧、过人的培育技术以及坚持不懈的恒心和耐心。由于育种工作的周期长，前期投入大，后期得到的回报少，很多研究者对此望而却步；而花卉品种的生产则相对容易。因此，在没有品种保护的情况下，往往只有新品种的生产者获益，而育种者则无人问津。长此下去就限制了优新品种的产生，也就从根本上制约了花卉产业的发展。基于这一点，国际上各花卉企业十分重视花卉品种保护。国际花卉业界在几十年的产业发展中日益认识到：只有当优新品种被有效保护起来时，育种者的权益才能得到根本保障，如此才能激发起育种者的热情，企业也才能获得可持续发展的能力，广大的赏花人才会不断看到赏心悦目的奇花异草珍品。园林植物品种保护需要从品种登录、品种审定和品种保护三个方面开展工作。

13.1　国际园林植物品种登录

13.1.1　品种登录概述

13.1.1.1　品种登录的概念

品种登录（cultivar registration）是根据《国际栽培植物命名法规》（*International Code of Nomenclature for Cultivated Plants*，*ICNCP*）对新育成的栽培植物品种名称进行认定并在同行业中进行通报的过程。这一过程保证了新品种名称的准确性和唯一性。国际园艺学会（International Society for Horticultural Sciences,

ISHS）命名与登录专业委员会（Commission for Nomenclature and Registration）下属的国际栽培植物品种登录权威系统（International Cultivar Registration Authority System，ICRAS）的各个国际品种登录权威（International Cultivar Registration Authorities，ICRAs）在遵循 *ICNCP* 的前提下，对各自负责的植物类群在世界范围内收集、整理并公开发表所有栽培植物品种名，同时接受品种登录申请，公开出版品种名录和登录簿并进行补遗。

13.1.1.2 品种登录的意义

栽培植物品种登录工作有着极其重要的意义：

（1）对于育种者，育成的品种被登录就是正式发表，即育成的品种及其性状描述将会被整个育种界和学术界公认，是保证育种者权益的前提条件；

（2）对于整个育种界，登录权威出版的栽培品种名录是相关育种者培育和命名新品种的前提；

（3）对于生产者和消费者，园林植物品种在国际登录中心登录后将保证品种名称的准确性、统一性和权威性，有利于在世界范围内的合法传播和交易，减少了后期的法律纠纷，从一个方面促进了园林植物产业的发展；

（4）对于整个国家，拥有园林植物品种登录权威的多少也反映了该国园艺界在国际园艺界的地位以及相应园艺科学研究水平的高低。

13.1.1.3 品种登录的历史和发展

19 世纪末期，随着栽培植物新品种大量涌现，全世界范围内的育种者日益意识到对栽培植物品种正确命名的重要性。首届国际栽培植物分类研讨会于 1985 年在荷兰瓦赫宁根（Wageningen）举行，论文集发表在《园艺学报》（*Acta Horticulturae*）上；1994 年，在美国西雅图（Seattle）举行了第 2 届研讨会，论文集也发表在《园艺学报》上；第 3 届研讨会于 1998 年在英国爱丁堡（Edinburgh）举行，也出版了会议论文集；第 4 届研讨会于 2002 年在加拿大多伦多（Toronto）举行的第 26 届国际园艺大会（International Horticultural Congress，IHC）期间举行，会议论文集亦发表在《园艺学报》上。第 5 届国际栽培植物分类国际学术研讨会将于 2007 年在荷兰瓦赫宁根召开。从 1995 年开始，国际上陆续成立了许多园林植物品种的国际登录权威，至今全世界已有 16 个国家（地区、国际组织），85 个国际登录权威在从事这一工作。目前我国有 2 个国际栽培品种登录权威，分别是中国花卉协会梅花蜡梅分会和桂花分会。前者是中国工程院院士、北京林业大学陈俊愉教授负责开展世界范围内梅花（*Prunus mume*）栽培品种的登录，后者是南京林业大学向其柏教授负责开展世界范围内木犀属（*Osmanthus*）栽培品种的登录。

13.1.2　园林植物品种命名

13.1.2.1　品种正确命名的重要性

一个准确、稳定和国际公认的栽培植物命名体系是国际交流和理解所必需的。园林植物新品种的命名遵守《国际栽培植物命名法规》(*International Code of Nomenclature for Cultivated Plants*, *ICNCP*)，也常简称为“栽培植物法规”(Cultivated Plant Code)。该法规的目标是促进农业、林业和园艺植物命名的一致性、准确性和稳定性。园林植物品种（cultivar）和品种群（group）的命名受该法规制约。*ICNCP* 规定：“申请品种登录的植物新品种需要适当的命名，并与相同或者相近的植物属或者种中已知品种的名称相区别，该名称经注册登记后即为该植物新品种的通用名称，任何人不得擅自修改。”法规为栽培植物分类群的命名提供了明确而稳定的命名系统，为园林植物科学工作者正确鉴别自己在研究中所采用的植物材料提供了最基本的保证，从而确保所得到的命名结论的科学性、真实性和有效性。

13.1.2.2　品种命名的基本要求

根据 *ICNCP* 的规定，栽培植物的命名主要遵循如下基本要求：品种或品种群的名称系由它所隶属的属或更低的分类单位的正确名称和品种或品种群加词共同构成；当一个品种可以被归于种一级或更低等级的分类单位时，品种加词可与该分类单位的名称相伴随；品种地位是由品种加词加单引号来表示的，如：*Malus domesitica* ‘James Grieve’；品种群的地位通过使用 Group 这个词或者其他语言中的等同词作为品种群加词中的第一个或最后一个词表示的，如：*Begonia* Elatior Group；当作为品种名称的一部分时，品种群加词应当置于圆括号内，放在品种加词之前，如：*Dracaena fragrans*（Deremensis Group）‘Christianne’；品种或品种群的命名以发表时的优先权为基础，每个品种只能保有一个接受名称(accepted name)；商标（trademarks）不能作为品种名称。

法规对品种加词的使用作出了严格的规定：品种加词包含下列词汇或者任何语言中的等同词的名称不能成立：“form”（变型）、“variety”（变种）、“cultivar”（品种）、“grex”（群、类）、“group”（组、群）、“hybrid”（杂种）、“maintenance”(保持系)、“mixture”（混合）、“selection”（选择系）、“sport”（芽变）、“series”（系）、“strain”(品系)、“improved”(改良的) 和“transformed”(改变的)；在同一分类群中，拼写和发音不能与已有品种名混淆；品种名的含义不能过分夸大其优点，如‘Best Ever’、‘The Greatest’和‘Tastiest of All’等；确保名字的音节数不超过 10 个，字符数（包括空格和单引号）不超过 30 个；确保品种名不能仅仅是由简单的描述性词汇组成，如‘Giant White’、‘Red’和‘Small’等；如果品种名只有一个单词，则不允许与属名相同，但可以与其他单词结合起来构成品种名，如‘Erica Smith’、‘Iris Jones’和‘Rose

Queen'是可接受的；品种名中不包含它所在属的植物学名或普通名或本属的任何一个种的植物学名或普通名，如 *Rosa*'Christmas Rose'是不合适的；不能用已注册商标的名字作为品种名；品种名中不要包含数字（数字是名字的有机组成除外），除非是编码名（code names），如'10 Downing Street'和'Henry Ⅷ'等是适宜的，而'10th Anniversary'和'No. 66'则是不合适的；品种名中字母的大小写不可混在一起，除非是习惯表达，如'John McNeill'是适宜的；不能用计量单位名作品种名用，如'Twenty Marks'、'Two Litres'和'Five Kilos'等则是不合适的；不要使用国际组织的缩写，如'UNESCO Dream'、'European Union'和'World Bank'等是不合适的；不要采用能够在品种推广的国家引起冒犯的名字，如'Adolf Hitler'、'Little Bastard'和'Catholic Killer'等；不允许采用会对品种的起源引起误导的品种名，如有一个品种与苹果品种'Granny Smith'无关，定名为 *Malus*'Dear Granny Smith'是不合适的。

嫁接嵌合体可以用一个公式表示，或者当它们是由属与属间嫁接形成一体时，可用拉丁形式的一个属名表示。嫁接嵌合体的表示公式是由一个按字母顺序排列的、组成该嵌合体的分类单位的接受名称之间以加号连接，加号两侧必须留有空格，如：*Crataegus* + *Mespilus*，*Cytisus purpureus* + *Laburnum anagyroides*，*Syringa* × *chinensis* + *S. vulgaris* 等都是嫁接嵌合体。当构成嫁接嵌合体的分类单位属于不同的属时，一个拉丁形式的名称的组成可以由其中一个属名称的部分和另一个属名称的全部用一个元音字母连接起来。这样构成的属名不能与其他属名相同，也不能与有效发表的杂交属名相同。嫁接嵌合体品种的名称由该属名后加上品种加词构成，如：+ *Laburnocytisus*'Adamii'是 *Cytisus purpureus* 和 *Laburnum anagyroides* 之间的一个嫁接嵌合体的名称。当形成嫁接嵌合体的分类单位属于一个属时，该嵌合体的名称由属名加上品种加词组成，如：*Camellia*'Daisy Eagleson'是具有 *C. sasanqua*'Maiden's blush'和 *C. japonica* 组织的嵌合体。

13.1.2.3 栽培品种名称的保护

申请人在为即将申请的品种选择好名称之后，在向相关的 ICRA 正式申请之前，需要尽早把这个名称公开发表。可以个人发表，如育种人在产品目录上发表，也可以由相关的 ICRA 发表。其刊物必须是公开发行的、至少发行到拥有图书馆的有关植物、农业、林业或园艺各有关单位（报纸、园艺或非技术性杂志除外），在国际互联网上或光盘上发表不算正式发表。此外，发表必须标有日期，至少标至年份。不要在同一出版物上同时给一个品种一个以上的名字，否则视该品种的名字还没有公开发表。

申请者将登载有自己品种名的发行物复印件分别送给 ICRA 和当地的主要的园艺图书馆。如可能的话，将新品种的蜡叶标本送到尽量多的植物标本馆，确保送到离申请者最近的植物标本馆以此作为标准。这有助于防止将来同其他品种混淆，也有助于解决品种权的纠纷。最后，需要指出的是品种名可以被所有人使用，但是盗用他人品种名作为商标并赢利的行为是违法的。最有效的保护品种名的方法是清楚地用单引号将品种名标出来。

13.1.3　国际栽培植物品种登录机构

13.1.3.1　国际园艺学会

成立于 1959 年的国际园艺学会（International Society for Horticulture Science，以下简称 ISHS）是园艺科学工作者的最高级别的国际性领导组织，其宗旨是在全世界范围内促进和鼓励园艺科学各个分支领域的研究以及园艺科学工作者之间的合作和交流。国际园艺学会包含 9 个分会（Sections，按作物划分）和 13 个委员会（Commissions，跨作物的）及其下属的 91 个工作组（Working Groups）。

13.1.3.2　国际栽培植物品种登录权威系统

ISHS 命名与登录专业委员会下设国际园艺植物栽培品种登录权威系统（ICRAs），系统中各个登录权威负责特定类别园艺植物栽培品种的国际命名与登录。该系统的成立距今已有 40 余年，最初，资料记录在卡片上，经收集整理成打印本或手抄本。现在，数据库和电子报告使整个程序发生了革命性的变化，处理和记录品种技术能力大大提高。国际登录权威系统的首要功能是将栽培品种的名字均列出来，防止出现重名和混淆，便于人们应用这些品种。登录是一个完全自愿的行为，登录不提供对品种的法律保护。但是登录权威所出版的品种名录和国际登录簿对于如 UPOV 等植物品种法律保护机构具有绝对权威地位。

13.1.3.3　国际栽培植物品种登录权威

ICRAs 由国际园艺学会命名与登录专业委员会任命通过，4 年一届任期，期满重新任命。ICRAs 通过发行所有已知的和已经使用的品种名并将其收录进权威性的品种名录和登录簿，使植物栽培品种和品种群的命名系统更加稳定。每一个登录权威机构如果必要的话，要任命一名登录员，并成立一个咨询委员会。在有些时候登录员可以考虑在不同的国家安排一些地区代表以协助登录。一则可以在登录时将不可接受的品种名过滤掉，二则帮助克服语言和文化上的障碍。ICRAs 要求登录员对 ICNCP 和 ICBN 的最新版条款和内容非常熟悉。同时要求时常登录国际互联网和有关的图书馆搜集最新的资料和信息。并且必须严格遵守 ICNCP 之最新版。目前 ICNCP 已经于 2005 年出版了第 7 版，其中文版已由南京林业大学向其柏先生等翻译，中国林业出版社 2006 年出版。

（1）申报 ICRA 的条件

申报国际园林植物品种登录权威的条件：第一，要有申报登录权威的植物品种的详细资料和科研基础；第二，必须向 ISHS 命名与登录专业委员会提出正式申请；第三，保证有出版国际登录簿以及品种名录的时间和费用；第四，保证在申请前已经阅读并且熟悉 ICNCP 和 ICBN 的所有条款。作为登录权威可以是一个协会或学会组织（如中国梅花蜡梅协会）、也可以是一个实体单位（如英国皇家植物园)、也可以是个人(如 Elizabeth McClintock 博士)。

(2) ICRAs 的职能

国际园林植物品种登录权威由一名对最新版 ICNCP 和 ICBN 的条款和内容都十分熟悉的登录员和一个专家咨询委员会组成，要具备广泛的国际和国内的公共关系，还要与政府的立法机构建立一定的合作关系，它有如下三大基本职能：第一，对栽培品种和品种群进行登录，一般在一个属内一个品种名只允许使用一次，严格审查登录品种标准，只有符合标准的才可以登录；第二，全面记录、发表同一属内所有品种名，无论是现在使用的还是过去的历史记录，都要全部收录，出版国际性、权威性的品种名录；第三，尽量全面、详尽地记载某一种类植物品种和品种群的起源、特性和历史。此外，ICRA 还具备批准永久保留名、修正、增补、删减品种名录，出版品种和品种群补遗，在国际互联网上公布品种名录等职能。

(3) 国际上主要登录权威的分布

目前，国际上有 85 个登录权威(表 13-1)。从所负责的植物种类来看，主要集中在宿根和球根类的草本植物中，如皇家总球根种植者协会(Royal General Bulbgrowers' Association，荷兰)，但是一些很特殊的植物品种，如食虫植物、多浆植物等已经有其专属的国际登录权威，如国际食虫植物学会(International Carnivorous Plant Society，美国)；木本植物中藤本植物登录的种类很少，只有 4 种，乔木和灌木中登录的种类比较多。从登录权威所在地区上看，国际栽培植物品种登录权威的地区分布极其不均匀，主要集中在经济发达国家，如英、美占近 3/4。我国是园林植物资源大国，但是仅有中国花卉协会梅花蜡梅分会和桂花分会两个登录权威。

表 13-1 我国主产园林植物的国际栽培植物品种登录权威(截至 2006 年 2 月 21 日)

编号	机构(人)名	机构中文名	登录类群
1	Agriculture and Agri-Food Canada	加拿大农业与农业食品室	金露梅(*Potentilla fruticosa*)
2	American Association of Botanical Gardens and Arboreta	美国植物园和树木园协会	约 1 000 个属和杂交属的木本植物(除在其他登录权威登录的类群)
3	American Hemerocallis Society	美国萱草学会	萱草属(*Hemerocallis*)
4	American Iris Society	美国鸢尾学会	除球根类外的鸢尾属(*Iris*)
5	American peony Society	美国牡丹学会	芍药属(*Paeonia*)
6	American Rose Society	美国月季学会	蔷薇属(*Rosa*)
7	American Violet Society	美国堇菜学会	堇菜属(*Viola*)

（续）

编号	机构（人）名	机构中文名	登录类群
8	Arnold Arboretum	阿诺德树木园（美国）	木瓜属（*Chaenomeles*）、梾木属（*Cornus*）、山毛榉属（*Fagus*）、连翘属（*Forsythia*）、皂荚属（*Gleditsia*）、马缨丹属（*Lantana*）、太平花属（*Philadelphus*）、马醉木属（*Pieris*）、榆属（*Ulmus*）、锦带花属（*Weigela*）
9	Australian Hibiscus Society, Inc.	澳大利亚扶桑学会	扶桑（*Hibiscus rosa-sinensis*）及其杂交种
10	Ing. Z. Blahnik（捷克人，临时指定）	个人	忍冬属（*Lonicera*）
11	Chinese Flower Association（Sweet Osmanthus Branch）	中国花卉协会桂花分会	木犀属（*Osmanthus*）
12	Chinese Mei Flower and Wintersweet Association	中国梅花蜡梅协会（即中国花卉协会梅花蜡梅分会）	梅花（*Prunus mume*）
13	The Gesneriad Society, Inc.	苦苣苔科植物学会（美国）	除非洲紫罗兰属外的苦苣苔科（Gesneriaceae）植物 100 余属
14	Sir Harold Hillier Gardens and Arboretum	哈罗德·希利尔爵士公园与树木园（美国）	栒子属（*Cotoneaster*）
15	Holly Society of America	美国冬青学会	冬青属（*Ilex*）
16	Hort Research	园艺研究所（新西兰）	猕猴桃属（*Actinidia*）
17	Institut National D'Horticulture	国家园艺研究所（法国）	八仙花属（*Hydrangea*）
18	International Camellia Society	国际茶花学会（澳大利亚）	山茶属（*Camellia*）
19	International Ornamental Crabapple Society	国际观赏海棠学会（美国）	除栽培苹果（*Malus domestica*）外的苹果属（*Malus*）
20	International Poplar Commission of F. A. O.	粮农组织国际杨树委员会（联合国）	杨属（*Populus*）的林业品种
21	International Stauden-Union	国际多年生草本植物联盟（德国）	耐寒多年生草本植物 400 余属，除在其他登录权威登录的类群
22	International Waterlily and Water Gardening Society	国际睡莲与水生园艺学会（美国）	莲属（*Nelumbo*）、睡莲属（*Nyphaea*）等 7 个属
23	Lakeland Horticultural Society	湖地园艺学会（英国）	落新妇属（*Astilbe*）
24	Magnolia Society, Inc.	木兰学会（美国）	鹅掌楸属（*Liriodendron*）、木兰属（*Magnolia*）、木莲属（*Manglietia*）、含笑属（*Michelia*）等该科 7 个属
25	Meconopsis Group	绿绒蒿组织（英国）	绿绒蒿属（*Meconopsis*）

（续）

编号	机构（人）名	机构中文名	登录类群
26	Royal Botanical Gardens	皇家植物园（加拿大）	丁香属（*Syringa*）
27	Royal Horticultural Society	皇家园艺学会（英国）	铁线莲属（*Clematis*）、大丽花属（*Dahlia*）、翠雀花（*Delphinium*）、石竹属（*Dianthus*）、百合属（*Lilium*）、水仙属（*Narcissus*）、杜鹃花属（*Rhododendron*）、兰科（Orchidaceae）以及70余属的针叶树，其中包括银杏属（*Ginkgo*）
28	Saxifrage Society	虎耳草学会（英国）	虎耳草属（*Saxifraga*）
29	Scottish Rock Garden Club	苏格兰岩石园俱乐部（英国）	龙胆属（*Gentiana*）
30	United States National Arboretum	美国国家树木园	紫薇属（*Lagerstroemia*）、火棘属（*Pyracantha*）、荚蒾属（*Viburnum*）

13.1.4 国际栽培植物品种登录的程序

13.1.4.1 登录品种的程序

各类园林植物登录的要求可能不尽相同，但栽培植物品种国际登录的一般程序如下：

（1）由育种者向登录权威提交拟登录品种的文字、图片、育种亲本、育种过程等有关材料，并交纳申报费用；

（2）由登录权威根据申报材料和已登录品种，对拟登录品种名称、特征和特性进行书面审查，必要时进行实物审查；

（3）登录权威对符合登录条件的品种，给申请人颁发登录证书，借以鞭策进一步登录工作。将其收录在登录年报中，同时在正式出版物上发表。

13.1.4.2 国际登录权威对申请登录品种的具体要求

（1）国际登录簿应收录所负责命名的分类群的所有已知的品种和品种群名。如果某个品种已经灭绝，可以标注出来。虽然有些品种已经不再用于栽培，但是具有历史意义，可能在种子库或其他种质资源库中已经保存多年；

（2）国际登录簿中应包括所有可接受品种名的"可替换品种名"，包括"商标注册名"；"不同语种翻译名"或"不同书写符号转换名"，但是要注明哪一个品种名是可接受的品种名；

（3）国际登录簿应包括虽为不可接受的登录名称，然而在商业生产上一直在应用或已经依据命名法规在被接受前符合特殊的标准的品种名。这些要明确注明不可接受以及不可登录的原因；

（4）只要能加以证明，要注明命名的日期、命名人等，要对品种或品种群名有明确详述；

（5）在同一属或种的分类单位中，当同一个名字被使用一次以上时，每次的使用要进行适当的描述；

（6）国际登录簿应包括那些没有正式登录，但已经发表的品种名，作为一个特殊群列出；

（7）国际登录簿应包括品种的商标名；

（8）国际登录簿应负责立法品种，例如 UPOV 成员国为了保护新品种而命名的品种名；

（9）依据商标而命名的品种名要登记且要注明，以避免与符合国际命名法规的可接受的品种名混淆；

（10）国际登录无需写出种名，只要列出品种名和品种群即可。

13.1.4.3 登录申请表的填写

每一个 ICRA 都要求编制登录申请表，并要求所有的申请者必须填写。其内容因植物种类不同有所差异。要求不宜过分复杂，否则不便于实施操作。

对于所有的申请表至少有以下内容：第一次发现某植物群体有培育成品种潜力的人；给品种定名的人；第一次引种人（有必要与私人作为经营生产的引种区别）；申请登录的人和时间（通常标明年份即可）；如果一个品种或品种群事前已经定名，但是没有登录，在申请登录时要求写出最早发表此品种的人以及发表的详细情况（包括时间和地点），复印件要同时附上，以备作为正式的申请文件；如果申请登录的名字是最初品种名的语言文字形式，而不是拉丁文形式，则需要同时提供其最初的语言文字形式；杂交培育的品种要注明父母亲本，芽变品种要标明产生芽变的母株品种；如果品种是来自野生状态的植物，则需要说明最早发现的地点；如果申请了商标、专利、植物新品种保护，要出示有关性状的测试记录；皇家园艺学会（英国）色谱（最新版）是目前应用十分广泛的色谱，推荐各个 ICRA 使用此色谱，并且在发表登录报告时要注明所使用色谱的版本；特别当对于一个品种的描述不全面时，申请登录者必须提供有关这一品种不同于其他品种的特性；最好提供品种的实物标本、照片、绘图等材料，以作为档案材料保存，以用于区别其他品种；要提供品种繁殖的最佳方法；对品种名的词源进行必要的解释，让大家了解名字的含义；如品种获奖，说明获奖的日期和奖项名称；登录表必须强调的是虽然是由 ICRA 最后决定品种名，但是并不受发表时间先后的影响。

13.1.4.4 交付登录费

国际园艺学会不提倡各个国际登录权威向申请登录的人或单位收取任何登录费用，因为在申请成为国际登录权威之前的条件之一就是申请人或单位有能力（时间、经费等）完成这样的登录任务。但是可视实际情况收取一定的登录费。

13.2 园林植物品种审定

13.2.1 品种审定概述

13.2.1.1 品种审定概念

品种审定是由各级审定委员会对要推广的新品种的综合性状，包括园艺性状、生产性状、观赏性，对病虫害的抗性、对环境条件的要求、区域适应能力以及与现有品种对比等的综合性状进行鉴定，是在行政层面上对新品种推广应用实施的管理。

13.2.1.2 品种审定的意义

品种审定是由专门机构（如品种审定委员会）对新育成的品种能否推广和在什么范围内推广做出审查决定。品种审定的目的是加强品种管理，保护育种者、种子经营者和生产者共同的利益，因地制宜地推广优良品种，充分发挥优良品种的作用。

（1）品种审定是对品种推广与否的鉴定，对优良品种准许推广，表现差的品种不允许推广，从而保证生产上推广的品种具有优良的增产增收的性能。

（2）通过品种审定，在实行品种权利保护的条件下，可以使育种者的知识产权得到有效的保护，从而调动育种者的积极性，激励育种者选育出更多更好的品种。

（3）通过品种审定可加速新品种的推广，促使生产上不断用新育成的优良品种取代原有生产能力差的品种，从而使育种成果迅速和有效地向现实生产力转化。

13.2.1.3 我国品种审定工作概况

《中华人民共和国种子法》（以下简称《种子法》）第十五条规定：主要农作物品种和主要林木品种在推广应用前应当通过国家级或者省级审定，申请者可以直接申请省级审定或者国家级审定。由省、自治区、直辖市人民政府的农业、林业行政主管部门确定的主要农作物品种和主要林木品种实行省级审定。主要农作物品种和主要林木品种的审定办法应当体现公正、公开、科学、高效的原则，由国务院农业、林业行政主管部门规定。国务院和省、自治区、直辖市人民政府的农业、林业行政主管部门分别设立由专业人员组成的农作物品种和林木品种审定委员会，承担主要农作物品种和主要林木品种的审定工作。在具有生态多样性的地区，省、自治区、直辖市人民政府的农业、林业行政主管部门可以委托该区的市、自治州承担适宜于在特定生态区域内推广应用的主要农作物品种和主要林木品种的审定工作。

目前我国品种审定工作分为两大部分：一个是主要农作物品种审定，另一个就是林木品种审定，园林植物被列入林木品种审定范围内。2003 年国家林业局通过了《主要林木品种（含观赏植物品种）审定办法》（下简称《办法》），自 2003 年 9 月 1 日起施行。该办法规定：未经审（认）定通过的林木品种（含观赏植物品种，下同，略作林木品种），不能作为林木良种推广使用，通过审（认）定的林木良种，要严格按照审（认）定确定的适宜生态区域范围规范推广。国家林业局林木品种审定委员会由科研、教学、生产、推广和管理等方面的专业人员组成，承担在全国适宜的生态区域推广的林木品种审定工作，各省、自治区、直辖市林木品种审定委员会承担在本行政区内适宜的生态区域推广的林木品种审定工作。

《办法》规定，申请人向林木品种审定委员会提出审定申请的主要林木品种必须符合下列条件：

(1) 经区域试验证实，在一定区域内生产上有较高使用价值、性状优良的品种。

(2) 优良种源区内的优良林分或者种子生产基地生产的种子。

(3) 有特殊使用价值的种源、家系或无性系。

(4) 引种驯化成功的树种及其优良种源、家系和无性系。

申请人应当在每年 3 月 1 日前，向林木品种审定委员会提出审定申请，林木品种审定委员会应当在年内完成本年度的审定工作。如果审定通过的林木良种在使用过程中发现已经不具备林木良种条件的，有关利害关系人或者县级以上人民政府林业行政主管部门林木种苗管理机构可以提出取消林木良种资格的建议。审定通过的林木良种，在林木良种有效期限届满后，林木良种资格自动失效，不得再作为林木良种进行推广、经营，但是可以再申请审定。

13.2.2　园林植物新品种的申请和受理

13.2.2.1　报审范围

根据《办法》规定，凡属下列范围之一的均可报审：

(1) 经多年栽培驯化，证明具有生产使用价值的优良树种。

(2) 经区域试验证实，在特定区域内生产上具有较高使用价值，性状表现优良的树种、品种。

(3) 依照国家有关标准和技术规程建设的林木良种生产基地生产的种子、穗条及其他繁殖材料。

(4) 优良种源区内的优良林分，经去劣留优改造的采种基地中生产的种子。

(5) 有特殊使用价值的树种类型、家系、无性系、品种。

(6) 引种驯化成功的树种及其优良种源、家系和无性系。

13.2.2.2　报审条件

向品种审定委员会申报审定的林木品种，必须符合以下条件：

(1) 严格按照林木品种选育程序或引种驯化程序进行选育。

(2) 在产量、抗性、品质、观赏价值等方面显著优于特定对照种、品种，具有相对稳定性。

(3) 已形成配套的繁殖技术，具备一定数量种子或穗条（种根）的生产能力。

(4) 经过区域化试验，确定了适生范围。

13.2.2.3　报审材料

报审者按要求认真填写《国家（或某省、自治区、直辖市）林木品种审（认）定申请书》，并附以下材料：

(1) 林木品种选育报告。报告应对品种的亲本来源及特性、选育过程、区域试验规模与结果、主要技术经济指标、主要优缺点、繁殖栽培技术要点、抗逆性、适宜种植范围等方面进行详细说明。同时提出拟定的品种名称。

(2) 已通过科技成果鉴定或获得新品种权的品种，附相应证书复印件。

(3) 应该提交林木品种特征标准图谱（如叶、茎、根、花、果实、种子的照片）。

(4) 转基因品种应当提供安全评估报告。

(5) 属协作育种的，附协作协议和报审委托书。

13.2.2.4　报审程序

(1) 报审者自愿提出申请，填写《国家（或某省、自治区、直辖市）林木品种（含观赏植物品种）审（认）定申请书》，并附相关材料。国（境）外企业、组织或个人申请审定，应委托具有中国法人资格的机构代理。

(2) 报审者所在单位审核签章。国（境）外组织、个人、企业申请审定的品种，由所委托代理的机构审核签章。

(3) 报审者为试验现场核查做好准备。

(4) 区域试验所在地县级以上林业行政主管部门审核签章。

(5) 报审者应于每年报审截止日期以前（以邮戳为准），将完整的报审材料一式两份呈报审定委员会秘书处。

(6) 审定委员会秘书处在收到完整的申请材料1个月内，应做出受理或不受理的决定，并书面通知报审者。

(7) 申请者需缴纳一定审定费用，于接到受理通知后一次交清。复审不收费。

13.2.2.5 品种试验

品种试验包括区域试验和生产试验。具体试验方法由品种审定委员会制定并发布。每一个品种的区域试验在同一生态类型区不少于 5 个试验点，试验重复不少于 3 次，试验时间不少于 2 个生产周期。区域试验应当对品种丰产性、适应性、抗逆性和品质等农艺性状进行鉴定。每一个品种的生产试验在同一生态类型区不少于 5 个试验点，一个试验点的种植面积不少于 $300m^2$，不大于 $3\ 000m^2$，试验时间为一个生产周期。生产试验是在接近大田生产的条件下，对品种的丰产性、适应性、抗逆性等进一步验证，同时总结配套栽培技术。抗逆性鉴定、品质检测结果以品种审定委员会指定的测试机构的结果为准。每一个生产周期结束后 3 个月内，品种审定委员会办公室应当将品种试验结果汇总并及时通知申请者。

13.2.2.6 审定和公告

林木品种审定委员会应当在年内完成本年度的审定工作。林木品种审定执行国家、行业和地方有关标准；暂无标准的，应当执行省级以上人民政府林业行政主管部门制定的相关技术规定。林木品种审定委员会受理的审定申请，由专业委员会进行初审。初审通过审定的林木品种，应当提出该林木品种的特性、栽培技术要点、适宜推广的生态区域和林木良种有效期限。专业委员会应当根据初审结果，向林木品种审定委员会主任委员会提出初审意见，报主任委员会决定。同一林木品种只能认定一次。林木品种审定委员会应当对审（认）定通过的林木良种统一命名、编号，颁发林木良种证书，并报同级林业行政主管部门发布公告。公告的主要内容包括：名称、树种、学名、类别、林木良种编号、品种特性、适宜推广生态区域、栽培技术要点和主要用途等；认定通过的林木良种还应当公告林木良种有效期限。对审（认）定未通过的林木品种，如申请人有异议的，可以在接到通知后 90d 内，向原林木品种审定委员会或者国家林木品种审定委员会申请复审，但复审只有一次。

13.2.3 品种监督和品种管理

承担品种试验、审定的单位及有关人员未经申请者同意，不得以非品种试验目的扩散申请者申报品种的材料。承担品种试验的单位弄虚作假的，取消承担品种试验资格，并依法追究单位及其有关责任人的行政责任，造成损失的，应当承担赔偿责任；构成犯罪的，依法追究刑事责任。从事品种试验、审定工作的人员弄虚作假、徇私舞弊、滥用职权、玩忽职守的，依法给予行政处分；构成犯罪的，依法追究刑事责任。在品种试验和品种审定工作中成绩显著的单位和个人，由同级农、林业行政主管部门给予奖励。

审定通过的品种，报审者有义务向同级林业行政主管部门的种子管理机构提供一定数量的原种，用于种质资源收集保存。审定通过的品种只能在公告的适宜种植区推广；要扩大适宜种植区的，必须经区域试验，重新申请审定。在生产、经营、推广、宣传、广告活动中应当使用审定公告上的法定名称，需要使用其他名称的，必须同时注明法定名称。在广告、宣传品中应当注明良种证书编号。品种的宣传广告用语中关于品种特性、经济技术指标、适宜种植范围等方面应当与品种的公告相符，不得擅自夸大。在良种的经营、推广过程中，必须出示良种证书或省级林业行政主管部门的品种审定公告，并在种子标签中注明品种的适宜种植范围。

未经审定或审定未通过的林木品种，不得作为良种生产、经营、推广。在经营、宣传、广告活动中不得有下列情形，否则，将按照《种子法》及相关法规进行处罚：第一，自称该品种为良种或优质品种、速生品种、高产品种等；第二，自称该品种在生长量、产量、品质、抗逆性、特殊使用价值、经济价值等方面明显优于当地同类主栽品种；第三，不明确品种的适宜种植区域或泛称该品种适生范围广泛、适宜大面积推广；第四，引用数据和结论以支持或暗示上述说法而不注明出处或无权威出处。数据、结论的权威出处是指：正式出版的学术专著、省级以上学术期刊、国外核心科技期刊、审定委员会审定意见、科技成果鉴定结论、由品种审定委员会指定的机构做出的结论。

以下林木品种，不经审定绝对不得生产、经营、推广：转基因品种、从国（境）外引进或从国内非同一适宜生态区引进的树种。

审定通过的品种，在使用过程中如发现有不可克服的缺陷，育种者、生产者、经营者和使用者有义务向审定委员会报告。品种审定委员会应当在接到报告后1年内做出结论，应当暂停或终止使用的，取消或暂停良种资格，并由国家林业局或省级林业行政主管部门发布公告。

13.3 植物新品种保护

13.3.1 植物新品种保护概述

13.3.1.1 植物新品种保护的基本概念

植物新品种是指经过人工培育的或者对发现的野生植物加以开发的，具备新颖性、特异性、一致性和稳定性并有适当命名的植物品种。植物新品种保护是知识产权的一种形式，又称“植物育种者权利”，是授予植物新品种培育者利用其品种排他的独占权利。保护的对象不是植物品种本身，而是植物育种者应当享有的权利。它和其他知识产权在形式上有某些共同特征，但同时又有本质差别。植物新品种保护是指对植物育种者权利的保护，这种权利是由政府授予植物育种者利用其品种排他的独占权利。植物育种者权利与专利权、著作权、商标权同是知识产权，未经育种者的许可，任何人、任何组织都无权利用育种者培育的品种从事商业活动。也就是说，只有品种权所有者有全权出售品种的繁殖材料，或者以销售为目的生产这种繁殖材料，其他人只能在品种权所有者授权的情况下才能这样做。

13.3.1.2　植物新品种保护的意义

我国植物新品种保护起步较晚，近年来才逐步得到重视和发展，在法律体系建设和管理技术等方面与发达国家尚存在一定的差距，大力推行新品种保护具有如下意义：

（1）有利于规范育种行业，激励植物品种创新

培育植物新品种需要大量的投资，包括技能、劳力、物质资源和资金，同时要花费许多年的时间。授予新品种的培育者以独占权，使其能利用其品种得到利润，可以鼓励他们为植物育种继续投资，为农业、园艺和林业的发展做出更大的贡献。

（2）有利于促进植物产品贸易及植物科学的国际合作与交流

实施新品种保护，对园林植物新品种给予国际保护，不仅为我国加入世界贸易组织扫清了障碍，也为我国育种人员到国外申请品种权铺平了道路，国外的单位和个人也可以依法在我国获得品种权，这样，可以促进植物育种的国际合作和交流，形成优良品种双向流动的新机制。

（3）开展植物新品种保护工作是适应我国加入 WTO 和我国科技体制改革的需要

随着国家科技体制改革向纵深发展，若对其植物品种知识产权不给予保护，科研单位的生存和发展将面临严重挑战，农林业生产也将面临再无优新品种的绝境。因此，保护植物新品种，不仅是影响科研单位的生存和发展的大事，而且是关系到农业、林业可持续发展的大事。

13.3.1.3　国际植物新品种保护的发展简况

（1）国际新品种保护联盟

早在 19 世纪，孟德尔遗传定律的发现和应用引起了植物育种业的革命和发展，植物新品种大量涌现，同时国际间种子贸易的迅速兴起使得植物品种保护的重要性日益显现。1961 年 12 月 2 日，比利时、法国、联邦德国、意大利和荷兰在巴黎签署了《国际植物新品种保护公约》（The International Convention for the Protection of New Varieties of Plants，以下简称《公约》）。在此基础上，1968 年成立了国际植物新品种保护联盟（International Union for the Protection of New Varieties for Plants，Union Internationale pour la Protection des Obtentions Vegetales，UPOV），总部设在瑞士日内瓦（Geneva），这就标志着新品种保护已被国际社会广泛关注，并且被逐步纳入到正规的法制中。自成立 UPOV 以来，其作为政府间的国际组织主要是协调和促进成员国之间在行政和技术领域的合作，特别是在制订基本的法律和技术准则、交流信息、促进国际合作等方面发挥重要作用。

截至 2003 年 1 月底，已有 52 个国家加入 UPOV；其中亚洲地区有中国、日本和韩国。欧洲一些发达国家如英国、德国和荷兰早在 1968 年就成为 UPOV 成

员国，法国1971年也加入了该组织，美国、澳大利亚和加拿大分别于1981年、1989年和1991年加入。欧盟还在其成员国实施植物新品种保护的基础上，于1994年开始实施整个欧盟统一的植物新品种保护制度，并已在欧盟建立20多个DUS测试点。中国、日本和韩国分别于1999年、1982年和2002年加入。日本建立了8个测试站，韩国建立了4个品种测试基地。

(2) 国际植物新品种保护公约

UPOV成立后签署的第一个《公约》文本又称1961年文本，从1968年开始生效，并于1972年、1978年和1991年在日内瓦做了3次修订，分别称为1972年文本（Act of 1972）、1978年文本（Act of 1978）和1991年文本（Act of 1972）。《公约》文本有两个主要功能：第一，规定了通过UPOV成员国授予植物育种者的最低权利，意即详细列出了保护范围；第二，对保护品种，确定了新颖性、独特性、一致性、稳定性及新品种命名的标准。许多发达国家已对植物新品种实施保护，并建立起比较完备的保护体系和新品种特异性、一致性、稳定性测试体系（DUS测试体系）。

(3) 我国栽培植物品种保护进展

我国的植物新品种保护起步较晚。1999年4月23日，我国加入了国际植物新品种保护联盟，签订了1978年文本，成为第39个成员国。1997年10月1日，我国开始实施《中华人民共和国植物新品种保护条例》（下简称《条例》）。近10年来，我国颁布实施了一系列有利新品种保护的法律，在法规建设方面取得了较大进展，初步形成新品种保护法律体系框架，对园林植物新品种进行保护，对我国花卉育种技术创新、花卉产业化、规范花卉产业市场秩序等方面的积极作用已初步显现。花卉产业是我国近几年来崛起的朝阳产业，《条例》正式实施7年来，我国的花卉新品种保护工作取得了较大进展，但是与发达国家相比我国的法律体系仍然存在许多不利于发展的问题。我们应当借鉴他国先进经验，尽快采取措施，改进我国植物新品种保护的行政管理手段及技术支撑力量，改善新品种保护制度的实施环境，推进花卉产业与国际接轨。

目前国际上植物新品种保护制度有两种：一种是“双轨制”保护植物新品种的制度，就是通过植物专利、普通专利和植物品种证书的制度，对植物品种实行全面的保护，以美国为代表；另一种是“专门法”保护植物新品种的制度，1997年3月，为了与《与贸易有关的知识产权协议》和《公约》接轨，履行国际义务，我国采用“专门法”的保护制度，由国务院颁布了《条例》。

13.3.2 申请植物新品种保护的程序

13.3.2.1 植物新品种权的授予过程和一些重要条款

根据《公约》和《条例》的规定，植物新品种权的授予需经过以下几个过程：第一，申请人提出申请；第二，审批机关进行形式审查。主要进行初步审查、初审公告和实质审查（包括田间试种和实验室测定）；第三，授权并发布授权公告。

对于准备提出申请保护的新品种的一个基本前提就是在申请保护国或地区（欧盟）该品种所属的植物属或种已经被列入保护名录，其次就是看其是否具有新颖性、特异性、一致性和稳定性。

对于申请人，建议在申请前认真阅读有关文件，如果在中国境内提出申请，此前要认真阅读《中华人民共和国植物新品种保护条例》。

对于申请保护的品种的名字有三点要求：一是不允许全名为纯数字；其次不能使用违背社会公德的文字；第三，不能使用容易就品种特性引起误解的名字。

对于植物新品种保护年限的有关规定是：藤本、林木、果树和观赏植物是自品种权授予之日起 20 年，其他植物（如大田作物、蔬菜等）为 15 年。而要真正得到保护的前提就是按照规定交纳新品种保护年费。目前我国境内品种保护费一般是一个新品种在开始保护的 1 ~ 3 年内每年交纳 1 500 元，4 ~ 6 年 1 950 元，6 ~ 9 年 2 535 元，10 ~ 12 年 3 295 元，13 ~ 15 年 4 283 元，16 ~ 18 年 5 567 元，19 ~ 20 年 7 237 元。此外需要交纳的申请费 1 800 元，审查费 4 600 元，代理费 2 000元。

13. 3. 2. 2　植物新品种审查的基本内容

（1）初步审查

主要审查申请品种是否具有新颖性（novelty），即申请品种是否与申请前的所有已知品种有差异，主要通过与已知品种数据库逐一对照的方式进行审查。新颖性是指申请品种在申请日前其繁殖材料未被销售，或者经育种者许可，在中国境内销售该品种繁殖材料未超过 1 年，在境外销售藤本及木本不超过 6 年，其余不超过 4 年。

（2）实质审查

主要审查申请品种是否具有特异性（distinctness）、一致性（uniformity）、稳定性（stability），简称 DUS。特异性是指该品种应明显区别于以前已知的植物品种；一致性是指该品种经过繁殖，除可预见的变异外，其相关特征或特性在不同单株间表现整齐一致；稳定性是指该品种经反复繁殖或在一定周期内，其相关特性及特征稳定不变。此外，该品种必须有一个适当的名称。

实质审查主要有 3 种形式：第一，通过文件进行审查；第二，通过专家组进行实地考察；第三，由国家林业局指定的测试机构进行田间试种测试。根据国际上的通行做法和我国的实际情况，目前我们主要采取第二种形式进行实质审查，今后将逐步加大第三种方式审查的比例，与国际植物新品种测试接轨。第三种形式需由申请人将测试材料递交国家林业局指定的测试机构，测试机构将申请品种与对照品种在田间试种 1 ~ 3 年，定期观测、记录、比较，最后写出测试报告，对田间测试难以得出明确结论的申请品种，必要时还要再进行实验室鉴定和分子生物学检测。

13.3.3　我国植物新品种保护现状

13.3.3.1　品种保护的机构和主要作物

为了加强植物品种知识产权保护，1997 年 10 月 1 日，我国开始实施《条例》。其间，农业部共发布了 6 批植物新品种保护名录，共计 62 个属；国家林业局 1997 年成立了植物新品种保护办公室，1999 年发布了《中华人民共和国植物新品种保护条例实施细则（林业部分)》，截止目前共发布了 4 批植物新品种保护名录，共计 78 个属或种，2001 年成立了 8 个植物新品种测试机构，2002 年成立了复审委员会，同时批准成立了 5 个代理机构。

农业部和国家林业局发布的植物名录涵盖了大多数重要农、林植物。其中园林植物有：槭属（*Acer*)、猕猴桃属（*Actinidia*)、花烛属（*Anthurium*)、叶子花（*Bougainvillea spectabilis*)、山茶属、板栗、木瓜属（*Chaenomeles*)、蜡梅、菊属、樟属（*Cinnamomum*)、柑橘属（*Citrus*)、杉木、苏铁属（*Cycas*)、兰属（*Cymbidium*)、石竹属（*Dianthus*)、柿、桉属、连翘属（*Forsythia*)、白蜡树属（*Fraxinus*)、非洲菊、银杏、唐菖蒲属（*Gladiolus*)、常春藤属（*Hedera*)、核桃属（*Juglans*)、栾树属（*Koelreuteria*)、紫薇、百合属、补血草属（*Limonium*)、鹅掌楸属、忍冬属（*Lonicera*)、木兰属（*Magnolia*)、苹果属、木莲属（*Manglietia*)、紫花苜蓿（*Medicago sativa*)、含笑属（*Michelia*)、桑属（*Morus*)、桂花、牡丹、爬山虎属（*Parthenocissus*)、泡桐属、刚竹属（*Phyllostachys*)、云杉属（*Picea*)、松属、草地早熟禾（*Poa pratensis*)、杨属、杏、梅花、桃花、李、榆叶梅、花毛茛（*Ranunculus asiaticus*)、杜鹃花属、蔷薇属、圆柏属（*Sabina*)、柳属、鹤望兰属（*Strelitzia*)、丁香属（*Syringa*)、红豆杉属（*Taxus*)、油桐属（*Vernicia*)、葡萄属（*Vitis*)、马蹄莲属（*Zantedeschia*)、榉属（*Zelkova*)、枣等。

据统计，自从 1999 年 4 月 23 日实施植物新品种保护以来，我国已受理品种权申请 962 件，其中包括来自韩国、荷兰、日本等国外申请 13 件。其中林业植物新品种申请 190 件，授予新品种权 48 个（其中花卉品种 34 个，占 71%)，其中受理来自荷兰、德国、法国的申请 6 个，授予品种权 5 个。但与国际水平相比，差距很大，如荷兰 2001 年育成新品种 1 400 个，授权 1 100 个，居世界第一；西班牙 2001 年授权 882 个花卉新品种；德国每年申请 1 100 个，授权 700 个；加拿大每年申请 800 个，授权 550 个；日本共授权 8 000 多个。

13.3.3.2　尚待开展的工作

（1）建立新品种权代理网络体系

品种权代理人接受申请人、育种人或其他公众的委托，从事品种权申请过程的业务代理、品种信息的跟踪服务、品种权的转让、许可证贸易业务代理。同时，还可以代表当事人到审批机关、植物新品种复审委员会和人民法院的法庭，处理品种权纠纷以及侵权等有关事务。

品种权代理机构在实施《条例》，实行植物新品种保护制度中起着十分重要的作用。通过培训、考试，在全国范围内培训林业植物新品种权代理人，并批准建立相应的代理机构，逐步形成全国林业植物新品种权代理网络体系。

(2) 完善新品种测试体系

植物新品种测试是实施植物新品种保护的关键环节，是判定一个品种是否为新品种的主要手段。要有效开展植物新品种保护工作，必须抓好以下工作：进一步完善测试机构，按气候带设置测试点，实行点、线、面相结合，形成测试网络体系；制定测试指南，建立植物品种测试技术标准体系；建立已知品种数据库及对照品种收集圃；培训植物新品种测试技术人员，实行持证上岗。

(3) 加大新品种权执法力度

《条例》赋予县级以上林业行政部门查处假冒授权品种、省级以上林业行政部门查处侵权行为的行政执法职能。因此，要在相应的林业行政部门建立一支纪律严明、作风过硬、有较高政策和法律水平的植物新品种权行政执法队伍，与人民法院密切配合，共同营造有利于育种创新的知识产权法制环境。

(4) 增强公众知识产权保护意识

植物新品种保护是随着我国加入 WTO 的步伐新开展的一项工作，属于知识产权保护的范畴。知识产权保护是 WTO 的三大支柱之一，受到各 WTO 成员国的极大重视。我们要广泛宣传植物新品种保护制度，普及《条例》，通报有关案例，不断增强公众的植物品种知识产权保护意识。

(5) 建立稳定的财政投入体系

纵观各 UPOV 成员国，政府都对植物新品种保护有持续的投入机制，主要用于植物新品种权受理、审查，植物品种测试基础设施的建设，植物品种测试机构运转及开展国际植物新品种保护合作。我国也需建立稳定的财政投入体系，保证植物新品种保护制度的有效实施。

(6) 制定优惠政策，鼓励拥有品种知识产权

开展林业植物新品种保护相关研究，建立形成园林植物自主知识产权的激励机制，充分利用和制定有关优惠政策，鼓励园林植物科研机构和广大育种者拥有更多的植物品种知识产权。改革园林科研评价指标体系，在各项园林科研评价指标体系中，增加有关形成和拥有园林知识产权的数量和水平的内容，使之成为衡量园林科研机构和科技人员科研业绩的重要标准，重奖对国家利益或公共利益有重大应用价值的植物新品种育种单位或个人，鼓励广大育种者积极申请园林植物新品种权，大力增加园林植物自主知识产权总量。

（吕英民　刘青林）

复习思考题

1. 园林植物品种登录和审定的意义和程序分别是什么？两者之间是什么关系？
2. 栽培植物品种命名有哪些具体要求？

3. 国际登录权威对申请登录品种有哪些具体要求?

4. 你认为要保证育种人的品种权不受侵犯，国家和政府应该采取哪些措施？从哪些方面做出努力?

本章推荐阅读书目

国际植物命名法规 . Greuter, W. , McNeill, J. , Barrie, F. R. , 等. 朱光华, 译. 科学出版社, 2001.

国际栽培植物命名法规（第 7 版）. Brickell C D, Baum B R, Hetterscheid W L A, 等. 向其柏, 臧德奎, 孙卫邦, 译. 中国林业出版社, 2006.

http: //www. upov. int (国际植物新品种保护联盟主页).

http: //www. ishs. org (国际园艺学会主页).

第14章　园林植物良种繁育

[本章提要] 良种繁育的任务是在保持并不断提高良种优良品质的基础上，扩大繁殖良种数量的技术体系。良种繁育是园林植物育种工作的继续，是优良品种走向生产的重要环节。本章介绍了园林植物良种繁育的原理、方法和程序，园林植物良种繁育的相关制度及园林植物优良品种的生产过程。

优良品种的育成仅仅是育种工作的一部分。园林植物各项育种技术获得的优良品种，在最初一段时间里只是很少量的个体，甚至是一个单株。若要满足园林应用则必须繁殖出一定数量的群体。这就需要有良种繁育工作作为品种推广和应用的保障。一个优良品种只有当其能够投入生产并得到广泛应用后才能发挥良种的作用。良种繁育是研究保持植物优良品种种性和进行优质种子（苗、球）生产的一门科学，其工作目的是要有计划地、迅速和大量地繁殖优良品种的种子（苗、球）。

14.1　园林植物良种繁育的任务

14.1.1　良种繁育的概念

良种繁育是运用遗传育种的理论与技术，在保持并不断提高良种种性、良种纯度与生活力的前提下，迅速扩大园林植物良种数量的一套完整的种子（苗、球）生产技术。良种繁育实际是育种工作的继续和扩大，是优良品种能够继续存在和不断提高质量的保证。所以它基本上属于育种学的范畴，是连接园林植物育种工作和生产的桥梁。

14.1.2　良种繁育的主要任务

（1）在保证质量的前提下迅速扩大良种数量

优良品种应用的基础就是要有足够的数量，所以一旦品种通过审定就要迅速扩大其数量，使用能保证其优良特性的繁殖方法进行大量繁殖，从而使优良品种进入规模化生产，保障市场供应。

（2）保持并不断提高良种种性，恢复已经退化的优良品种

许多优良园林植物的栽培品种在长期使用过程中往往会发生退化现象。这是

因为在缺乏良种繁育制度的栽培条件下，往往无法长期保持其优良种性。所以经常保持并提高良种的优良种性，有计划地组织生产用品种更新换代，是良种繁育的重要任务之一。

(3) 保持并不断提高良种的生活力

在缺乏良种繁育制度的栽培条件下，许多品种会出现生活力逐渐下降的问题，表现在植株变矮、花朵变小、花序变短、花期变短、花朵大小参差不齐，花期出现差异等。通过采取一定措施使其复壮，恢复优良种性是良种繁育的又一重要任务。

14.1.3 我国园林植物良种繁育现状

目前我国园林植物品种退化严重，在异花授粉和常异花授粉的园林植物上表现尤为突出。主要表现在：由于缺乏系统化、规范化的良种繁育基地和良种交流途径，使生产上使用的品种来源不清，良莠不齐；缺乏合理的选择和隔离制度，导致优良品种发生机械混杂和生物学混杂，甚至产生基因劣变；由于资源收集与品种保护工作滞后，传统的优良品种正在流失，一些珍贵种质资源外流；由于育种后期没有针对特有品种开展适宜该品种的栽培技术的研究，没有掌握优良品种的特性，致使生产中使用的栽培技术不能满足优良品种生长的需要，使优良品种的遗传潜力不能正常发挥；在杂种优势的利用中，由于对 F_1 和 F_2 的利用不当，特别是缺乏生产和选育 F_1 杂种的关键性亲本资源和技术，不能及时主动地更新品种。此外，栽培不当造成的病虫害也影响了品种质量。因此，我国园林植物良种繁育的任务极为艰巨。

14.2 园林植物品种退化现象及其防止措施

14.2.1 品种退化的概念

品种退化（degeneration of cultivars）是指园林植物栽培品种原有的优良种性削弱的过程和表现。狭义的品种退化是指原优良品种基因和基因型发生改变；广义的是指优良性状（形态学、细胞学、化学等）劣变。退化表现主要有：形态畸变、生长势衰退、花色紊乱、花径变小、重瓣性降低、花期不一、抗逆性变差等。

14.2.2 造成园林植物品种退化的原因

(1) 发生混杂

混杂是导致园林植物品种退化的重要原因。根据混杂发生的程度的不同，可将其划分为机械混杂和生物学混杂两类。

①机械混杂　在园林植物采种、晒种、储藏、包装、调度、播种、育苗、移栽、定植等栽培和繁殖过程中处理不当，把一个品种的种子或苗木机械地混入了

另一个品种之中，从而降低了优良品种的纯度。由于纯度的降低，其丰产性、物候期的一致性都降低了，观赏价值也因此而降低了，给栽培管理和进一步良种繁育都带来了损失。机械混杂的危害主要在于机械混杂以后，紧接着常常发生生物学混杂，这就给栽培带来更大的损失，造成品种更严重的退化。

②生物学混杂　是指由于品种间或种间发生一定程度的天然杂交，造成一个品种的遗传组成中混入了另一些品种的遗传组成。大多发生在用种子繁殖的一、二年生草花中。在园林植物发生生物学混杂后，通常表现出花型紊乱，花期不一，高度不整齐，花色混杂等。如矮金鱼草、矮万寿菊混入高株基因，结果后代植株高度参差不齐，株型混乱。常见退化现象的园林植物有三色堇、矮牵牛、百日草和大丽花等。生物学混杂在异交植物与常异交植物的品种间最易发生，自花授粉的植物中也偶有发生。

(2) 基因突变

园林植物品种中经常会发生基因突变，有些基因突变使观赏性状发生劣变，有的出现返祖现象。如果不经常进行优选，则会使突变基因在群体中扩散，导致群体中基因频率和基因型频率发生改变，最终使栽培群体的一致性遭到破坏，出现品种退化。尤其是一、二年生草花，如一串红、鸡冠花、翠菊等的常规品种，经常出现基因突变导致的品种退化现象。对这类园林植物必须加强选择，防止退化。

(3) 病虫害侵染

植物感染病虫害之后，首先表现出染病症状。如美人蕉感染黄瓜花叶病毒导致叶片出现褪绿的斑点，进而叶片卷曲，畸形，植株矮小，最终导致个体死亡。一些病毒与其他病原菌引起的病症不易察觉，但由于植物体内的病理过程与正常的生理过程发生竞争，使植物生长不良，从而表现出生长缓慢，花期不整齐等品种退化现象。如百合、唐菖蒲、郁金香等品种退化的主要原因是病毒感染，其次是真菌性和细菌性病害以及线虫引起的症状。一些虫害导致的品种退化不仅表现在虫害发生时的病症和对植物生长造成的危害，还表现在虫害（如刺吸类害虫）带来的病害使植物生长进一步受到影响。

(4) 繁殖方法不当

由于园林植物遗传组成的复杂性和多样性，在繁殖过程中必须采取适宜的方法。如有性繁殖的杂种后代进行良种繁育时，必须考虑不同基因型和表现型杂种后代分离导致的品种整齐性和一致性的降低的问题。进行营养繁殖的植物应该考虑体细胞突变的存在，采取插条的部位和方法不合理也会导致营养繁殖植物的品种退化。长期营养繁殖而得不到有性复壮的机会，使植物体异质性水平逐步降低，致使生活力下降；长期自花授粉，导致隐性基因纯合，出现不良性状，最后导致优良品种的产量、生长势和其他观赏特性退化。

(5) 栽培环境不适

人工栽培条件对园林植物栽培品种是一种强大的选择压力。当这种选择压力减小的时候，绝大多数的栽培品种会向着野化的方向发展。如果原育种地与栽培地的生态环境差异过大，尤其是栽培条件过差导致植物处于逆境状态时，劣性的、近于野生的基因表现的机会增加，会导致返祖遗传现象的出现，引起群体的表型发生劣变。如郁金香异地栽培时出现品种退化的原因主要是生态条件（尤其是气温）不适。又如大丽花、唐菖蒲喜冷凉环境，若栽培在南方湿热环境下，往往生长不良，花朵变小，花序变短等。因此，给优良品种提供与原育种地相同或者相似的栽培条件是优良种性得以表现的保障。

14.2.3　防止品种退化的技术措施

14.2.3.1　防止品种退化的基本方法

我国园林植物品种的遗传背景复杂多样，多采用“提纯复壮”的方法。目前国际上商品化种子生产采用分级繁育和世代更新制度，即采用“保纯繁殖”的方法。从我国园林植物品种生产的实际情况看，应从如下几方面开展工作：首先，建立合理的良种繁育管理制度和优良品种推广的技术体系；第二，加强优良品种栽培技术研究，在推广优良品种的同时提供种植技术服务，建立“良种结合良法”的生产技术体系；第三，加强育种工作，及时替换已经退化的品种。

14.2.3.2　防止品种退化的技术措施

（1）防止混杂

①防止机械混杂　防止机械混杂是良种繁育工作中首先要做到的。严格遵守良种繁育制度，避免混杂，在种子（苗、球）生产每一步骤中必须严格遵守操作制度。采种时应由专人负责，及时采收并随时登记；晒种时各品种应间隔一定距离；在优良品种种子贮藏中应该建立适宜的档案和登记制度，分类包装贮存，对入库和出库的种子进行登记；播种育苗中注意相似品种间隔种植；播种地和定植地应该合理轮作，以免隔年种子萌发造成混杂。实施营养繁殖时，从不同品种母株上采下的插穗必须分类包装储存，扦插时必须在苗床上使用插牌标记不同品种；移苗时必须严格注意去杂，苗床必须插牌并绘制定植图。

②防止生物学混杂　防止生物学混杂的基本方法是隔离与选择。如下隔离方法可以有效防止混杂的发生。

机械隔离：在园林植物开花期采用花序套袋、罩网和温室等隔离措施可以防止昆虫传粉。这一方法适用于繁殖材料较少的原种或保存原始材料。隔离留种时可以人工辅助授粉，也可以在温室内放养蜜蜂等传粉昆虫。

空间隔离：生物学混杂的媒介主要是昆虫和风力传粉。因此隔离的方法和距离随风力大小、风向情况、花粉数量、花粉易飞散程度、花朵重瓣程度以及播种面积等不同而异。这些参数在不同植物中有所不同，如：波斯菊、金莲花、万寿菊、金盏花等的最小隔离距离为400m；蜀葵、石竹为350m；矮牵牛、金鱼草、百日草等约200m；一串红、半枝莲、翠菊、香豌豆等为50m；三色堇和飞燕草30m就可以有效隔离。

时间隔离：时间隔离是防止生物学混杂极为有效的方法，时间隔离可分为跨年度的和不跨年度的两种，后一种是在同一年内进行分月播种，分期定植，把开花期错开，这种方法适用于某些光周期不敏感的植物。

(2) 创造适合优良品种种性的栽培条件

使用适宜优良品种特性的栽培方式，可以使园林植物的优良特性充分表现出来。在进行优良品种栽培时应从如下方面给予考虑：

① 选择适宜良种繁育的土壤　选择具备良好团粒结构、排水良好的土壤，对于球根类花卉的生产特别重要。

② 加强田间管理　适当扩大营养面，使采种植株间与一般生产植株相比适当加大株行距，不仅可以扩大繁殖系数，而且可以提高种子的质量；良好的水肥管理措施不仅可以使采种植株生长健壮保障种子质量，还可以有效防止病虫害发生。

③ 合理轮作　这一做法可以有效防止病虫害进一步蔓延，合理利用地力并促进植物生长发育，对于良种繁育特别有益的是还能防止混杂和一定程度地防止球根花卉生活力的退化；对于像菊花类忌连作的植物，合理轮作是极为必要的。

④ 避免砧木不良遗传性的影响　一些木本园林植物常采用嫁接的方法繁殖良种，选择适宜的优良砧木是使优良品种的接穗充分生长的前提。一般一、二年生的良种接穗不要嫁接在野生的老龄砧木上，以嫁接在栽培品种的一、二年生实生苗上为宜。

(3) 加强选择

选择是克服园林植物品种退化最有效的方法。有性繁殖的园林植物在进行良种繁育时，应选择品种典型性高的单株作为采种植株，如果是从花序上采种则应选择开花优良的花序采种。同一植株不同部位的花序或小花所产生的种子的品质往往不同，在进一步生长过程中不同部位种子产生的植株往往会表现出差异。在同一花序中应该选择较早成熟的种子。因为即使在同一花序中，不同位置的种子品质也不同。为了提高种子品质，对留种单株进行整形和修剪等处理，保障采种枝条充分生长会有良好的效果；对无性繁殖的园林植物材料应及时淘汰采穗母本中出现劣变的个体，或者选择性状优良而且典型性好的优良单株采取接穗和插条。由不定芽萌发长成的徒长枝或根蘖处容易出现变异，不宜作为繁殖材料。严重感染病虫害的植株应及时淘汰。

(4) 用种性较纯的优质种苗定期更新生产用种苗

有性繁殖的一、二年生园林植物应该每隔一定年限（一般 3 ~ 4 年）用纯度较高的原种更新繁殖区的种子。无性繁殖的园林植物除应注意加强选择和保持采穗母本的高质量外，还可以采用组织培养的方法脱除植物体内病毒，有效防止由于病毒积累导致的品种退化。目前，国际上很多大型花卉公司已经对菊花、香石竹、兰花、大丽花、百合、矮牵牛、鸢尾、小苍兰、水仙等园林植物采用组织培养脱除病毒，并进行工厂化育苗培育优质商品种苗。

14.2.3.3　提高良种生活力的技术措施

(1) 改善栽培条件

适宜的栽培条件是保障园林植物良种生活力的重要措施。生产中可考虑如下3个方面：第一，改变播种时期。改变播种时期的作用是使植物在幼苗和其他发育时期遇到与原来不同的生活条件时能同化这些外部条件；第二，将长期在一个地区栽培的品种，定期换到另一地区繁殖栽培，经1～2年再换回原地栽培；第三，采用特殊农业技术处理。如采用低温锻炼幼苗和种子，高温和盐水处理种子，以及对萌动种子进行干燥处理等都能在一定程度上提高植物的抗性和生活力，尤其最后一种处理对提高抗旱性有良好的效果。

(2) 加强选择

选择是保持与提高良种生活力的有效的措施。应该及时从优良品种群体中将生活力呈现下降的单株筛除掉，防止不良基因在群体中扩散。选择易于提高生活力的繁殖材料进行繁殖。同时注意不同栽培条件下植物在生活力方面表现的差异，注意提供适宜优良品种生长的栽培条件。

(3) 不断加强育种工作，提高品种生活力

不同类型的杂交可以在一定程度上提高品种生活力，也能有效保持优良品种的特性。第一，品种内杂交。在自花授粉植物同一品种不同植物间进行杂交最好能在不同条件下事先培育种株，并运用自由异花授粉，如难以做到预先培育，至少也应采用10株以上的父本花粉来进行人工授粉。第二，品种间杂交。在特别选出的品种组合中进行异花授粉，可以利用F_1的杂种优势，提早花期，提高生活力，增进品质和抗性；同时由于F_1性状是一致的，并不会降低其观赏价值，这种方法是由育种机构通过试验找出最好的品种组合后，每年进行杂交，大量生产杂种种子，供应栽培单位的需要。日本花卉业中在金鱼草、报春花等方面应用此法，收益显著。第三，人工辅助授粉。用人工来补足天然授粉的不足，以保证花粉供应和扩大选择受精范围，一般用于异花授粉的植物，如观赏南瓜、观赏向日葵、报春花、重瓣百日菊、四倍体金鱼草等。

(4) 选择易于生活力复壮的部分作繁殖材料

同一植株的不同部位发育阶段不同，其生活力复壮的能力也有差异。一般愈年幼的部分复壮能力亦愈强，相反则愈低。例如选择大丽花基部或中下部的腋芽扦插，不仅成活率较高，而且植株矮粗壮，品种典型性高；如选用中上部腋芽扦插则植株细弱而品种典型性差；扦插繁殖四季海棠时，上部插穗长成的植株细长，少分枝，生长势极弱，而下部腋芽插成的植株则分枝较多，生长势也较好。在剪取多年生木本植物的插穗或接穗时，应该从幼龄或壮龄的树上剪取，不宜从衰老的老龄树上剪取，用萌蘖进行树木更新的时候愈接近地面的萌蘖生活力愈强。在多年生宿根花卉中，距离根颈较远的地方，萌发的嫩芽具有较强的生活力，而距离根颈较近处的嫩芽则相对较差，例如菊花用靠花盆边缘处的“脚芽”扦插比用中心处的“脚芽”扦插能得到更强壮的植株。

14.3　园林植物良种繁育的程序和方法

良种繁育技术体系包括：品种审定；良种繁育程序；保持和提高优良品种种性（品种的提纯复壮）的技术措施；良种繁殖的方法；种子（苗、球）检疫制度；种子（苗、球）质量检验；种子（苗、球）贮藏运输等环节。

14.3.1　品种审定

14.3.1.1　品种审定的基本内容

对园林植物新品种进行形态特征、观赏特性、生物学特性、抗性等的评价，通过品种比较试验，筛选出表现优异的品种，并通过品种区域试验，测定其在不同地区的适应性和稳定性。在此基础上确定适应范围和可推广地区，进一步进行生产试验。最后整理供试品种的相关试验结果，品种对栽培管理技术的要求和优良品种应用范围等资料，上报上级技术主管部门审查，经确认后再交付园林植物种子（苗、球）生产部门繁殖推广或交给生产者使用。

14.3.1.2　品种性状评价

这一工作是对园林植物优良品种的性状进行评价。在园林植物品种评价中，多数是将主要目标性状和植物的各方面表现分别计分，最后以总分高者记为优良品种。评分法是目前应用最为广泛的品种评价方法，其特点是：可以根据实践经验确定具体园林植物的主要观赏性状及其整个评价体系中的加权，并加以量化。其操作方法和选择育种中的评分比较选择法相同，获得总分高的品种为优良品种。

14.3.1.3　品种比较试验

这步工作是确定引入或选育的优良品种或品系在当地适应性、观赏价值及推广前景的测试措施。刚引入的新品种或初选出的优良品系尚不能判断其能否在当地推广应用，需要通过以田间试验为主的品种间系统比较方可做出结论。品种比较试验包括田间试验、盆栽试验、温室试验和实验室试验等，而以田间试验为主。田间试验的内容有育种材料试验、品系（或品种）比较试验、品种区域试验、品种栽培试验和引种驯化试验等。试验的结果是通过对在试验地栽培的品种的性状进行评价，筛选出适宜栽培的优良品种。

14.3.1.4　区域试验和生产试验

(1) 区域试验和生产试验的组织方式

园林植物品种区域试验和生产试验由主持单位组织进行。主持单位分国家级、省级和地区（州、市）级三级，分别在品种审定委员会和各级品种审查小组的领导下，与同级种子管理部门共同主持。主持单位的任务主要是：第一，确定和审查参试品种，选择和设置试验点，制订试验方案。第二，安排和落实试验工作，进行技术指导和培训试验人员，检查试验工作的进展。第三，汇总试验资料，向品种审定委员会（审查小组）提出报告和建议。上述任务的具体落实由省级农业科学院负责，种子管理部门协助做好组织工作。地区（州、市）级的区域试验和生产试验工作由地区（州、市）级的品种审查小组、种子部门和同级农业科学研究所商定。

(2) 区域试验

区域试验是鉴定园林植物新品种（系）在不同区域的适应性、观赏效果和利用价值。其程序和工作要求如下：第一，育种（引进）单位（个人）分别向主持试验单位提出申请，或各级品种审查小组推荐。申请（推荐）时，必须附有品种说明（包括品种来源、育种方法、特征、特性、丰产性能和适宜的栽培条件等）。申请参加区域试验的品种，必须经过2年以上品种比较试验，性状稳定，抗逆性强，品质良好，或具有其他特殊优良性状。参试品种，最多不超过10个，由主持单位择优安排。第二，区域试验设双对照，以各生态区生产上大面积种植的品种作为第一对照，具体品种由主持单位确定；各试验点可根据当地实际情况，选定一个当家品种（或主要推广品种）作为第二对照。对照品种的种子，必须符合原种或一级良种标准。第三，每一品种的区域试验，一般要连续进行3年（特殊情况下可缩短为2年），一些可以周年栽培的园林植物可以在3个生长期内完成。在区域试验年度内，参试品种不要随意变动。对在试验中表现特别优异的品种，可在区域试验的同时，进行生产试验；在多数试验点表现过劣的品种，也可以提前淘汰，但均须通过区域试验主管单位的许可。

(3) 生产试验

生产试验是对在区域试验中表现优异并有希望推广的品种，在大田生产条件下进一步鉴定其经济性状和其他特性，确定其在生产上的利用价值。生产试验的要求和工作程序如下：第一，参加生产试验的品种，由主持区域试验单位根据品种审定要求和区域试验结果择优选定。参加生产试验的品种一般不超过2个。第二，在进行生产试验时，要吸收品种育成（引种）单位（个人）参加协商生产试验点的组织安排，由品种育成（引进）单位具体负责（如个人育成的品种，由地县种子部门负责），主持单位予以协助。第三，生产试验的小区面积应在1亩①以上（有条件的点可重复2次），以当地主要推广品种的原种或一级良种为对照；同一生态型地区的生产试验点不得少于3～5处。在进行生产试验的同时，可根据品种的表现情况，在选育单位的指导下有计划地安排一定的示范种植

① 1亩 $=1/15\text{hm}^2$

面积。

(4) 区域试验点和生产试验点的设置

试验点要根据自然区域的土壤和气候条件、耕作制度和生产管理水平等综合考虑进行布点。生产试验还应考虑品种特性及其所需要的栽培技术要求安排试验点。区域试验点应尽可能选定有代表性的农业科研单位试验地或在国营良种场内设置，必要时可在生产单位、种子繁育基地或种子专业户的地块上设置。试验点要相对稳定，中途不要随意变换，并配置必要的器具设备，为试验创造条件。生产试验点除在有代表性的农业科研单位和国营良种场设点外，应侧重在生产单位大田中设置，以求更接近生产实际。

试验点应具备的条件及工作要求如下：第一，各试验点都要配备一定的技术力量，确定专人负责，并保持人员相对稳定，中途不要随意换人，至少在试验年度内不要换人。第二，各试验点要严格按照统一制定的试验方案进行，及时进行田间管理、调查记载和考查分析，保证试验材料、数据采集和数据分析确实可靠。第三，各试验点要按试验方案要求，及时写出试验小结和总结，上报主持单位。总结报告还应分送所在地的地、县种子公司及各参试、供种单位，以便交流。

14.3.2 园林植物种苗繁育程序

14.3.2.1 种苗生产程序

为了有效保障优良品种种苗的质量，防止植物病虫害蔓延，在园林植物良种繁育中逐项提出健康原种繁殖及检验的标准是十分必要的。对于使用插穗进行生产的园林植物，种苗生产程序分为 4 个阶段：

(1) 核心种苗的生产

核心种苗（nuclear stock）也就是超级原种。新品种或现有品种以及杂交种子都可作为核心种苗。这是品种审定后用作第一批繁殖材料的种苗。这些品种基本上都应采用茎尖培养以消除各种病原。

① 核心种苗的生产　用于生产核心种苗的侯选材料应栽培保存在独立的防虫温室中，并与核心种苗隔离开。所有植株应分别种植在装有灭菌基质的花盆中，并严格防止各种类型的病原侵染。对一些病原菌以及其他病害是否会对植株造成侵染可通过目测做定期检测。

② 核心种苗的保持　核心种苗通过组培方法进行保持与扩繁，这样可以保持核心种苗特性一致。此外，也可以栽培在专门用于保存核心种苗的适宜防虫温室中。核心种苗应每年进行一次复检，有些多次繁殖的品种一年至少进行两次复检。从核心种苗上获得的插穗，只要种植在与核心种苗相同环境并分别通过病原检测，即可以视为核心种苗。对检测中表现为阳性或出现任何病状（真菌、细菌、病毒）的植株应立刻清除。每一个株系的核心种苗都应保留几株并将所有

植株栽种在栽培槽中，以便进行病原检测。如果发现任何一株带病，所有这些植株都取消其核心种苗的资格，并进行复检。

(2) 繁殖种苗的生产

繁殖种苗（propagation stock）是核心种苗繁殖后的材料。核心种苗在严格的保持条件下可以扩繁2代以上，扩繁的繁殖苗要栽培在防虫温室中的花盆或栽培槽中。所有植株的来源应记录清楚，这样每株种苗都可根据繁殖的代数追溯到核心种苗。栽培期间定期进行病虫害的防治。在目测检测时，所有表现病症的植株都要清除，并定期对原种随机抽样进行检测。对所有检测出的带毒植株都要清除，如有必要应进行第二次检测。

(3) 母本苗的生产和养护

从原种上生产的扦插苗经生根即为采穗母本苗（certified stock），母本苗生产的扦插苗即为鲜切花和盆花生产用种苗。母本苗应种植在隔离土壤的栽培槽中。定期进行病虫害防治，发现带病植株立刻消除，并对常见病害进行随机抽样检测，对于真菌和细菌病害要经常进行目测检查。此外，经繁殖苗和母本苗生产的植株要检测品种纯度以及是否发生变异。在种植过程中，提供良好的栽培养护条件，保持母本苗良好的生长状态，是从母本苗上获取优质生产用苗的保障。

(4) 生产用种苗的生产

生产用种苗的质量是园林植物优良品种进入生产过程的关键步骤。在采穗母本的质量得到保障的前提下，适时采穗、合理贮藏、按制度进行登记和调拨是提供高质量生产用苗的重要环节。

14.3.2.2 各级种苗繁殖机构的注册和认证

在种苗繁殖过程中应对所有从事生产核心种苗、繁殖苗、母本苗和生产用种苗的企业或机构均须事先申请，经过官方注册认证，方可进行生产。注册单位每年需进行年审，若结果达到要求，可以继续进行生产。生产机构应遵守认证规则，申报产品的生产地点，并在每个生长阶段随时接受官方检查。根据从业者的设施设备情况，一般将其分为“A”、“B”两级。

(1) “A”级生产机构

批准生产和繁殖核心种苗和原种的机构为“A”级生产机构必须达到如下要求：采用以上规定的生产方法进行材料繁殖，并具有必要设施设备和受过培训的人员。如果茎尖脱毒是转包给其他实验室，该实验室也应进行注册。根据要求，提供完全隔离而且封闭的设施以确保满足生产核心种苗生产。另外，提供隔离而且封闭的空间以繁殖植株和生产扦插苗。核心种苗、原种的生产和繁殖都应分散在不相连的地方进行，以符合要求。要配备必要的设备，以便在生产及繁殖时期，能有效地执行病原的检测。操作人员必须有足够的生物学及血清学检测经验。如果生物学及血清学检测转包给其他实验室执行，相关的实验室也必须经过注册。如果生产过程中需组织培养，或转包给专业实验室执行，其相关项目都必须注册。

(2) “B” 级生产机构

只注册可生产母本并采集插穗的企业或机构即 “B” 级生产机构。生产条件应符合母本繁殖和生产的设施设备要求。

14.3.2.3 种苗生产的措施和方法

良种繁育概括地说有两个方面：第一，向生产和使用种苗的单位提供品种纯正、种性性状显著并且生活力强的优良品种；第二，运用各种繁殖技术，加速繁殖，提高繁殖系数，满足生产和使用上的数量要求。园林植物种苗繁育生产主要应做好如下两方面的工作：

(1) 良种繁育圃的建立

对于园林树木优良品种的推广，主要是通过良种繁育圃的建立，通过有性和无性繁殖手段，在保证优良品种质量的前提下，加速繁殖。良种繁育圃包括良种母本园、砧木母本园和育苗圃。

① 良种母本园 其任务在于提供苗圃繁育良种过程中所需要的大量优良品种的接穗、插条、枝芽以及实生繁殖的种子。母本园的建立，一般根据需要和可能条件进行选址，或选择条件较好、栽培水平较高的苗圃，通过选择母树将其改造为母本园。在条件允许的情况下，对其中个别优良单株可以采用特殊管理和保护措施，作为采种母树进行单系繁殖。

② 砧木母本园 在嫁接繁殖中，如果嫁接苗所选用的砧木差异很大，对接穗品种习性会产生不同的影响，使优良品种种性表现出差异或引起退化。有时采用了不恰当的砧木，会因亲合性下降而造成严重损失。因此，在园林树木优良品种选育和良种繁殖的同时，还应重视优良砧木品种的选育和建立良好的砧木母本园。

③ 育苗圃 育苗圃的任务是繁育品种纯正和高质量的苗木。目前，良种繁育正在日益走向具有人工模拟自然条件、电脑控制、排灌设施、能适应机械化操作、无严重病虫害和自然灾害的大型、高效育苗圃。国内育苗单位正在不同程度地引进国外先进的育苗经验和设备，逐步创造条件向育苗生产的专业化方向迈进。

(2) 优质种苗的生产

①培育无病毒苗：园林植物的好品种，通过无性繁殖几年后，往往因积累病毒而产生退化。因此无病毒苗的繁殖已受到国内外的广泛重视。企业和生产性苗圃应与科研机构合作，对园林植物采取茎尖组织培养脱毒，获得无毒的生产用种苗、种球。

②快速育苗技术：目前，越来越多的新技术应用到园林植物育苗中。如，通过组织培养技术来加快繁殖系数，利用全光照自动喷雾技术来提高苗木扦插成活率，采用容器育苗技术等。

14.3.3 园林植物种子繁殖程序

14.3.3.1 良种繁育制度

(1) 园林植物种子的种类

自1909年F_1杂种四季秋海棠后，到20世纪50年代日本将杂种优势成功地应用于矮牵牛、金鱼草、三色堇等的F_1制种中，这是花卉种子工业的一大革命。目前几乎所有常用的一、二年生草本花卉，尤其是金鱼草、百日草、藿香蓟、膜叶秋海棠、金盏菊、蒲包花、仙客来、香石竹、凤仙花、万寿菊、矮牵牛、半边莲等都有F_1品种。花卉杂交种生产技术的真正突破发生在20世纪50年代以后，有许多创造性的方法被用于F_1制种，取得了巨大的成就，包括雄性不育系、利用真空花粉收集器辅助授粉、通过诱导体细胞胚合成人工种子等。近些年在一些园林植物上开始普及F_2种子，其中有金鱼草、矮牵牛和三色堇等，F_2种子比F_1种子要便宜得多，所以更便于生产者使用。尽管F_1种子具有许多优点，但目前国际市场上流通的园林植物种子仍有五大类：

① 混合或自然授粉种子（mixture or open pollinated seeds）

② 自交系种子（inbred lines），或常规种子与纯种

③ F_1代杂种种子（F_1 hybrids）

④ F_2代杂种种子（F_2 strains）

⑤ 人工种子（synthetic / artificial seeds）

(2) 优良种子繁育制度

国际上种子业均实行分级繁育的制度。如美国、英国和加拿大将蔬菜种子分为育种者种子、基础种、登记种和检验种，其中检验种为生产用种。荷兰则分为超级原种、原种、基础种和检定种，其中检定种为生产用种。我国在农业生产上种子分类采用两种方法：一种分为原原种、原种、良种和生产用种。其中原原种是育种家种子，生产用种是商品种子，由良种繁育而成；另一种分类方法分为原原种、原种和良种三类，其中良种是商品种。鉴于目前在生产上大面积推广应用的园林植物品种大多数是F_1，其繁殖系数都较大，采用育种家种子、原种、良种的分级繁育方式最好，这样可以提高良种的质量。一、二年生草花良种繁育的基本程序是：育种家种子产生原种，原种产生良种。

育种家种子（breeder seed）就是育种者育成的遗传性状稳定的品种或亲本种子的最初一批种子，用于进一步繁殖原种种子。育种家种子的品种典型性是植株在良好生长条件下表现的主要特征，即该品种或亲本的性状标准。原种（basic seed）是由育种家种子繁殖的第1代至第3代，或按原种生产技术规程生产的达到原种质量标准的种子，用于进一步繁殖良种种子。良种（certified seed）是由常规种原种繁殖的第1代至第3代，或由原种及亲本繁殖的杂交种，达到良种质量标准的种子，用于大田生产。

14.3.3.2 原种种子生产程序

(1) 利用育种家种子生产原种的程序

这种程序比较简单，只需将育种家种子播于原种繁殖圃内，在各生育期鉴定各个种株，拔除可能因浸种、催芽、播种、育苗及定植等栽培环节引起的机械混杂或由于自然突变引起的突变株；注意严格隔离；采取有效措施扩大繁殖系数，如较大的株行距、辅助授粉、合理水肥管理、植株调整、分期采收等方法；混合采种，并严防机械混杂。所得原种继续扩繁成原种一代，原种一代再扩繁成原种二代，原种一代或原种二代经田间鉴定及室内检验后，如符合标准即可用于繁殖良种。采用育种家种子繁殖原种，需要不断提供育种家种子。可以通过在品种育成时将育种家种子贮藏在低温库，然后用逐年提供少量育种家种子的方法来解决这一问题。

(2) 用“三圃制”生产原种的程序

利用育种家种子生产原种往往在生产上有困难。一方面由于育种家种子数量有限，而且只在有限世代内繁殖原种，满足不了生产良种的需求；另一方面由于我国常常是育种者与种子繁育经销脱节，育种者往往生产的育种家种子量很少。所以我国农业上普遍采用“三圃制”生产原种的程序。此程序又称“株系选优”提纯生产原种，即单株选择、分系比较、混系繁殖的方法。园林植物育种中可以借鉴。

① 选择优良单株　将生产原种的基本材料种植到选择圃中，在整个生育期特别是在主要性状充分发育的时期，选择具备本品种典型性状并表现很强丰产性、抗逆性的优良单株留种。在选择单株时，对主要性状及原品种具有的特别优良的性状要从严选择。

② 分系比较　这一步又分为株（穗）行比较试验和株（穗）系比较试验。株（穗）行比较试验是将入选的单株（穗）以株（穗）为单位种于株（穗）行圃，进行比较鉴定。株（穗）行比较的用地要求土壤肥沃、地势平坦、隔离安全，采用优良的栽培技术，生育期进行必要的观察记载和比较鉴定。收获前综合各株行的表现，根据品种的典型性、抗逆性、整齐度及其他经济性状进行初选，在收获时进行决选。将入选的行分行收获、脱粒收种。株（穗）系比较试验是将上年入选的各单系，播于株（穗）系圃，每系一区，顺序排列两次重复，对其典型性、丰产性、适应性等进一步比较。种植及管理方法参照株（穗）行圃。在营养生长期和开花期分别进行观察记载和比较鉴定，去杂去劣，选择优良的株系进行采收。

③ 混系繁殖　将上年入选的株（穗）系种子混合，种于原种圃，扩大繁殖。繁殖田要隔离安全，土壤肥沃，并采用增大繁殖系数的栽培技术措施繁殖原种。生育期间，加强田间管理，并严格去杂汰劣，以此获得的优良种子即为原种。该原种根据需要可继续扩繁一两代，获得原种一代、原种二代，然后繁殖良种。

14.3.3.3 生产用种子的生产

生产用种子的生产是使优良品种应用于社会的重要环节，各类园林植物种子的生产技术和措施因物种不同而各异，现只介绍生产用种生产的几种方式及基本技术。

（1）常规品种生产用种的生产

生产用种的繁殖一般由专业化的单位或农户来生产。在生产技术措施方面应注意以下几点：种子田不能重茬连作，防止上茬残留种子出土，造成混杂，并有效地避免或减轻一些土壤病虫害的传播。同一品种要实行连片种植，避免品种间混杂。一般异花授粉作物不同品种间隔离距离要比常异花授粉作物大，以自花授粉作物隔离距离最小。留种栽培与应用栽培的播种期不完全相同。留种栽培的目的在于收获种子，所以其播种期的确定主要在于保证种株的发育和开花结籽的能力。在最适宜的季节进行种植。在良种繁育过程中，从整地、播种到收获前的一系列田间栽培管理工作都要精细。要注意去杂、中耕、除草、排灌、合理配方施肥和及时防治病虫害等，以保证作物安全生长和正常发育。

（2）杂交种子的生产

绝大多数草花生产用种子都是 F_1。F_1 的生产技术除注意在常规品种良种繁育中注意的几点外，因制种方式不同而采用不同制种技术。

① 人工杂交制种　目前生产上以人工杂交制种为主。为了提高制种产量，确保杂交种的质量，在制种时必须注意以下几个重要问题：第一，防止混杂。通过设置隔离区防止外来花粉的侵入造成混杂；及时去雄，防止非计划杂交的发生；父本和母本分区栽植避免果实采收时发生混杂现象。第二，加强杂交技术研究。如：调整花期解决父母本花期不遇的问题；人工辅助授粉提高受精几率；在不影响授粉的前提下，应尽量增加母本行数，以提高制种产量。第三，及时选择。一般在育苗期或定植、间苗、定苗时根据父、母本自交系的形态、叶色、叶形、生长势等特征进行第一次去杂去劣；待现蕾时进行第二次去杂去劣；第三次是开花授粉前进行关键性的去杂去劣。去杂去劣一定要认真负责。对父本杂劣株要特别重视，做到逐株检查，以保证制种质量。收获及脱粒前要对母本果穗认真选择，去除杂劣果穗。第四，加强养护管理，对杂交母本区要提供良好的肥水条件，及时摘除未杂交花蕾，加强病虫害防治，保证杂交果实的良好生长发育，并注意防止风害和鸟害造成的种子损失。

② 利用雄性不育系制种　利用雄性不育系作母本是目前杂交制种应用最广泛的一种简化制种手段，不仅可以省却去雄授粉所需的大量劳动力，而且还可以避免因人工去雄而造成的操作创伤，导致杂交种产量的降低。目前应用最广泛、最有效的方法是利用胞核互作不育型雄性不育系，即利用不育系（A 系）、保持系（B 系）和恢复系（C 系）三系法生产 F_1 种子。

③ 利用自交不亲和系制种　利用自交不亲和系配制 F_1 是除雄性不育系外的另一重要简化制种途径，在十字花科蔬菜，特别是甘蓝、大白菜、白菜、萝卜、

青花菜等蔬菜作物上已广为应用。目前利用自交不亲和系制种通常利用以下两种方式配制 F_1：一种方式是以自交不亲和系为母本、自交系为父本，母本与父本之比为（4 ~7）:1，从不亲和系上采收的种子为杂交种，自交系上采收的种子不可作为自交系繁殖用种子，也不能用于再配组合。应另设隔离区繁殖自交系和自交不亲和系。另一种利用自交不亲和系制种，方式是父母本都为自交不亲和系，这种方式是目前应用最多、效果最好的。由于一般正、反交的增产效果显著而且经济性状基本一致，所以这种组合互为父母本，可按隔行种植的方式采种，有时也可根据双亲的长势、分枝习性、花粉多少、花期长短等按一定比例定植。种子成熟后可混合采种，如正、反交杂种有明显性状差异，也可分亲本收种。

14.3.3.4　园林植物种子（苗、球）的管理

(1) 种子生产管理制度

为维护种子选育者、生产者、经营者和使用者的合法权益，保证种子质量，促进我国园林植物种子业健康、有序地发展，园林植物生产用的种子（包括果实、球根和茎、苗、芽等繁殖材料）要依据《中华人民共和国种子法》的规定进行生产。种子生产及经营单位需向省级农业厅申请核发《种子生产许可证》、《种子经营许可证》和《种子质量合格证》。

① 种子生产许可证制度　园林植物商品种子的生产，实行《种子生产许可证》制度。凡进行商品种子生产的单位和个人，须在播种前一个月向各地农业行政主管部门提出申请，填写《种子生产申请表》，经审查符合条件者，发给《种子生产许可证》，按规定的地点、品种、面积、数量生产。

② 种子经营许可证制度　种子的经营实行《种子经营许可证》制度。凡从事种子经营的单位和个人，均须向当地农业行政主管部门提出申请，填写《种子经营许可证申请表》，经审核合格者，发给《种子经营许可证》，凭证向当地工商行政管理机关申请办理《营业执照》，按指定的种类和地点经营。持有《种子经营许可证》的单位和个人，每年须到发证单位办理验证。不再继续从事种子经营的单位和个人，应向原发证单位交回《种子经营许可证》，同时向工商部门交回《营业执照》。

③ 种子检验制度　从事种子经营的单位和个人，须进行种子售前检验，经持有省级农业厅核发的《种子检验员证》的检验员检验合格后，发给《种子质量合格证》方可销售。

(2) 种子交流的管理

由于不可抗拒的原因，需收购、调入或供应达不到种子质量标准的种子，须经县以上人民政府批准，并附有种子质量检验结果单。园林植物种质资源受国家法律保护。种子经营单位与国外交流种质资源时必须遵守国务院农业、林业等有关部门关于种质资源对外交流的规定。

国家鼓励集体和个人选育园林植物新品种。审定通过的新品种分别由省农作物品种审定委员会发给证书，并由省级农业厅予以公布。园林植物种子（苗、

球）技术的专利保护和技术转让，依照《中华人民共和国专利法》和国家有关技术转让的规定办理。违反种子管理有关规定的，按《中华人民共和国种子管理条例》及其《实施细则》的有关规定执行处罚。

14.3.4 提高良种繁殖系数的技术措施

14.3.4.1 提高种子的繁殖系数

种子繁殖系数是指种子繁殖的倍数。生产上用单位面积的种子产量和单位面积的用种量之比来表示：

繁殖系数 = 单位面积种子产量 / 单位面积种子用量

对留种单株加强培育和养护，使植株生长健壮是获得优质种子和提高种子产量的最好方法。适当扩大株行距，扩大营养面积，适当地修剪，人工辅助授粉，异地繁殖和增加繁育世代可以使种子的产量极大地提高。抗寒性较强的一年生植物可以适当早播，延长营养生长时期，以利于提高单株产量。一些春化阶段对环境条件要求严格的植物，如桂竹香等可以人工控制，延迟春化阶段的到来，在增加营养生长以后，再使其通过春化阶段，从而提高单株产量。对植物摘心，促使侧枝生长，也能提高单株采种量。对于许多异交或常异交的花卉，如石竹、瓜叶菊、蒲包花、仙客来等可进行人工辅助授粉，能显著增加种子数量。

14.3.4.2 提高一般营养繁殖器官的繁殖系数

园林植物广泛采用无性繁殖方法进行繁殖。无性繁殖所获得的苗木称为营养繁殖苗（或无性苗，有的也称克隆苗）。可以充分利用园林植物的巨大再生能力繁殖生产用种苗。

（1）充分利用园林植物巨大的再生力

园林植物可以用来进行营养繁殖的器官很多，如根、茎、叶、腋芽、萌蘖等，可充分利用园林植物的这种较强的再生力，提高繁殖系数。

（2）延长繁殖时间

通过利用电热插床以及温室等保护设备，几乎终年可进行扦插、分株、嫁接等无性繁殖手段，延长繁殖时间，提高繁殖系数。采用现代育苗技术，如穴盘苗技术、组织培养技术等，借助设施可以实现周年繁殖园林植物。

（3）节约繁殖材料

在原种数量较少的情况下，可以利用单芽扦插、芽接甚至采用茎尖培养以节省繁殖材料。

14.3.4.3 提高球根花卉的繁殖系数

许多园林植物是利用地下的变态器官——球茎、鳞茎、块茎、块根等进行繁殖的，通常的繁殖方法是利用自然形成的子球繁殖。可以通过一些措施提高子球的繁殖数量。球根花卉在种植时，可采用深栽和加大株行距等措施提高种球产量。如百合深栽形成的小仔球比浅栽形成的小仔球数量多。百合的一些品种，在叶腋处生有球芽，可在球芽成熟时剥离，另行栽培，培养 1 ~ 2 年即可开花。为使球芽形成的数量多、个体大，可把花蕾掐掉。每年 7 ~ 8 月，将风信子的母球从地里掘起后，用刀切割鳞茎的基部，然后埋于湿沙中，经过 2 周取出，置于有木框的架子上，保持室温在 20 ~ 22℃，注意通风和不见阳光，这样放几个月后可见伤口附近增殖大量小球，再将母球连同子球一并栽培露地，培养 1 年后再行分栽，2 ~ 3 年后就可培养成开花球。将郁金香冷藏后期的鳞茎置于 33 ~ 35℃之高温室内处理一定时间，一般 9 月中旬处理 15 ~ 20d，10 月上旬处理 10 ~ 15d，10 月下旬处理 7 ~ 10d，这样可抑制花芽的发育，植株不开花，而提高种球的繁殖量。

14. 3. 4. 4 组织培养

利用园林植物的根、茎、叶、花等器官为外植体，通过组织培养的方法，能快速而大量地繁殖。如从理论上讲，1 年内可从 1 个兰花茎尖很容易地繁殖出 400 万株兰花苗来。所以组织培养是提高良种繁殖系数的重要途径。

14. 4 园林植物优良品种的生产

在大规模的园林植物生产中，保持优良品种的种性，是企业发展的要求。掌握品种栽培特性，按照育种者的要求，为优良品种特性的表现提供优良的种植条件是非常必要的。“良种结合良法”是育种工作和优良品种生产中需要遵循的一条重要原则。我国地域辽阔，气候多样，花卉资源丰富。适地适花、因地制宜生产园林植物优新品种，进行优良品种生产区划布局是非常重要的。这样才会使各个生产基地以最有效的园林植物资源、最低的资金投入取得最大的经济效益。

14. 4. 1 建立合理的良种繁育基地体系

建立一个与我国不同地区相适应的适当集中的多层次园林植物育种及良种繁育体系，在此基础上建立鲜切花、盆花、观叶植物、热带花卉、配材切叶、盆景及绿化用大规格苗木等生产基地体系。以此来合理、充分、高效地进行园林植物产、供、销一条龙服务。综合考虑各地小区域自然环境和经济社会条件的差异，我国园林植物生产布局的指导思想应是：坚持园林植物生产向科学化、规模化、专业化、现代化的方向发展，适地适花，因地制宜，以市场为导向，资源为基础，技术为依托，综合考虑各种条件和因素，统筹进行生产规划和布局，使各类生产基地均能以最少的人力物力财力的投入，求得园林植物生产和气候、土地、地产资源及销售市场的最佳组合，并取得最大的经济效益。

14. 4. 2 根据各地自然条件选择适宜品种进行种植

根据合理布局的指导思想，在园林植物生产结构的调整和总体布局中则应坚持以下原则：坚持自然资源和环境条件相结合的原则，求得园林植物生产与自然资源及环境条件的最佳组合，力争以最少的投入获取最大的经济效益和社会效益。坚持追求规模化、专业化的生产结构和布局原则，以现代科技应用为主要手段，以适度的生产规模和专业化生产来促进现代花卉业的形成和发展。坚持交通运输条件优先，综合考虑区位条件、通讯设施及其他产业基础和社会环境等因素的原则，力求把人为因素可能造成的风险及损失降到最低限度。温度、有效积温、光、水、土壤、交通、通讯等因素也是进行区划布局必须考虑的重要条件。

14.4.3 建立健全生产管理制度

园林植物生产较其他种植业更为精致。不同的种植条件会产生不同的园林植物产品。为了保障品种特性的整齐一致和种植采收期的一致性，获得符合市场要求规格的产品，企业在生产过程中必须建立一套完整的生产规程。包括：生产用种苗的质量；种植中的操作要求；土地、水、肥和病虫害防治的技术措施；花期调控的技术措施；采收、贮藏和包装运输的技术要点。园林植物生产的最终目的是要把符合市场需求的园林植物品种以最优的品质送到消费者手中。

（吕英民　戴思兰）

复习思考题

1. 简述良种繁育的概念及任务。
2. 造成园林植物品种退化的原因有哪些？
3. 简述防止品种退化的措施。
4. 结合实际阐述园林植物良种繁育的程序和方法。

本章推荐阅读书目

园林植物遗传育种学．程金水．中国林业出版社，2000.
园艺植物育种学总论．景士西．中国农业出版社，2000.

第15章　园林植物育种的试验设计

[**本章提要**] 试验设计是植物育种中的一项基础工作，而植物育种工作本身就是试验生物学的一部分。本章主要从试验设计的基本概念、基本原理和常用方法，并从园林植物育种的特点介绍了其与试验设计之间的相互关系。

“工欲善其事，必先利其器”，试验设计是一项研究工作的开始。数理统计的发展，使得生物科学逐渐成为可以用数学方法来研究的科学；同时，生物科学也促进了数理统计的发展。因此，二者的结合使得与田间试验紧密相连的园林植物育种研究能够借助于数理统计的原理和方法得到发展，可见它们对植物育种工作的重要性。

15.1　试验设计概述

试验设计（experimental design）有广义和狭义之分：从广义来讲，它是指在科学研究之前对整个试验内容进行的设计，包括相关资料的收集和分析、试材的选择以及课题拟定等；而狭义的试验设计是对试验方法和统计分析方法的专门考虑。合理完善的试验设计应该以能否用最少的人力、物力和时间获得科学的结论作为衡量的标准。其中，为了减少试验结果中的干扰因素，用数理统计（mathematical statistics）的原理来进行试验设计是必须的，它是制定科学的试验设计和合理分析其结果的必要基础。因此，试验设计应该包括前期相关信息的收集与分析、试验方法和统计分析3部分。

15.1.1　试验设计的发展简史

试验设计是在生产发展的基础上分化出来的研究领域，它随着生产力的发展和各学科之间的相互渗透而不断发展，数理统计的发展对其发展影响很大。其中，最早有记载的农业试验研究是范·海尔蒙特（van Hellmont）著名的盆栽柳树（*Salix* sp.）试验，而最早的田间试验是1834年布森戈（J. B. Boussingault）所进行的。

17世纪贝诺利（J. Bernouli）提出系统论证大数定律，帕斯科（Pascal）和福曼特（Fermat）提出概率论；18世纪迪·摩弗莱（de Moivre）和高斯

(Gauss) 提出正态分布理论；19 世纪高尔顿（F. Galton）提出回归分析方法，皮尔逊（K. Pearson）提出卡平方（χ^2）测验方法；20 世纪古斯特（W. S. Gosset）提出 t 检验，被公认为现代生物统计学（Biometrics）奠基人的费雪（R. A. Fisher）建立了试验设计的三大原理、提出方差分析和田间试验的主要设计方法，雅茨（F. Yates）也对田间试验设计做出了贡献。因此，数学与农业试验产生了不解之缘。这一切也使得试验设计作为一门独立的学科得以形成，并伴随着实验技术的发展和软件技术等新兴学科的兴起而不断地向前发展和完善。其间，它与不同学科的结合便形成了不同的试验设计分支学科，园林植物试验设计就是其中之一，而园林植物育种试验设计又是园林植物试验设计中重要的一部分。

15.1.2 试验设计基础

科学研究可分为实验（test）和试验（experiment）两类，前者是验证性的实践，是从必然到必然的过程；而后者是探索性的实践，是从偶然到必然的过程，即在看似杂乱无章的自然现象中寻找客观规律的过程。试验设计有田间试验设计和室内试验设计等。而园林植物的育种试验多以田间试验设计为主，它包括育种试材的选择（材料来源、亲本及其相关特性等）、育种方法设计（引种驯化、选择育种、杂交育种、辐射育种、化学诱变育种、倍性育种、分子育种等）、品种比较试验（品种差异的栽培管理比较、生理比较、遗传比较等）及其结果的统计分析。因此，了解试验设计的基本知识、掌握园林植物的基本特性和植物育种的相关内容是进行园林植物育种试验的必要前提。

15.1.2.1 试验设计的基本概念

（1）试验指标

试验中用来判断处理效果好坏的标准称为试验指标（experimental observation），简称指标。它既可以是定性的，也可以是定量的。例如，种子萌发率可以作为杂交种子生活力的一个标准。

（2）试验因素

在试验中需要加以考虑的、对试验指标有影响的条件叫作试验因素（experimental factor），简称因素或因子。例如，品种比较试验中的品种就是试验因素。根据试验因素的多少，可以分为单因素试验和复因素试验。

（3）试验水平

试验水平（experimental level）是指试验因素的不同状态或不同的数量等级，简称水平。它是试验中最基本的参数单位。例如，品种比较试验中的品种是因素，而不同的品种就是水平。

（4）试验处理

在多因素试验中，处理是指各个因素水平的组合，叫作试验处理（experimental treatment）或处理组合，简称处理；而在单因素试验中，处理和水平是等价的。例如，在植物与 NaCl 胁迫的二因素试验中，若有 4 种植物，3 个不同的

NaCl 浓度，则共有 12 个处理组合。即处理组合数等于各因素和各水平的乘积。在单因素试验中，只研究一个因素，其他因素不存在单一差异，处理数与水平数相等。

(5) 试验小区

在田间试验中，一般一个试验小区只安排一个处理。安排每个处理的小型地段，叫作试验小区（experimental plot），简称小区。它是田间试验的基本单位。

(6) 试验区组

在田间试验中，安排若干处理小区的小型地段，叫作试验区组（experimental block），简称区组。即若干个小区的组合。

(7) 试验重复

试验中每个处理出现的次数，称为试验重复（experimental replication），简称重复。

(8) 试验效应

试验效应（experimental effects）是指试验系统在输入单一性原则后，而表现在作用上的差异。例如：施肥的植株花朵直径为 3cm，不施肥的植株花朵直径为 2cm，则 3cm 和 2cm 就是施肥的肥料效应。

(9) 交互作用

交互作用（interaction）是指两个或两个以上因素之间相互作用而产生的效应。它分为正交互作用和负交互作用。

15.1.2.2 试验设计的基本要求

为了更有效地研究和解决实际问题，试验设计应该具备的特性有：

①典型性 试验的材料和场地等都要有代表性，这样才能使最终的结果能在生产上推广应用。如试验场地的条件应该能够代表该项成果将来应用地区的自然条件、生产条件和经济状况等；

②精确性 试材来源清楚，试验数据可靠，试验结果可信，反映客观规律；

③重演性 试验结果能够经得起重复，他人在相同或相似的条件下能得到相同的结果；

④坚韧性 试材在遭受自然或人为的局部破坏后仍能够分析，不影响试验结果的获得；

⑤简易性 试验设计在周密严谨的基础上要尽可能的简便易行，具可操作性。

15.1.2.3 试验设计的基本原则

(1) 设置重复

试验误差是客观存在和不可避免的，只有设置重复的试验才能减少误差和正确的估计试验误差。它是根据同一处理内的变异而测定的，如果每个处理只有一个观测值，就无法计算差异，也就无法估计误差的大小。同时，由于土壤肥力、水分、小气候等环境条件的影响，一个观测值往往不能精确地反映某个处理的效果，只有用几次重复的平均值才能代表这个处理的真实效果而避免偶然性影响。

(2) 随机化

在试验中，各个区组的排列及在每个区组内各个处理小区的排列都应该实现随机化，而不能按一定顺序或者试验人员的主观意愿进行排列。随机排列可以使各处理在试验中占居任何一个小区的机会均等，以消除系统误差，确保试验得到的处理平均数和试验误差是无偏估计值。

(3) 局部控制

试验表明，在一定范围内相邻小区间的土壤肥力差异往往较小，超过这个范围则差异较大。所以进行田间设计时，与其把所有处理的所有重复都完全随机地排列在试验场地上，不如把试验场地按照土壤肥力的高低分为几个区组，在每个区组内安排所有处理的一次重复。这样，由于在区组内土壤肥力差异较小，各个处理互相比较的准确性较高，误差较小。

如某试验需进行品种试验，比较 9 个品种间差异，每个品种种植 1 个小区，10 个小区构成 1 个区组；如果试验重复 3 次，则有 3 个区组。这 3 个区组的排列方式如图 15-1，图 15-3 和图 15-4。

①土壤肥力　试验重复小区的排列方向通常与土壤肥力变化的方向垂直。

②地形　试验重复小区的排列方向通常依土地坡向变化的方向设置小区（图 15-2）。

③光照　阳光对植物的影响是很重要的，在温室中开展试验时尤其要考虑到这一点。

④风力和风向　一般以小区在重复内排列方向与风向垂直设置试验地。

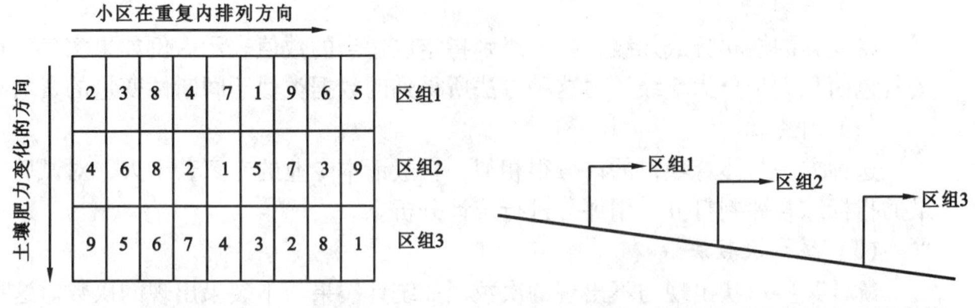

图 15-1　依土壤肥力变化方向设置重复小区　　图 15-2　依土地坡向变化的方向设置小区

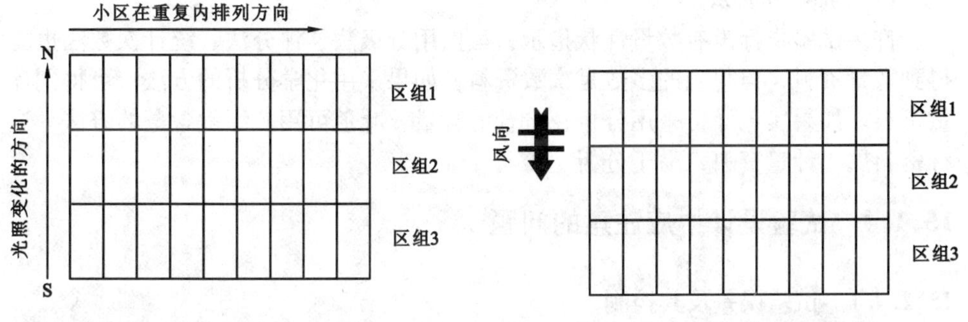

图 15-3　依光照条件设置小区　　图 15-4　与风向垂直设置小区

15.1.3　试验指标的数量化方法

在园林植物育种试验中，试验系统以指标的形式将试验信息输出，而这些试验信息往往体现在数据上。然而，数字本身并没有什么意义，只有携带试验信息的数字（即数据）才具有意义。此外，在同一试验系统中，尽管数据的来源相同，但由于各种原因，数据变化较大。根据研究所观察的对象不同，试验数据可分为两大类：

15.1.3.1　数量性状数据

包括计量资料和计数资料两种：计量资料是用工具或仪器仪表测量、度量、称量或仪器仪表分析的数据；计数资料是通过人为计数或仪器计数得到的资料。计量资料也称连续性变量，如产量、重量、长度、体积、含糖量、果实硬度等性状，其特点是各个变量不仅限于整数，两个相邻的数值间可存在连续的差异；计数资料也称为非连续性变量，如株数、果数、叶片数等，其特点是度量必须用整数表示。

15.1.3.2　质量性状数据

质量性状的数据是指只能够观察描述而不能测量的性状，如果实的色泽、花色、叶色、品种的抗病与感病等性状。这些性状本身不能用数字来表示，因而需要一套数量化方法，以便整理和统计分析。数量化方法一般包括以下 5 种：

（1）分级法

将变异的性状分成几级，每一级别指定以适当的数值表示。例如果实色泽可按着色面积大小分为 5 级，由这种方法所得到的数据类似于间断性变量的资料。

（2）评分法

这种方法与体育项目的评分很相似，一般请本专业的专家若干人，对试验结果的指标综合评判打分，用评分进行统计分析。

（3）统计次数法

统计某些形状出现与不出现的次数，如统计裂果与不裂果出现的次数。这种数据属于次数资料。

（4）化学分析法

许多试验指标没有数量性状指示，虽然用分级法、评分法、统计次数法也能得到数量资料，但得到的多数是次数资料，如果采用化学分析的方法，可得到计量资料。如果实色泽可采用分析花青苷的含量，叶色可用叶绿素含量的方法，这种资料属于计量资料，易于分析。

15.1.4　试验设计中应注意的问题

15.1.4.1　试验误差及其控制

广义的试验误差包括错误、系统误差和偶然误差。此处的试验误差仅指偶然误差，它是除去处理本身外，由于环境条件的微小变异、个体间的差异、测量时不可避免的观测误差等偶然性因素造成的对真实效应的影响。它们具有随机性，所以只能尽量采取各种措施减少这部分试验误差，提高试验的精确性。

为了使试验结果具有典型性，以便将来推广，试验场地应该选在气候、土壤等条件有代表性的地段，即试验场地应该具有试验地区的典型气候、地势、土壤肥力、地下水位等。试验场地不宜靠近村庄、道路、建筑物等。

15.1.4.2 试验小区的控制技术

小区面积的大小与试验误差的大小直接相关。一般来说，小区面积较大时，小区间土壤肥力较均匀，试验较精确。但小区的面积又与区组的大小有关系。根据局部控制的原则，区组面积不宜过大，因而小区面积也不能太大。

小区的形状一般用长方形，有时也用正方形。尤其是当试验场地肥力呈方向性变化时，采用长方形小区更为适宜。另外，区组长边的方向应与肥力变化方向相垂直，而区组内小区的长边应与肥力方向相平行。通常小区的长边与宽边的比以 3:1 ~ 10:1 为宜。

试验所需的小区重复数的主要决定因素是土壤差异程度和试验所要求的精度，以及综合考虑处理的数目、试验场地面积、小区面积、小区排列方式等。通常在土壤差异不大的地区安排随机区组设计需要 4 ~ 6 次重复，如果土壤差异较大或要求精度较高的试验时可安排 8 ~ 10 次重复。

15.1.4.3 对照小区的设置

设置对照的目的是使参加试验的各个处理都能以对照为标准进行比较，以鉴定其优劣；此外，用以矫正和估计试验场地的土壤差异。选择适宜的对照是试验设计的关键之一。如果对照设置不当或者不设对照，则试验结果的应用价值往往不大。例如进行引种驯化试验，必须有当地的优良品种作对照才能评价引种驯化的效果。又如进行不同施肥量的对比试验，必须有不施肥的小区为对照以鉴别施肥的效果。

15.1.4.4 保护行的设置

由于靠近试验场地外侧的植株有明显的边际效应，为了减少误差和防止人畜破坏，应在试验场地周围设置保护行，但一般区组或小区之间不设保护行。同时，对保护行内的植物应该是与试材一致，即（品）种和管理措施等。保护行有以下 3 种形式：

（1）整个试验地周围的保护行

这种保护行任何试验都要设置，一般是在试验地的四周种植至少 2 ~ 3 行的当地标准品种。

（2）小区四周的保护行

在育种试验的初期，因小区面积较小，可不设置此保护行，而在育种试验的后期，如果小区之间没有过大的空间，或各处理之间生长竞争与边际效应影响不大时，在各小区之间可不设置保护行，但小区的两端，则必须设置保护行，以防人畜破坏。小区保护行可以不种植其他植物，而在各小区加设一定宽度的试验用植株，在计算产量、比较质量、记载生长与开花等情况时不包括在试验小区之内。或增加各小区的植株数，在对试验结果分析时，只抽取小区中心部分的植株做比较。

(3) 重复之间的保护行

为了消除各重复之间相互影响，可在其间种植 2 ~ 3 行的当地标准品种作为保护法，如果重复之间影响不大时，也不设置此保护行。

15.1.5 试验设计在植物育种中的意义

植物育种过程是人工改造植物和人工控制植物生长发育的过程，其间充满了不定因素，如何在这种探索性的实践中，从复杂的生命现象中寻找规律就成为育种工作者的一项任务。植物育种试验有两方面的内容：一是对育种方法进行试验设计，寻找最佳的育种方案；二是进行品种的比较试验，选育出新品种。随着现代生物技术的发展，育种方法日新月异。在使用各种方法进行育种工作时，往往面临多种因素的干扰。合理的试验设计可以使育种工作者在尽可能短的时间内获得有效的变异群体，达到事半功倍之效。

此外，由于植物育种的基本目的就是要培育出符合要求的新品种，而在培育新品种的整个过程中，试验设计都发挥着重要作用，如新品种的选择和鉴定主要就是通过田间试验进行的。园林植物育种试验是通过上述原理和方法，从而获得具有真实遗传的、稳定的、可推广的真正植物新品种的过程。植物育种工作者为了正确地鉴定原始材料和育种材料的品质、产量以及各种性状和特性，从而选育出适合生产需要的优良品种，就必须在育种过程中进行一系列的比较试验。其方法有：盆栽试验、温室试验、露地试验和实验室试验等。这无疑都需要借助于试验设计来完成，它是快速、准确获得植物育种结果的好方法。

15.2 田间试验设计

田间试验设计的一个明显特点就是要让试验材料的生长环境条件接近实际生产情况。此外，田间试验是以差异对比法为基础的，即除处理项目有所不同外，其余条件要求尽量保持一致。

15.2.1 园林植物育种试验的特点

园林植物是一群具有较高观赏价值的高等植物，它与通常的植物学研究材料不太一样。此外，为了做好育种工作，了解育种的各种具体方法及其特点是制定切实可行的育种试验设计的前提。因而在园林植物育种试验设计上应该明确以下几点，这些是做好试验设计所必须的。

（1）遗传背景的复杂性

园林植物种和品种众多，了解种间的亲缘关系、品种的直接亲本和其他遗传特性显得非常重要，对于此类问题一定要慎重考虑。

（2）植物生长的季节性

露地、温室、实验室是种植和研究园林植物的主要场所，包括盆栽和地栽等。其中温室、实验室以及盆栽方式便于人为控制外界条件，有利于根据植物生长的季节性，把握住最佳育种时期，为进行相关的研究服务。

（3）生长发育的阶段性

木本植物和多年生草本植物常需要几年甚至更长的时间才能开花、结实，而典型的一、二年生草本植物与大田作物相近。因而了解试材的基本生物学特性和生态学习性是必要的，尤其是多年生植物，它们的器官高度分化、协调进行生命活动，与一、二年生植物有很大的不同，在试验设计及其分析上应用多元分析较多。

（4）繁殖方式的多样性

蕨类植物以孢子繁殖，而种子植物以种子繁殖；但在实际生产中，无性繁殖（扦插、嫁接、组织培养等）应用更为普遍。因此，在试材的选择上应该注意一致性，以减少差异，从而提高试验的准确性，如在同一地点采用相同的繁殖方法，用同一株植物上的接穗繁殖种苗等。

（5）外界因素的多变性

许多园林植物是种植在室外的，尤其是多年生植物不仅要经受四季变化的影响，还要有抵御灾害天气的能力，甚至人为破坏，使栽培环境条件尽可能一致是非常必要的。

15.2.2 育种田间试验设计的常用方法

15.2.2.1 简单田间试验设计

简单田间试验设计主要包括对比法设计、间比法设计、配对法设计和完全随机化设计。

（1）对比法设计

对比法设计的基本思想就是以对照为基准来评价处理的效果。而现在所说的对比法一般指的是小区对比法，它是把每种处理划分为若干小区，并使每个小区都与对照小区相邻（图 15-5）。对照小区的总面积占全部试验面积的 1/3。该方法的主要优点在于设计简便、便于田间评比，但占地大、无法安排多因素试验、有系统误差是其缺点。

（2）间比法设计

间比法设计是在对比法设计的基础上提出来的。其设计思想是使每 2 个或每 4 个处理与 1 个对照小区相邻，仍以对照作为基准来评价处理的效果。此法与对比法设计相比，占地面积相对减少，但计算较烦琐、精度较差。

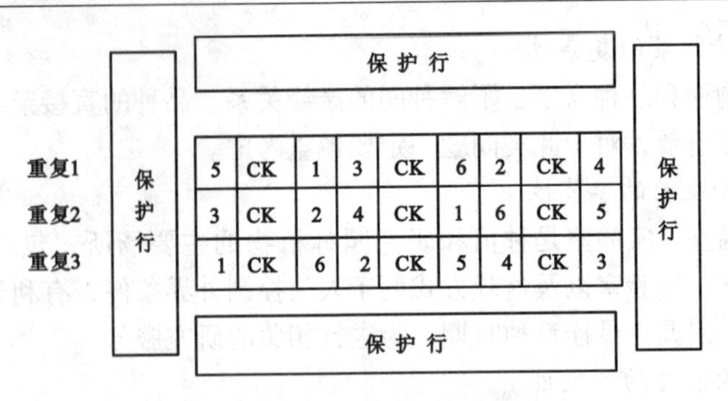

图 15-5　对比法小区随机排列示意图

(3) 配对法设计

如果要比较的处理只有 2 种或者一个对照一个处理，而试验条件又容易控制，就可以把试材分为若干对，每一对安排 2 种不同的处理并使之随机化，这就是配对法设计的思想。此外，该法要求试材一般应在 10 对以上，特殊材料也不应少于 5 对。配对法设计的局部控制最好，故准确性高、误差小、节省材料、效率高、分析简便，适用于精度要求高的小规模单因子试验；其缺点就是对试材的要求较苛刻。

(4) 完全随机化设计

若试验共有 a 个处理，每个处理有 b 次重复，则共有 $a \cdot b$ 个小区，将所有处理的所有重复随机地分配到这些小区中，这就是完全随机化设计了。其中，对照仅作为一个处理来看待。该法基本满足了试验设计的基本原理，能够在方差分析的基础上进一步进行分析，设计机动灵活，但具有局部控制差和费工费时费力的缺点。其主要适用于材料较少、规模较小、试验场地差异也较小的试验。

15.2.2.2　完全随机区组设计

在田间试验中，随着试验规模的扩大，试验场地势必增大，从而可能带来试验场地因地形、地势、土壤肥力、光照等造成的差异。为此，根据试验设计的基本原则和方法，把整个试验场地分成若干区组，并使每个区组内部外界环境条件基本一致，然后把所有的处理全部安排到每个区组中去加以比较，而不同区组间可以有环境条件的差异。这就是完全随机区组设计（random complete block design，RCBD）的思想。

完全随机区组设计的区组数就是该设计的重复数。当试验场地面积一定时，区组数要与处理数、小区面积、株行距等因素综合考虑确定。从数理统计的观点看，进行方差分析时误差项的自由度应不小于 12。误差项的自由度计算可用

$$df_{误} = (a-1) \cdot (b-1) \geqslant 12$$

式中：a——处理数；

b——区组数。

据此可得不同处理数时最少的区组数（表 15-1）。

表 15-1 RCBD 所需的最少重复数

处理数	2	3	4	5	6	7	8	9
重复数	13	7	5	4	4	3	3	3

（1）设计方法

单因子设计的目的仅在于检查一个因素的不同水平间有无差异。例如，要比较 9 个毛白杨（*Populus tomentosa*）无性系的生长速度，便可使用此方法。其中毛白杨无性系是试验因素，9 个无性系是该因素的不同水平。按表 15－1 确定最少重复数，然后在试验场地内按垂直于土壤肥力的变化方向的原则划分区组，再在每个区组内按平行于土壤肥力的变化方向划分小区，最后分别在各区组内把全部处理完全随机地放在每个小区内。另外，在试验场地的四周加上保护行就可以了。

当因地形或试验场地面积不足时，允许将不同的区组拆开，从而安排到不同的地方，但切记不能拆开一个完整的区组。图 15-6 即为上述例子的试验设计图。

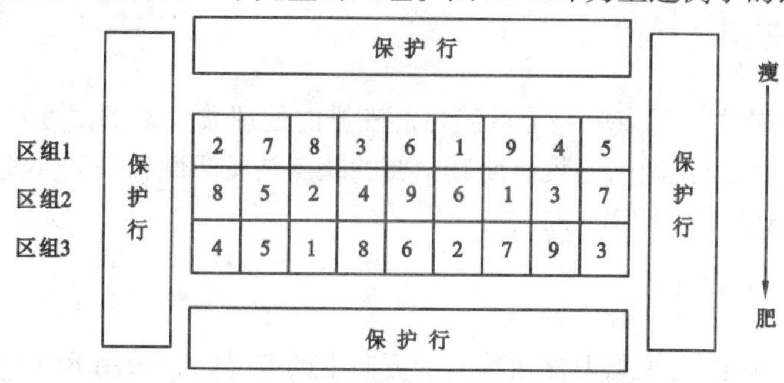

图 15-6 毛白杨无性系对比试验设计图

多因子的 RCBD 不仅能鉴定各个因素的试验效果，而且还能鉴定不同因素间的交互作用效果。在进行该试验设计时，需将处理组合作为一个单位考虑，并将其安排到每个小区中去。例如，安排 A、B 两个因素的试验，它们分别有 a、b 个水平，则处理组合共有 $a \cdot b$ 个，因而每个区组需要划分为 $a \cdot b$ 个小区，安排所有的处理组合。其他因素和水平依此类推。

（2）效果评价

完全随机区组设计是常用的田间试验设计，它既有优点，也有缺点。其优点在于：第一，符合基本的试验设计原则，试验结果能进行统计学检验；第二，有效地消除了环境条件对试验结果的影响，试验精度比完全随机化设计高；第三，设计方法机动灵活；第四，试验结果的统计分析简便；第五，坚韧性较好。本法是目前林业试验中应用最为广泛的设计方法。而其缺点主要有：第一，要求区组内条件基本一致，方差分析只能鉴别出区组间的差异而不能分辨出区组内的差异；第二，当处理数太多时，便失去了局部控制的意义。

15.2.2.3 平衡不完全区组设计

在田间试验中难免会遇见一些意想不到的事，由于试验场地的地形所造成的无法按计划布置试验，便是其中之一。也就是说在一个区组内无法安排全部的处理，而只能安排其中的一部分，这就叫作不完全区组。比较理想的不完全区组设计是平衡不完全区组设计（balanced incomplete block design，BIB 设计）。其中平衡是指在整个试验中，各个处理的重复数相等，而且任意两个处理出现在同一区组中的次数也相等，因而任意两个处理之间的比较都是平等的。

(1) 设计方法

BIB 设计是根据已编好了的 BIB 设计表（附表 1）进行安排的，其有 5 个参数：v 表示处理数，k 表示每区组的小区数，r 表示各处理的重复数，b 表示区组数，λ 表示任意两个处理出现于同一区组的次数。此外，它们还必须满足 3 个必要条件：$r \cdot v = b \cdot k$，$\lambda = r(k-1)/(v-1)$，$b \geqslant v$；但它们不是充分条件。

安排 BIB 设计时，首先根据处理数和每个区组所能容纳的小区数选择适合的 BIB 设计表，然后对各区组和各个区组内的处理进行随机化处理，最后加保护行即可。需注意的是一个区组内应该保证环境条件的基本一致，而且绝对不允许将一个区组再进行分割。

(2) 效果评价

BIB 设计的主要优点就是当区组可能安排的处理数少于供试处理数时仍然可以对各个处理作出正确的比较。而其主要的缺点是灵活性和坚韧性差，较费工费时，且试验精度没有 RCBD 高。

15.2.2.4 拉丁方设计

当试验场地内土壤肥力存在着两个方向上的差异时，采用 RCBD 难以保证区组内条件基本一致，在此情况下可以考虑采用拉丁方设计（latin square design）。所谓拉丁方设计就是在两个方向上规划区组，实行双重局部控制，消除非试验因素的干扰。其基本要求是每一处理在每一行和每一列都出现一次而且仅有一次（附表 2），即处理数、行数、列数和重复数均相等。

(1) 设计方法

每个标准拉丁方经过行与列的置换后共产生 $n!(n-1)!$ 个拉丁方。因此，$n \times n$ 的拉丁方总数 T_n 为：$T_n = n!(n-1)!$。

单因子的设计以 4×4 的拉丁方设计说明其具体步骤：首先，选择或自编一个标准拉丁方（图 15-7a）；其次，随机调动其列（图 15-7b）；然后，随机调动其行（图 15-7c）；最后，随机将 4 种处理与 4 个数字对应（假如 1，2，3，4 分别对应 C，A，B，D），落实处理所对应的位置，并加保护行（图 15-7d），即可。

将两个同阶的拉丁方重叠，如果一个拉丁方的每个字母与另一个拉丁方的每个字母相遇一次且仅一次，则称其为两个拉丁方互为正交。在 $n \times n$ 的拉丁方总数 T_n 中，互为正交的拉丁方最多有 $n-1$ 个。在选择 2 个互为正交的 $n \times n$ 拉丁方时，让其字母各代表某个因素的 n 个水平，再把它们重叠在一起，就形成了 2 个因素各 n 个水平的相互搭配，共有 n^2 个处理组合。这些处理组合也可以在行

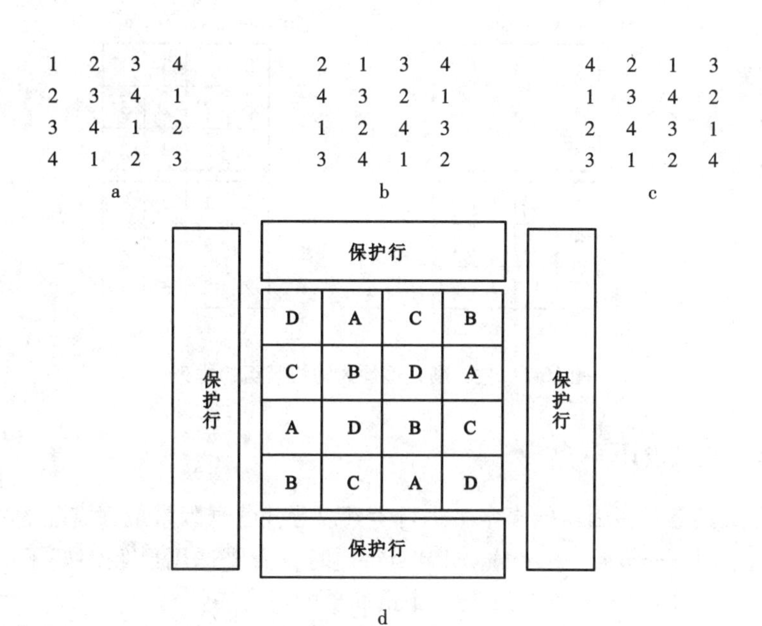

图 15-7　标准 4 ×4 拉丁方的设计说明

与列上控制非试验因素的干扰，提高试验精度。

（2）效果评价

拉丁方设计在各种田间试验设计中精度最高，统计分析也较简单。但其主要的缺点就是限制性强，需要整块试验场地，故缺乏灵活性。一般情况下适合安排 5 ~9 个处理的单因子试验，多用于要求精度高的试验。

15.2.2.5　裂区设计

裂区设计（split-plot design）的基本设计思想是：先把每一重复划分为若干主区，然后将试验的主处理安排在这些主区内，最后在每一主区内再划分若干副区（即裂区），安排副处理。如有必要，可以在裂区下再划分裂区，但该试验设计一般只用于 2 或 3 种处理。

（1）设计方法

裂区设计的排列可以有多种方法：主区可以按完全随机区组、不完全随机区组、拉丁方等排列；副区一般用完全随机区组排列，但在副区自由度不太少的情况下，也可以采用拉丁方排列。如以主、副处理均用随机区组排列（图 15-8）为例，图中□，□，□，□代表重复数；a_1，a_2，a_3，a_4 代表主处理；1，2，3，4 则代表副处理。

（2）效果评价

裂区设计的主要优点是可以安排多因子试验，而且至少可以保证其中的一个因子精度较高；在其实施中也较经济，便于田间操作。它的缺点主要是主区局部控制较差，因而对主处理的试验精度较低。

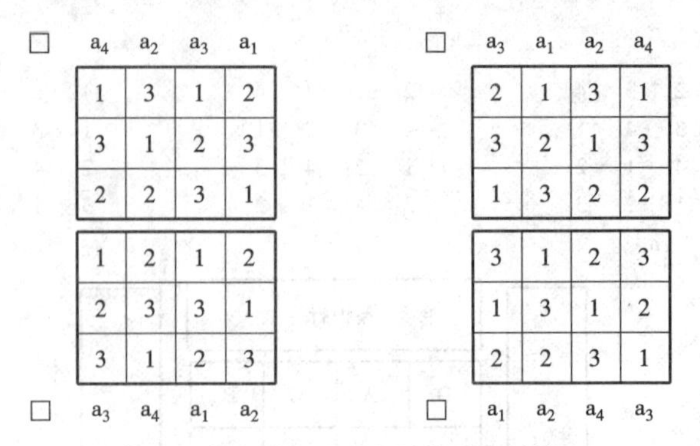

图 15-8　主、副处理均为随机区组的排列

15.2.2.6　正交设计

正交试验是对多因素的多水平进行考察以寻找各种因素最好搭配的一种科学方法。当采用正交设计（orthogonal design）时，需要选用已经编好了的正交表（附表 3）来安排试验，表 15-2 是一个最简单的正交表：

表 15-2　L_4（2^3）的正交表

试验号	列号		
	1	2	3
1	1	1	1
2	1	2	2
3	2	1	2
4	2	2	1

表头符号的意思是：L 表示正交；4 表示试验的次数为 4；2 表示每因素为 2 水平；3 表示最多可以安排 3 个因素。

如果对 3 因素 2 水平的试验进行全面的考察，则共需安排 $2^3=8$ 次试验，而利用正交设计就只需要进行 4 次试验。

（1）设计方法

虽然正交试验有着严格的要求，但又可以根据具体情况灵活选择和应用。安排正交试验设计的具体步骤是：

①明确试验目的，确定试验指标。虽然正交试验可以对多因素多水平进行考察，但一次试验不可能解决所有的问题。因此，首先应根据实际需要和已经掌握的生产知识，明确确定此次试验所要解决的问题以及影响这一问题的主要因素，并明确试验指标。

②找因素，定水平。根据生产经验和以往的试验结果找到对试验指标影响最大的因素进行考察，并定出各因素的变动范围，在此范围内选出每个因素的水平，水平间的间隔要适当。

③选用正交表，设计表头。根据工作量的大小选用正交表，如当有 3 个因

素，每因素为2水平时，可以选用 L_4（2^3）正交表。在实际工作中，因素与水平的选定和正交表的选用常常结合起来进行。

④按正交表的方案进行试验和分析。对于选定的正交表所要求进行的试验，必须全部完成。如果试验是在田间进行的，则最好不要按试验号顺序进行，而应该用随机排列的方法进行。最后对结果进行分析。

（2）效果评价

正交设计比全面的试验节省大量的人力、物力、财力和土地，在农业生产中已得到广泛的应用。但其也存在着缺点：为了验证试验找到的最佳处理组合是否确实最好，往往需要再做一次试验。因此，正交设计主要适用于那些试验条件比较容易控制以及周期较短的多因素试验，如品种的对比试验和不同的扦插方式比较等。

（戴思兰）

复习思考题

1. 实验和试验的区别？
2. 简述田间试验的基本原理。
3. 简述在园林植物育种试验设计中应注意的问题。
4. 简述试验设计在园林植物育种中的作用。
5. 各主要检验方法应用的范围？
6. 完全随机化设计与完全随机区组设计有何异同？
7. 简要评价各主要田间试验设计方法。

本章推荐阅读书目

生物统计学（第三版）. 李春喜，姜丽娜. 科学出版社，2005.
园艺植物科学研究导论. 骆建霞，孙建设. 中国农业出版社，2002.
林业试验设计. 续九如，黄智慧. 中国林业出版社，1995.

附　表

附表1　BIB设计表

（阿拉伯数字表示处理，行表示区组，罗马数字表示重复）

设计1　$v=4$，$k=2$，$b=6$，$\lambda=1$

Ⅰ	Ⅱ	Ⅲ
1 2	1 3	1 4
3 4	2 4	2 3

设计3　$v=5$，$k=2$，$r=4$，$b=10$，$\lambda=1$

Ⅰ	Ⅱ	Ⅲ	Ⅳ
1	2	1	3
2	3	2	4
3	4	3	5
4	5	3	5
5	1	5	2

设计4　$v=5$，$k=3$，$r=6$，$b=10$，$\lambda=3$

Ⅰ	Ⅱ	Ⅲ	Ⅳ	Ⅴ	Ⅵ
1	2	3	1	2	4
2	3	4	2	3	5
3	4	5	3	4	1
4	5	1	4	5	2
5	1	2	5	1	3

设计6　$v=6$，$k=3$，$r=5$，$b=10$，$\lambda=2$

Ⅰ	Ⅱ	Ⅲ	Ⅳ	Ⅴ
1 2	1 3	1 4	1 5	1 6
3 4	2 5	2 6	2 4	2 3
5 6	4 6	3 5	3 6	4 5

设计7　$v=6$，$k=3$，$r=5$，$b=10$，$\lambda=2$

1	2	5	2	3	4
1	2	6	2	3	5
1	3	4	2	4	6
1	3	6	3	5	6
1	4	5	4	5	6

设计8　$v=6$，$k=3$，$r=10$，$b=20$，$\lambda=4$

Ⅰ	Ⅱ	Ⅲ	Ⅳ	Ⅴ
123	124	125	126	134
456	356	346	345	256

Ⅵ	Ⅶ	Ⅷ	Ⅸ	Ⅹ
135	136	145	126	134
246	245	236	235	234

设计9　$v=6$，$k=4$，$r=10$，$b=15$，$\lambda=6$

Ⅰ，Ⅱ	Ⅲ，Ⅳ	Ⅴ，Ⅵ	Ⅶ，Ⅷ	Ⅸ，Ⅹ
1234	1235	1236	1245	1256
1456	1246	1345	1356	1346
2356	3456	2456	2346	2345

设计11　$v=7$，$k=2$，$r=6$，$b=21$，$\lambda=1$

Ⅰ Ⅱ	Ⅲ Ⅳ	Ⅴ Ⅵ
12	13	14
23	24	25
34	35	36
45	46	47
56	57	51
67	61	62
71	72	73

设计12　$v=7$，$k=3$，$r=3$，$b=7$，$\lambda=1$

1	2	4
2	3	5
3	4	6
4	5	7
5	6	1
6	7	2
7	1	3

设计13　$v=7$，$k=4$，$r=4$，$b=7$，$\lambda=2$

1	2	3	6
2	3	4	7
3	4	5	1
4	5	6	2
5	6	7	3
6	7	1	4
7	1	2	5

设计 15　$v=8$，$k=2$，$r=7$，$b=28$，$\lambda=1$

Ⅰ	Ⅱ	Ⅲ	Ⅳ
1 2	1 3	1 4	1 5
3 4	2 8	2 7	2 3
5 6	4 5	3 6	4 7
7 8	6 7	5 8	6 8

Ⅴ	Ⅵ	Ⅶ
1 6	1 7	1 8
2 4	2 6	2 5
3 8	3 5	3 7
5 7	4 8	4 6

设计 16　$v=8$，$k=4$，$r=7$，$b=14$，$\lambda=3$

Ⅰ	Ⅱ	Ⅲ	Ⅳ
1234	1256	1278	1357
5678	3478	3456	2468

Ⅴ	Ⅵ	Ⅶ
1368	1458	1467
2457	2367	2358

设计 18　$v=9$，$k=2$，$r=8$，$b=36$，$\lambda=1$

Ⅰ Ⅱ	Ⅲ Ⅳ	Ⅴ Ⅵ	Ⅶ Ⅷ
1 2	1 3	1 4	1 5
2 3	2 4	2 5	2 6
3 4	3 5	3 6	3 7
4 5	4 6	4 7	4 8
5 6	5 7	5 8	5 9
6 7	6 8	6 9	6 1
7 8	7 9	7 1	7 2
8 9	8 1	8 2	8 3
9 1	9 2	9 3	9 4

设计 19　$v=9$，$k=3$，$r=4$，$b=12$，$\lambda=1$

Ⅰ	Ⅱ	Ⅲ	Ⅳ
123	147	159	168
456	258	267	249
789	369	348	367

设计 20　$v=10$，$k=3$，$r=9$，$b=30$，$\lambda=2$

Ⅰ	Ⅱ	Ⅲ	Ⅳ	Ⅴ	Ⅵ	Ⅶ	Ⅷ
1	2	3	5	1	4	5	8
2	3	4	6	2	5	6	9
3	4	5	7	3	6	7	1
4	5	6	8	4	7	8	2
5	6	7	9	5	8	9	3
6	7	8	1	6	9	1	4
7	8	9	2	7	1	2	5
8	9	1	3	8	2	3	6
9	1	2	4	9	3	4	7

附表 2　正交拉丁方表

正交拉丁方的完全系

3×3

Ⅰ	Ⅱ
1 2 3	1 2 3
2 3 1	3 1 2
3 1 2	2 3 1

4×4

Ⅰ	Ⅱ	Ⅲ
1 2 3 4	1 2 3 4	1 2 3 4
1 2 3 4	3 4 1 2	4 3 2 1
2 1 4 3	4 3 2 1	2 1 4 3
4 3 2 1	2 1 4 3	3 4 1 2

5×5

Ⅰ	Ⅱ	Ⅲ	Ⅳ
1 2 3 4 5	1 2 3 4 5	1 2 3 4 5	1 2 3 4 5
2 3 4 5 1	3 4 5 1 2	4 5 1 2 3	5 1 2 3 4
3 4 5 1 2	5 1 2 3 4	2 3 4 5 1	4 5 1 2 3
4 5 1 2 3	2 3 4 5 1	5 1 2 3 4	3 4 5 1 2
5 1 2 3 4	4 5 1 2 3	3 4 5 1 2	2 3 4 5 1

7×7

Ⅰ	Ⅱ	Ⅲ	Ⅳ	Ⅴ	Ⅵ
1 2 3 4 5 6 7	1 2 3 4 5 6 7	1 2 3 4 5 6 7	1 2 3 4 5 6 7	1 2 3 4 5 6 7	1 2 3 4 5 6 7
2 3 4 5 6 7 1	3 4 5 6 7 1 2	4 5 6 7 1 2 3	5 6 7 1 2 3 4	6 7 1 2 3 4 5	7 1 2 3 4 5 6
3 4 5 6 7 1 2	5 6 7 1 2 3 4	7 1 2 3 4 5 6	2 3 4 5 6 7 1	4 5 6 7 1 2 3	6 7 1 2 3 4 5
4 5 6 7 1 2 3	7 1 2 3 4 5 6	3 4 5 6 7 1 2	6 7 1 2 3 4 5	2 3 4 5 6 7 1	5 6 7 1 2 3 4
5 6 7 1 2 3 4	2 3 4 5 6 7 1	6 7 1 2 3 4 5	3 4 5 6 7 1 2	7 1 2 3 4 5 6	4 5 6 7 1 2 3
6 7 1 2 3 4 5	4 5 6 7 1 2 3	2 3 4 5 6 7 1	7 3 1 2 4 5 6	5 6 7 1 2 3 4	3 4 5 6 7 1 2
7 1 2 3 4 5 6	6 7 1 2 3 4 5	5 6 7 1 2 3 4	4 5 6 7 1 2 3	3 4 5 6 7 1 2	2 3 4 5 6 7 1

8×8

Ⅰ	Ⅱ	Ⅲ	Ⅳ
1 2 3 4 5 6 7 8	1 2 3 4 5 6 7 8	1 2 3 4 5 6 7 8	1 2 3 4 5 6 7 8
2 1 4 3 6 5 8 7	5 6 7 8 1 2 3 4	7 8 5 6 3 4 1 2	8 7 6 5 4 3 2 1
3 4 1 2 7 8 5 6	2 1 4 3 6 5 8 7	5 6 7 8 1 2 3 4	7 8 5 6 3 4 1 2
4 3 2 1 8 7 6 5	6 5 8 7 2 1 4 3	3 4 1 2 7 8 5 6	2 1 4 3 5 6 8 7
5 6 7 8 1 2 3 4	7 8 5 6 3 4 1 2	8 7 6 5 4 3 2 1	4 3 2 1 8 7 6 5
6 5 8 7 2 1 4 3	3 4 1 2 7 8 5 6	2 1 4 3 6 5 8 7	5 6 7 8 1 2 3 4
7 8 5 6 3 4 1 2	8 7 6 5 4 3 2 1	4 3 2 1 8 7 6 5	6 5 8 7 2 1 4 3
8 7 6 5 4 3 2 1	4 3 2 1 8 7 6 5	6 5 8 7 2 1 4 3	3 4 1 2 7 8 5 6

Ⅴ	Ⅵ	Ⅶ
1 2 3 4 5 6 7 8	1 2 3 4 5 6 7 8	1 2 3 4 5 6 7 8
4 3 2 1 8 7 5 6	6 5 8 7 2 5 1 3	3 4 1 2 7 8 5 6
8 7 6 5 4 3 2 1	4 3 2 1 8 7 6 5	6 5 8 7 2 1 4 3
5 6 7 8 1 2 3 4	7 8 5 6 3 4 1 2	8 7 6 5 4 3 2 1
6 5 8 7 2 1 4 3	3 4 1 2 7 8 5 6	2 1 4 3 6 5 8 7
7 8 5 6 3 4 1 2	8 7 6 5 4 3 2 1	4 3 2 1 8 7 6 5
3 4 1 2 7 8 5 6	2 1 4 3 6 5 8 7	5 6 7 8 1 2 3 4
2 1 4 3 6 5 8 7	5 6 7 8 1 2 3 4	7 8 5 6 3 4 1 2

附表3 正交表

(1) $m=2$ 的情形

L_4 (2^3)

试验号＼列号	1	2	3
1	1	1	1
2	1	2	2
3	2	1	2
4	2	2	1

［注］任意二列间的交互作用出现于另一列。

L_8 (2^7)

试验号＼列号	1	2	3	4	5	6	7
1	1	1	1	1	1	1	1
2	1	1	1	2	2	2	2
3	1	2	2	1	1	2	2
4	1	2	2	2	2	1	1
5	2	1	2	1	2	1	2
6	2	1	2	2	1	2	1
7	2	2	1	1	2	2	1
8	2	2	1	2	1	1	2

L_8 (2^7)：二列间的交互作用表

试验号＼列号	1	2	3	4	5	6	7
	(1)	3	2	5	4	7	6
		(2)	1	6	7	4	5
			(3)	7	6	5	4
				(4)	1	2	3
					(5)	3	2
						(6)	1

L_8 (2^7)：主效应不予交互作用混杂的设计表

因素数	实施＼列号	1	2	3	4	5	6	7	定义对比
3	1	A	B	A B	C	A C	B C		–
4	1/2	A D	B	A B ‖ C D		C C ‖ B D	A C ‖ A D	B	1 = ABCD

（2）$m=3$ 的情形

L_9（3^4）

试验号 \ 列号	1	2	3	4
1	1	1	1	1
2	1	2	2	2
3	1	3	3	3
4	2	1	2	3
5	2	2	3	1
6	2	3	1	2
7	3	1	3	2
8	3	2	1	3
9	3	3	2	1

［注］任意二列间的交互作用出现于另二列。

L_{18}（3^7）

试验号 \ 列号	1	2	3	4	5	6	7	［注］1′
1	1	1	1	1	1	1	1	1
2	1	2	2	2	2	2	2	1
3	1	3	3	3	3	3	3	1
4	2	1	1	2	2	3	3	1
5	2	2	2	3	3	1	1	1
6	2	3	3	1	1	2	2	1
7	3	1	2	1	3	2	3	1
8	3	2	3	2	1	3	1	1
9	3	3	1	3	2	1	2	1
10	1	1	3	3	2	2	1	2
11	1	2	1	1	3	3	2	2
12	1	3	2	2	1	1	3	2
13	2	1	2	3	1	3	2	2
14	2	2	3	1	2	1	3	2
15	2	3	1	2	3	2	1	2
16	3	1	3	2	3	1	2	2
17	3	2	1	3	1	2	3	2
18	3	3	2	1	2	3	1	2

［注］把两水平的列1′摆列进 L_{18}（2^7），使得混合型 L_{18}（$2^1\times3^7$）。交互作用 $1'\times1$ 可从两列的二元表求出。在 L_{18}（$2^1\times3^7$）中把列1′和列1的水平组合11，12，13，21，22，23分别换成1，2，3，4，5，6，便的混合型 L_{18}（$6^1\times3^6$）。

参考文献

1. 蔡旭 . 1988. 植物遗传育种 . 第二版［M］. 北京：农业出版社 .

2. 曹家树，申书兴 . 2001. 园艺植物育种学［M］. 北京：中国农业大学出版社 .

3. 陈大成，胡桂兵，林明宝 . 2001. 园艺植物育种学［M］. 广州：华南理工大学出版社 .

4. 程金水 . 2000. 园林植物遗传育种学［M］. 北京：中国林业出版社 .

5. 郭兆武，萧浪涛 . 2003. 观赏花卉分子育种及育种中的基因工程［J］. 长沙电力学院学报（自然科学版），18（1）：84－88.

6. 季孔庶，李际红 . 2005. 园艺植物遗传育种［M］. 北京：高等教育出版社 .

7. 季孔庶 . 2004. 园林植物高新技术育种研究综述和展望［J］. 分子植物育种，2（2）：295－300.

8. 景士西 . 2000. 园艺植物育种学总论［M］. 北京：中国农业大学出版社.

9. 黎盛臣 . 1996. 中国野生花卉［M］. 天津：天津教育出版社.

10. 刘军侠，刘彦琴，高宝嘉 . 2004. 转基因植物的安全性与合理利用［J］. 河北农业科学，19（1）：77－81.

11. 卢翌华 . 1997. 植物分子育种及其在农业上的应用［J］. 黑龙江八一农垦大学学报，9（2）：34－37.

12. 邱新棉 . 2004. 植物空间诱变育种的现状与展望［J］. 植物遗传资源学报，5（3）：247－251.

13. 沈德绪，景士西 . 1997. 果树育种学［M］. 北京：中国农业出版社.

14. 孙振雷 . 1999. 观赏植物育种学［M］. 北京：民族出版社.

15. 谭文澄，戴策刚 . 1997. 观赏植物组织培养技术［M］. 北京：中国林业出版社.

16. 王关林，方宏筠 . 2002. 植物基因工程 . 第 2 版［M］. 北京：科学出版社.

17. 王豁然，郑勇奇，魏润鹏 . 2001. 外来树种与生态环境［M］. 北京：中国环境科学出版社.

18. 王明庥 . 2001. 林木遗传育种学［M］. 北京：中国林业出版社.

19. 温贤芳 . 2001. 中国核农学［M］. 郑州：河南科学技术出版社.

20. 武全安 . 1999. 中国云南野生花卉［M］. 北京：中国林业出版社 .

21. 张红梅 . 2004. 转基因观赏植物的研究进展［J］. 河北农业科学，8（2）：91－94.

22. 张杰道，孟祥兵 . 2001. 植物分子育种方法研究进展 . 生命科学研究，5（3）：165－169.

23. 张全美，张明方 . 2003. 园艺植物多倍体诱导研究进展［J］. 细胞生物学杂志，25（4）：22－28.

24. 张天真 . 2004. 作物育种学总论［M］. 北京：中国农业出版社.

25. 张敦方．1990. 园林植物育种学［M］．哈尔滨：东北林业大学出版社.

26. 中国农学会遗传资源学会．1994. 中国作物遗传资源［M］．北京：中国农业出版社.

27. Tosca A, Pandolfi R, Citterio S, *et al.* 1995. Determination by flow cytometry of chromosome doubling capacity of colchicines and orizalin in gynogenetic haploids of Gerbera［J］. Plant Cell Report, 14 (7): 455－458.

28. Maluszynski M. 2001. Officially released mutant varieties－the FAO/IAEA Database［J］. Plant Cell, Tissue and Organ Culture, 65 (2): 175－177.

29. Mary L Durbin, Karen E Lundy, Peter L, *et al.* 2003. Genes that determine flower color: the role of regulatory changes in the evolution of phenotypic adaptations［J］. Molecular Phylogenetics and Evolution. 29: 507－518.

30. Ryutaro Aida, Sanae Kishimoto, Yoshikazu Tanaka, *et al.* 2000. Modification of flower color in torenia (Torenia fournieri Lind.) by genetic transformation［J］. Plant Science, 153: 33－42.

31. Vandre Slam TpM, Van der Toorn CJG, Beuwer, *et al.* 1999. Production of rol gene transformed Plants of Rosa hybrida L. and characterization of their rooting ability［J］. Molecular Breeding, 3 (1): 39－47.

32. Zuker A, Tzfira T, Vainstein A. 1998. Genetic engineering for cutflower inprovement［J］. Biotechnology Advances, 16 (1): 33－79.